인간은 우주에서
어떻게 살아남는가

실재와 상상을 넘어 인류의 미래를 보여줄 우주 과학의 세계!

인간은 우주에서
어떻게 살아남는가

메리 로치 지음
김혜원 옮김

빌리버튼 billybutton

카운트다운

로켓 과학자에게 가장 큰 문제는 당신이다. 과학자가 가장 다루기 힘든 존재가 바로 사람이라는 의미다. 사람의 요동치는 신진대사 작용, 제멋대로인 기억력, 다양한 체격까지 사람은 예측할 수가 없다. 변덕스럽기로 둘째가라면 서러울 지경이다. 게다가 고장이 난 사람을 고치려면 몇 주가 걸린다. 엔지니어는 사람에게 필요한 물과 산소, 식량을 싣고 우주 공간으로 가려면 연료를 얼마나 주입해야 하는지 고민해야 한다. 게다가 새우 칵테일과 방사선으로 살균한 소고기 타코 요리를 싣기 위해 필요한 추가 연료까지도 신경 써야 한다.

태양전지나 반동추진엔진✖ 노즐은 안정적이고 까다로운 요구

✖   반동추진엔진: 우주 비행체의 자세를 변경하는 데 사용되는 소형 로켓 엔진 – 편집자

도 없다. 또한 사람처럼 당황하거나 배설하는 일도 없다. 우주선 선장과 사랑에 빠지지도 않으며 자만하지도 않는다. 각 부품은 중력이 없다고 해도 고장나지 않으며, 잠자지 않아도 멀쩡히 작동한다.

하지만 로켓 과학에서 가장 재미있는 부분은 바로 사람이다. 사람이야말로 그 모든 노력을 계속해서 흥미롭게 만드는 존재다. 산소, 중력, 물이 존재하는 세계에서 살아가며 생명을 유지하는 인간이라는 생명체를 데려다가, 한 달 혹은 1년 동안 우주 속을 떠돌게 하는 건 엉뚱해 보이기는 해도 분명 매혹적인 일이다. 지구에서는 당연하게 여겨지던 모든 것을 다시 생각하고 배우고 연습해야 한다. 이 과정에서 다 큰 성인 남녀들이 배변 훈련을 받기도 하고, 우주복을 입은 침팬지를 우주 궤도로 보내기도 한다.

이곳 지구상에도 '모의 우주 공간'이라는 아주 이상한 우주가 존재한다. 절대로 발사되지 않는 우주캡슐이 있는가 하면, 건강한 사람들이 마치 무중력상태에 있는 것처럼 몇 달이고 누워서만 보내는 병동도 있다. 우주선이 바다로 불시착할 때 인체가 받는 충격을 측정하기 위해 시체를 떨어트리는 충돌 실험실도 있다.

몇 년 전, NASA^{National Aeronautics and Space Administration}(미국 항공우주국)의 연구원 르네는 존슨 우주 센터^{Johnson Space Center}의 한 건물, 빌딩 9에서 무언가를 연구하고 있었다. 빌딩 안에는 착륙선들을 비롯하여 우주선의 기밀실, 해치, 캡슐 등 총 50여 개의 실물 크기

모형이 있다. 그는 근 며칠 동안 간간이 들려오는 삐걱거리는 소리에 괴로워하다가, 소음의 진원지를 알아보기로 했다.

"그랬더니 글쎄 우주복을 입은 어떤 가엾은 남자가 화성 중력에 관한 모의실험을 받고 있더라고요. 그는 아주 복잡하고 거대한 기계 장치에 매달린 러닝머신 위를 달리고 있었어요. 그 주위로는 무전기 헤드셋을 쓴 사람들이 메모지와 타이머를 들고는 걱정스러운 표정으로 그를 지켜보고 있었죠."

르네의 이메일을 읽으면서 나는 어쩌면 지구를 떠나지 않고도 우주를 방문하는 게 가능할 수도 있겠다는 생각이 들었다. 어쨌거나 익살스럽고 기상천외하며 상상 속에만 존재했던 여행처럼 말이다. 그리고 바로 그런 일이 가능한 곳에서 지난 2년을 보냈다.

최초의 달 착륙과 관련해 작성된 수백만 페이지의 문서와 보고서 가운데, 북미기학협회North American Vexillological Association 26차 연례 회의에서 발표된 11쪽의 논문만큼 상황을 더 잘 설명해주는 건 거의 없는 것 같다. 기학vexillology은 짜증나게 하는 것들vexing things을 연구하는 학문이 아니라 깃발을 연구하는 학문이지만, 이 경우에는 어느 쪽이라고 해도 잘 맞을 것이다. 그 논문에는 「깃발이 꽂힌 적 없는 곳: 달에 깃발을 꽂는 순서에 대한 정치적·기술적 면들」이라는 제목이 붙어 있다.

이 일은 아폴로 11호가 발사되기 5개월 전에 열렸던 회의에서 시작되었다. 최초로 달에 착륙하면서 해야 할 상징적인 활동을 위해 새로 결성된 위원회가 달에 깃발을 꽂는 것이 적절한지 논의하기 위해 모인 것이다. 미국이 서명한 우주 조약outer Space Treaty에 따르면 천체에 대해서는 주권 주장을 금지하고 있다. 어떤 위원의 말대로 과연 '달을 점유하는' 것처럼 보이지 않으면서 깃발을 꽂는 것이 가능할까? 심지어 전 세계 국가의 소형 국기를 상자에 가득 담아 가자는 의견이 나오기도 했지만 기각되었다. 어쨌거나 국기는 휘날려야 했다.

결국 NASA 기술 지원 부서의 도움이 필요했다. 깃발은 바람이 없으면 펄럭이지 않는다. 하지만 달에는 대기가 존재하지 않기 때문에 바람도 없다. 달의 중력이 지구 중력의 6분의 1에 불과하기는 해도, 깃발을 볼품없이 축 늘어뜨리기에는 충분하다. 따라서 깃대에 경첩을 달아 가로 막대를 연결하고, 국기의 윗단은 깃발 윗부분에 그 막대를 끼우는 주머니 형태의 단을 만들어 꿰매어 고정했다. 이로써 성조기가 세찬 바람에 휘날리는 것처럼 보이게 되었다. 그러나 그렇게 매달려 있는 성조기는 깃발이라기보다 아주 작은 애국의 커튼에 더 가까웠지만, 그 모습은 수십 년 동안 달 착륙 조작설을 일으킬 정도로 대단히 그럴듯했다.

여전히 난제는 남아 있었다. 짐이 빽빽하게 들어찬 비좁은 달 착륙선에 어떻게 깃발을 끼워 넣을 수 있을까? 엔지니어들이 접이식 깃대와 가로 막대를 설계했다. 그런데도 마땅한 공간이 나지 않왔다. 따라서 깃발과 깃대, 가로 막대를 포함한 일명 '조립식 달 깃발'을 달 착륙선의 외부에 탑재할 수밖에 없었다.

그러나 이 방법을 쓰려면 조립품들이 하강 엔진에서 발생하는 섭씨 1,000도(화씨 2000도)가 넘는 열기를 견뎌내야만 했다. 테스트가 진행되었고, 깃발은 섭씨 150도(화씨 300도)에서 녹아내렸다. 이번에는 구조역학 부서가 투입되었고 알루미늄과 강철, 열가소성 탄성중합체로 겹겹이 싼 보호 상자를 제작했다.

마침내 깃발 준비를 마치려는 찰나, 누군가 여압복[*] 때문에 우주비행사들의 악력과 운동 범위에 제한이 생길 것이라고 문제점을 제시했다. 우주비행사들이 단열 상자에 든 조립식 깃발을 꺼낼 수 있을까? 아니면 수백만 명이 보는 앞에서 상자를 열지 못한 채 그저 붙잡고만 있게 될까? 또 깃발을 꺼낸다고 해도 접힌 깃발을 펼칠 수는 있을까? 알아볼 방법은 하나뿐이었다. 시제품이 제작되었고, 조립식 깃발을 펴는 일련의 모의실험을 진행하기 위해 대원들이 소집되었다.

마침내 그날이 왔다. 품질 보증 담당자의 감독하에 4단계 과정을 거쳐 깃발이 포장되었고, 11단계를 거쳐 달 착륙선에 탑재된 뒤 달을 향해 출발했다. 그러나 실제 달에 도착해서는 가로 막대가 완전히 펼쳐지지 않았을 뿐만 아니라, 토양이 매우 단단해서 닐 암스

---

[*]   여압복: 성층권이나 우주를 비행할 때 입는 특수한 옷. 몸을 둘러싼 공간을 일정한 기압으로 유지하여 비행사를 보호한다.-편집자

트롱Neil Armstrong은 깃대를 15~20센티미터 이상 꽂을 수가 없었다. 이는 이후 깃발이 상승 착륙선의 엔진 폭발 때문에 펄럭였을 거라는 추측을 낳았다.

이것이 바로 우주다. 우주에 온 것을 환영한다. 그러나 이 책에서 만나게 될 우주는 그동안 텔레비전에서 보았던 대단한 위업이나 참담한 비극이 아니다. 그 틈새에서 일어나는 작은 코미디들, 일상의 도전과 성공으로 이루어진다.

내가 우주 탐험이라는 주제에 이끌렸던 것은, 영웅담이나 모험담이 아니라 그 이면에 감춰진 매우 인간적이며 터무니없기까지 한 몸부림 때문이었다. 이를테면 아폴로호 우주비행사가 우주 유영을 하는 날 아침에 멀미 때문에 웃음거리가 되거나, 미국 대표로 출전한 달 착륙 경쟁에서 밀리는 게 아닐까 걱정했던 일, 또는 최초의 우주비행사 유리 가가린Yuri Gagarin이 소련의 중앙공산당 위원회 위원장이 포함된 수천 명의 군중 앞에서 레드카펫을 지날 때, 신발 끈이 풀어진 것을 보고 머릿속이 하얗게 되었다고 회상하던 일 같은 것들이다.

아폴로 우주 프로그램이 끝나고, 이런저런 주제를 두고 우주비행사들을 인터뷰했다. 질문 가운데 하나는 "만약 어떤 우주비행사가 우주유영을 하다가 우주선 밖에서 죽는다면 어떻게 하시겠습니까?"였다. 그러자 한 우주비행사가 주저 없이 대답했다.

"연결 고리를 끊어버려야죠."

모두가 그 대답에 동의했다. 시체를 수습하려고 하다가 다른 대원들의 목숨까지 위태로워질 수 있기 때문이다. 여압복을 입고 우주캡슐에 들어가기 위해 전력을 기울여본 사람만이 그런 답변을 할 수 있을 것이다. 끝없이 펼쳐진 우주에서 자유롭게 표류해본 사람만이, 우주에 묻히는 것이 마치 선원을 바다에 수장하는 것처럼 불경스러운 일이 아니라 명예로운 일이라는 것을 이해할 수 있을 것이다.

궤도에서는 모든 것이 뒤집힌다. 별똥별이 발밑으로 휙 지나가는가 하면, 한밤중에 해가 떠오르기도 한다. 우주를 탐험한다는 것은 어떤 면에서 인간다움의 의미를 탐구하는 과정이기도 하다. 사람들은 얼마나 많은 정상성을 포기할 수 있을까? 그리고 얼마나 오랫동안, 사람들에게 어떤 영향을 미칠까?

연구 초기, 나는 우연하게도 우주비행사로서의 경험과 그 매력을 한 번에 정리해주는 순간을 경험했다. 바로 88시간 동안 이루어지는 제미니 7호 임무가 시작된 지 44분쯤의 한 장면이다. 우주비행사 짐 러벨Jim Lovell이 우주비행 지상관제 센터를 향해 영화에서 봤을 법한 이미지에 대해 말한다.

칠흑 같은 까만 하늘을 배경으로 둥실 떠 있는 보름달과 발밑의 땅에서 만들어지고 있는 층운의 아름다운 모습.

임무 필기록에는 이렇게 쓰여 있다. 잠시 침묵이 흐른 뒤, 러벨의 동료 승무원 프랭크 보먼Frank Boman이 '대화' 버튼을 누른다.

"보먼, 소변 배출 중입니다. 약 1분 소요 예상."

두 대사가 더 이어지고, 러벨이 "이 얼마나 멋진 광경인지 보라!"라고 외친다. 우리는 그가 어떤 광경을 보고 말하는지 모르지만, 달이 아닐 가능성이 크다.

여러 우주비행사의 회고록에 따르면, 우주에서 가장 아름다운 광경 중 하나는 순간적으로 얼어붙은 오줌 방울들이 태양에 반짝이며 소용돌이치는 모습이라고 한다. 우주는 숭고한 것과 우스꽝스러운 것을 모두 포용한다. 우주에서는 그 경계가 아예 사라진다.

CHAPTER 1

우주비행사 선발 과정의 비밀

일본, 우주비행사를 뽑다

격리실을 방문하는 사람들이 가장 먼저 해야 할 일은 일본인의 집에 들어갈 때처럼 신발을 벗는 일이다. 그다음 일본 우주항공연구개발기구Japan Aerospace Exploration Agency의 JAXA 로고가 새겨진 하늘색 특수 보온 실내화를 받는다. 글자는 마치 엄청난 속도로 우주를 향해 돌진하는 것처럼 기울어져 있다. 그 격리실은 일본 쓰쿠바 연구학원 도시Tsukuba Science City에 위치한 JAXA 본부의 C-5 빌딩 안에 있는 독립된 구조물로, 일본 우주비행사단의 공석 두 자리를 두고 경쟁하게 될 열 명의 최종 후보들이 일주일 동안 합숙할 숙소다. 지난달 이곳을 처음 방문했을 때 눈길을 끄는 요소란 거의 없었다. 내부 시설이라곤 커튼이 달려 있는 수면 공간인 '슬리핑 박스'와 긴 식탁과 의자가 놓인 공용 공간이 전부였다. 격리실 내부는 가감 없이 노출된다. 이곳에서는 '보는 것'보다 '보여지는 것'이 더 중요하다. 정신과 전문의와 심리학자, JAXA 관리자들로 이뤄진 심사위원단은 천장에 설치된 다섯 대의 폐쇄회로 카메라를 통해 지원자들의 일거수일투족을 관찰한다. JAXA 로고가 새겨진 실내화가 아니라 우주복을 입게 될 사람은, 격리실 생활 동안 지원자들이 보여주는 행동과 심사위원단의 평가로 결정될 것이다.

이 심사는 지원자들이 어떤 사람인지, 우주 생활에 적합한 사람인지를 파악하기 위한 것이다. 똑똑하고 의욕이 넘치는 사람은 면접✘이나 설문지(인격장애가 뚜렷한 사람은 이미 이 두 관문에서 걸러졌다)에서는 단점을 요령껏 숨겼을 수도 있지만, 일주일간 합숙에서는 모두 드러날 수밖에 없다. JAXA의 심리학자 이노우에 나쓰히코는 "항상 좋은 사람일 수는 없다"고 말했다. 밀폐 격리실 심사는 팀워크와 리더십, 갈등 조정 능력 같은 일대일 면접으로는 평가하기 힘든 친화력과 화합력을 판단하는 데 효과적이기도 하다(NASA는 격리 심사를 하지 않는다).

관찰실은 격리실 위층에 있다. 오늘은 격리 심사가 시작된 지 셋째 날로 수요일이다. 관찰실에는 모니터들이 줄지어 설치되어 있고, 심사위원단은 긴 테이블에 노트북을 올려놓고 차를 마시며

✘　우주비행사 마이크 멀레인Mike Mullane은 NASA의 정신과 전문의가 "묘비에 어떤 비문이 새겨졌으면 하는가?"라고 질문하자 "사랑스러운 남편이자 헌신적인 아버지"라고 대답했다. 그러나 그는 자신의 책 『우주비행, 골드핀을 향한 도전Ricling Rockets』에서 '우주여행을 위해서라면 아내와 자식들까지 노예로 팔 수도 있었다'라는 농담을 했다.

앉아 있다. 정신과 전문의와 심리학자로 구성된 세 명의 심사위원은 전자제품을 구매하기 전에 품목을 꼼꼼히 따지는 고객처럼 모니터를 뚫어져라 응시하고 있다. 모니터 한 대에서는(어떤 이유인지는 모르겠지만) 텔레비전 토크쇼가 방영되고 있다.

이노우에는 마이크와 카메라 줌 조종 장치가 있는 통제실에 앉아 있다. 그의 머리 위로는 또 다른 작은 모니터들이 있다. 그는 마흔 살로, 나이에 비해 꽤 성공했고 우주 심리학 분야에서 널리 인정받고 있지만, 그의 외모나 행동은 귀여운 느낌이 든다. 손을 뻗어 양 볼을 꽉 꼬집고 싶게 만든다. 여기서 일하는 대다수의 남자 직원들처럼 그 역시 앞이 뚫린 실내화를 신고 있다. 미국인인 나로서는 일본의 실내화 문화가 잘 이해되지 않지만 아마도 JAXA가 집처럼 편안한 곳이라는 점을 암시하는 듯하다. 아무튼 이번 주 안에는 실내화 문화를 이해할 수 있게 될 것이다. 이노우에의 근무 시간은 새벽 6시에 시작해서 밤 10시에 끝난다.

지금 모니터에 지원자 한 명이 종이 상자 속에서 가로세로 23×28센티미터 정도 되는 봉투 하나를 꺼내는 모습이 보인다. 지원자에게 부여된 각 봉투에는 식별 문자 알파벳(A~J)이 찍혀 있고, 지시 사항이 적힌 설명서와 비닐로 포장된 사각형의 평평한 포장지가 들어 있다. 이노우에의 말에 따르면, 긴급 상황에서 인내력과 업무 정확도를 평가하기 위한 시험이다. 지원자들은 포장지를 뜯어 사각형 모양의 색종이 뭉치를 꺼낸다.

"이 시험은… 죄송합니다. 이걸 영어로 뭐라고 하는지 모르겠네요. 일종의 종이 공예입니다."

"종이접기 말인가요?"

"맞아요! 종이접기."

오늘 아침, 나는 복도 화장실 장애인 칸을 사용했다. 벽에는 지레와 토글 장치, 당김줄로 이뤄진 아리송한 네모꼴 판이 엉성하게 붙어 있었다. 마치 우주왕복선의 조종실에 달린 물건 같았다. 물을 내리기 위해 줄을 힘껏 잡아당기자 간호사를 호출하는 비상벨이 울렸다. 지금 나는 그때랑 똑같은 표정을 짓고 있다. '이게 뭐야?' 하는 어처구니없는 표정 말이다. 차기 우주비행사가 되어 일본인들의 영웅이 되기를 희망하는 남녀가 앞으로 한 시간 반 동안 종이학 접기 경쟁을 펼치게 된다.

"학 천 마리를 접어요."

지금껏 우리 뒤에서 침묵을 지키며 서 있던 JAXA의 수석 의료 담당관 다치바나 쇼이치가 자기소개를 한다. 일본에는 학을 천 마리 접으면 무병장수한다는 속설이 있다(입원 환자의 건강을 기원하기 위해 긴 실에 매단 종이학을 선물하기도 한다). 잠시 후 그는 완벽하게 접은 메뚜기만 한 노란 종이학 하나를 내 앞에 올려놓는다. 구석 소파 팔걸이 위에는 작은 공룡 한 마리가 등장한다. 그는 마치 주인공 집에 몰래 침입한 뒤, 자기를 상징하는 섬뜩한 종이 동물을 명함처럼 남기고 떠나는 공포영화 속 악당처럼 느껴진다. 아니, 그저 종이접기를 좋아하는 남자처럼 보이려나?

지원자들은 토요일까지 학 천 마리를 접어야 한다. 우중충하고 단조로운 방 색깔과 대비되는 화려한 색종이들이 테이블 사방으로 흩어져 있다. JAXA는 성냥갑 같은 건물과 정원에 늘어선 로켓, 매력 없는 칙칙한 녹색에 이르기까지 NASA를 충실히 모방했다. 이렇게 이상야릇한 색깔은 본 적이 없다. 심지어 페인트 견본에서도 이런 색은 찾지 못했다.

학 천 마리 접기 심사의 진수는 각 지원자의 작업이 시간대별로 기록된다는 점이다. 지원자들은 학 천 마리를 완성한 뒤 긴 줄에 매단다. 격리 기간이 끝나면 모든 지원자의 종이학을 수거해 분석할 것이다. 종이접기의 과학수사라 할 만하다. 마감 시간이 가까워지면, 압박감에 종이학 주름도 삐뚤어질까? 처음 접은 열 마리와 마지막 열 마리는 얼마나 다를까? 이노우에는 '정확성이 떨어졌다는 것은 압박감을 견디지 못했다는 증거'라고 설명한다.

국제우주정거장International Space Station(ISS)에서 해야 할 임무의 90퍼센트는 우주선 조립이나 수리, 조작이라는 이야기를 들은 적이 있다. 이는 지루하리만치 기계적으로 반복되는 작업이며, 대부분 산소 공급이 제한되는 긴장된 상황에서 여압복을 입은 채 수행하게 된다. 우주비행사 리 모린Lee Morin은 다양한 실험 모듈※들이 연결

※   모듈(module): 우주선의 본체에서 떨어져 나와 독립된 기능을 하는 작은 부분-편집자

된 국제우주정거장의 뼈대 격인 트러스[✕] 구조 중앙부를 설치하는 임무를 맡았던 경험을 이야기했다.

"그건 서른 개의 나사로 조여져 있어요. 그중 열두 개를 제가 맡았지요(그러면서 그는 "그러니까 나사 하나마다 2년의 교육이 필요했던 셈이죠"라고 덧붙였다)."

존슨 우주 센터의 우주복 시스템 실험실에는 우주의 진공상태를 재현하여 여압 장갑을 부풀리는 상자가 있다. 장갑을 넣는 이 상자에는 우주비행사들이 우주정거장 밖에서 작업하는 동안, 그들의 몸과 도구들을 우주정거장에 고정하는 데 사용하는 매우 튼튼한 카라비너^{✕✕}가 들어 있다.

그곳에서 이 금속 고리를 조작하는 일은 오븐 장갑을 낀 상태로 카드 게임을 하는 것과 같다. 그저 주먹을 쥐는 것만으로도 몇 분 만에 피곤해진다. 따라서 금방 지쳐서 일을 쉽게 포기하는 사람은 우주비행사로서 적합하지 않다.

한 시간이 지났다. 정신과 의사들 가운데 한 명은 토크쇼에 빠져 있다. 젊은 남자 배우가 결혼에 대한 질문과 어떠한 아버지가 되고 싶으냐는 질문에 대답하고 있다. 지원자들은 테이블에 앉아서 종이접기에 열중하고 있다. 정형외과 의사이자 합기도 광팬인

✕　트러스(truss): 지붕이나 교량 따위를 떠받치는 구조물-편집자
✕✕　카라비너(carabiner): 로프 연결용 금속 고리로 O형과 D형 등 여러 모양이 있으며, 암벽 등반에 주로 사용한다.-편집자

지원자 A가 열네 마리로 선두를 달리고 있다. 다른 지원자들은 겨우 일고여덟 마리쯤 접었을 뿐이다. 설명서는 두 페이지 분량이다. 나의 통역관인 사유리는 노트를 한 장 찢어 종이학을 접고 있다. 그녀는 학의 몸통을 부풀리는 스물한 번째 단계에 다다랐다. 설명서에는 학을 가리키는 화살표가 있고, 그 끝에는 입으로 바람을 훅 불어 넣으라는 의미의 조그만 연기구름 같은 게 그려져 있다. 이미 방법을 알고 있다면 그 그림만으로도 충분하다. 그러나 방법을 모르는 사람 눈에는 기상천외한 그림처럼 느껴진다. '새의 몸속에 연기구름을 집어넣다니!'

재미있는 광경이긴 하지만 존 글렌*이나 앨런 셰퍼드**가 종이 접기에 자신들의 능력을 쏟는 모습을 상상하기는 어렵다. 미국 초기 우주비행사들 선발 조건은 용기와 카리스마였다. 수성을 탐사했던 머큐리호의 우주비행사 일곱 명은 전원이 현직 혹은 전직 시험비행 조종사였다. 이들은 엄청나게 빠른 전투기를 타고 무섭게 돌진하여 고도 기록과 음속의 장벽을 깨는 일을 매일 밥 먹듯이 하는 사람들이다. 아폴로 11호까지는 발사 때마다 NASA의 주요한 최초의 임무들을 수행해야 했다. 최초의 우주여행, 최초의 궤도 진입, 최초의 우주유영, 최초의 도킹 조작, 최초의 달 착륙 등 매우 위

---

*   존 글렌(John Glenn): 미국의 우주비행사이자 상원의원. 1998년 77세의 나이로 우주왕복선에 승선하여 최고령 우주비행사가 되었다.-편집자
** 앨런 셰퍼드(Alan Shepard): 미국 최초의 우주비행사로 1971년 아폴로 14호를 타고 달에 착륙해 골프를 친 것으로 유명하다.-편집자

22

험한 일들을 정기적으로 성공시키고 있었다.

임무가 계속되면서 우주 탐험 자체가 점차 상투적인 일이 되어 갔다. 종내에는 믿기 힘들겠지만 권태감까지 느끼고 있었다. 아폴로 17호의 우주비행사 진 서넌Gene Ceman의 이야기를 빌리자면 "달까지 가는 동안은 무료하기 짝이 없어서 '낱말 맞히기 게임을 가져올걸' 하는 생각이 들 정도"였다.

아폴로 우주 프로그램의 종결은 우주비행이 탐험에서 실험으로 바뀌는 계기가 되었다. 우주비행사들은 지구 대기의 가장자리 부근으로 접근하여 스카이랩Skylab, 스페이스랩Spacelab, 미르Mir, 국제우주정거장 같은 궤도 과학 실험실들을 조립했다. 그들은 무중력상태에서 각종 실험을 하고, 통신 장비와 국방 위성들을 쏘아 올렸으며, 화장실을 설치했다.

우주비행사 노먼 새가드Norman Thagard는 우주 역사 잡지 〈퀘스트Quest〉 인터뷰에서 "미르에서의 생활은 대체로 평범했다. 나에게 가장 빈번하게 발생한 문제라면 권태감이었다"라고 말한 바 있다.

마이크 멀레인은 자신의 첫 우주왕복선 비행을 '토글스위치 몇 개를 조작해서 통신위성 두 개를 투하한 일'로 요약했다. 최초로 하는 일들은 지금도 계속해서 생겨나고 있으며 NASA는 이를 자랑스럽게 열거하지만, 이제는 신문 1면을 장식할 정도의 대단한 뉴스거리로 취급되지 않는다. 일례로 우주왕복선 STS-110이 맡은 최초의 업적 중에는 '우주왕복선 탑승자 전원이 우주정거장의 퀘스트 에어록[✖]에서 우주유영을 한 것'도 포함된다. NASA 내부 실무단이 우주비행사의 정신·심리 의학적 선발을 위해 작성한 우주왕복선 시대의 한 문서에는 '권태감과 사기 저하를 견뎌낼 능력'이 필요한 자질 중 하나로 되어 있다.

요즘에는 우주비행사를 우주선 비행 조종사와 우주선 탑승 운용 기술자 이렇게 두 부류로 나눈다(하지만 교사, 돈만 낭비하는 쓸모없는 상원의원,^{✖✖} 호화 여행객인 사우디아라비아 왕자들 같은 유료 승객까지 포함시킨다면 세 부류로도 나눌 수 있다). 우주선 비행 조종사는 조종실에 있는 사람이고, 우주선 탑승 운용 기술자는 실험을 하거나 기기를 수리하고 위성을 쏘아 올리는 사람이다. 이들 모두가 명석한 최고 인재들이기는 해도 모두가 용감한 것은 아니다. 이들은 의사나 생물학자, 엔지니어다. 요즘 우주비행사들은 영웅이면서 동시에 세상 물정 모르는 헛똑똑이들이다(JAXA의 우주비행사들은 NASA로 치면 우주선 탑승 운용 기술자들로 분류된다. 국제우주정거장에는 JAXA가 세운 키보^{Kibo}라는 실험실 구조가 있다). 다치바나는 우주비행사들이 가장 크게 스트레스를 받는 요인으로, 비행 임무를 받을 수는 있는지 불확

✖ 퀘스트 에어록(Quest Airlock): 에어록은 우주유영을 위한 통로이고, 우주유영 전 별도의 모듈인 퀘스트에서 우주복을 유지 및 보수한다.-편집자
✖✖ 신분을 이용하여 상원의원이 되려는 우주비행사들과 영향력을 이용해 NASA에서 한자리 차지하려는 상원위원들 간의 관계로 인해 우주에도 상원 정족수라 할 만한 게 존재해 왔다(존 글렌은 용케도 그 둘을 모두 활용하여 77세 때 상원의원 자격으로 우주비행에 성공하여 최고령 우주비행사가 되었다). 이런 책략은 물론 실패할 때도 있다. 제프 빙거먼Jeff Bingaman이 아폴로호 우주비행사였다가 뉴멕시코주의 상원의원으로 있던 해리슨 슈미트Hamison Schmitt와 맞붙었을 때 '그가 최근에 여러분을 위해 한 일이 뭐가 있는가?'라는 슬로건을 내걸어 승리하기도 했다.

실한 것, 언제 임무가 주어질지 모르기 때문에 진정한 우주비행사라는 자부심을 갖지 못하는 것을 꼽았다.

우주비행사와 처음 이야기를 나눌 당시, 나는 우주비행사가 비행 조종사와 탑승 운용 기술자로 나뉜다는 사실을 모르고 있었다. 단지 우주비행사라면 누구나 아폴로호 착륙 장면을 통해 본 것처럼, 황금색 바이저를 쓴 채 달의 약한 중력을 받으며 염소나 산양처럼 뛰고 있을 거라고 상상했다. 탑승 운용 기술자인 리 모린은 듬직한 체격과는 달리 어조가 부드러우며, 한쪽 발이 살짝 안쪽으로 틀어져 있다. 그날은 카키색 옷에 갈색 신발을 신고 있었다. 셔츠에는 돛단배와 히비스커스 꽃 그림이 그려져 있었다. 그는 우주 왕복선 발사대 비상 탈출용 미끄럼틀에 사용할 윤활제 실험에 참가했던 이야기를 들려주었다.

"사람들이 상체를 굽히고 있는 우리 엉덩이에 윤활제를 발랐어요. 그다음 미끄럼틀을 타고 뛰어내렸죠. 실험은 성공적이었어요. 덕분에 왕복선 임무가 진전될 수 있었고 우주정거장이 세워지게 된 거죠. 그 일에 제가 힘을 보탤 수 있었다는 사실이 자랑스러웠지요."

그는 무표정한 얼굴로 말했다.

나는 과학 발전의 윤활제 역할을 한 엉덩이를 씰룩이며 귀여운 걸음걸이로 걸어가는 모린의 뒷모습을 지켜보며 '저런, 이 사람들도 평범한 사람들이구나!' 하고 생각했던 게 떠오른다.

NASA의 자금 조달은 과장된 신화에 적잖이 의존해 왔다. 머큐리호와 아폴로호가 만들어낸 허무맹랑한 이미지가 여전히 강한 효력을 발휘한다. NASA에서 공식 발행하는 20×25센티미터 크기의 잡지 속 우주비행사들 대부분은 존슨 우주 센터의 촬영 스튜디오가 갑자기 이유 없이 감압 되기라도 할 것처럼 우주복을 입은 채 무릎에는 헬멧을 올려놓고 있다. 그러나 우주비행사가 우주에서 임무를 수행하는 경우는 1퍼센트밖에 되지 않으며, 그중에서도 다시 1퍼센트만이 여압복을 입는 것이 실상이다.

모린은 그날 오리온 우주캡슐의 조종실 실무단의 일원으로 참가 중이었다. 그는 시야를 가리지 않고 최적으로 컴퓨터를 배치하는 방법을 찾는 역할을 맡았다. 비행하지 않을 때 우주비행사들은 회의를 하거나 위원회에 참석한다. 또는 학교나 지역 모임에서 강연을 하기도 하고, 컴퓨터를 점검하거나 우주비행 지상관제 센터에서 일하기도 한다. 그들의 말을 빌리면, 책상에서 비행하며 시간을 보내는 것이다.

그렇다고 용감함이 완전히 필요 없는 것은 아니다. 우주비행사가 갖추어야 할 자질에는 '매우 위급한 재난이 닥쳐도 임무를 수행할 수 있는 능력'이 포함된다. 문제가 발생했을 때는 명석한 아이디어가 필요하기 때문이다. 예컨대 캐나다 항공우주국Canada Space Agency(CSA)의 경우, 재난 극복 능력을 특히 중시하는 듯하다.

2009년, 캐나다 항공우주국 우주비행사 선발시험의 주요 광경이 웹사이트에 주기적으로 올라왔다. 마치 리얼리티 프로그램처럼 말이다. 지원자들은 피해 대책 훈련 시설에서 불타는 우주캡슐과 물속에 가라앉는 헬리콥터에서 탈출했다. 또한 1.5미터 높이의 무시무시한 인공파도가 치는 수영장으로 뛰어내렸다. 액션 영화 같은 강렬한 배경음악이 이 장면을 더욱 극적으로 만들었다(그 동영상들은 실제 우주비행사 선발 과정이라기보다는 매스컴의 관심을 끌기 위한 것일 가능성이 크다).

앞서 나는 다치바나에게 지원자들이 갑작스러운 사건이 발생할 때 대처하는 방법을 알아보기 위해 계획된 돌발 상황이 있는지 물어보았다. 그는 격리 실험실의 화장실을 고장 내면 어떨지 고민한 적이 있다고 했다. 역시 예상했던 답변과는 거리가 멀었지만 기발하긴 하다. 점점 고조되는 영화 음악과는 어울리지 않는 장면일지도 모르지만, 돌발 상황 대처법을 보기 위한 것이라면 이쪽이 더 나은 것 같다(다시 생각해보니 의외로 잘 어울릴 것 같기도 하다). 고장 난 변기는 우주비행의 난제를 제대로 표현하고 있을뿐더러, 14장에서 다루겠지만 그 자체가 굉장한 골칫거리이기 때문이다.

"어제 있었던 일이라 보지는 못하셨겠지만, 우린 어제 점심 배식을 예고 없이 한 시간 지연시켰어요."

다치바나가 덧붙인다. 사소한 일들이 큰 문제가 될 수도 있는 법이다. 가랑비에 옷 젖는 줄 모르는 것처럼 말이다. 지원자들은 점심 배식이 늦거나 화장실이 고장 나는 게 심사의 일부라는 것을 눈치채지 못하고 실제 성격대로 행동한다.

　나는 처음 이 책의 집필을 마음먹은 뒤, 화성에서 있을 임무를 가상으로 수행하는 사람을 뽑는 데 지원했다. 1차 예선을 통과했다는 통보를 받은 그달 말에, 유럽 항공우주국European Space Agency(ESA)의 직원으로부터 인터뷰가 있을 예정이라는 안내 전화를 받았다. 그때 시간은 새벽 4시 30분이었고, 나는 솟구치는 짜증을 굳이 억누르지는 않았다. 나중에야 그것도 일종의 심사였을지도 모른다는 사실을 깨달았다. 예상대로 나는 탈락하고 말았다.

　NASA도 유사한 책략을 사용한다. 지원자에게 전화를 걸어 두어 가지 신체검사를 다시 받아야 하며, 내일 당장 해야 한다고 덧붙인다. 행성 지질학자 랄프 하비Ralph Harvey는 "그들은 사실 '조직의 일원이 되기 위해 모든 것을 버릴 준비가 되어 있는지' 알아보려는 것이지요"라고 말한다. 그가 운영하는 남극 운석 탐사Antarctic Search for Meteorites(ANSMET) 프로그램 요원이 우주비행사 선발에 지원하기도 한다(남극은 우주와 비슷한 점이 많아 유용한 곳이다. 남극에서 잘 적응하는 사람은 격리되고 제한이 많은 우주비행도 심리적으로 잘 버텨낸다). 하비는 최근에 그런 지원자와 관련된 전화를 받았다.

　"그들은 내일 그 지원자를 T-38 훈련기에 탑승시킬 예정이라며, 나더러 함께 비행하면서 그의 행동을 관찰한 뒤 이야기해 주면 좋겠다고 말하더군요. 나는 흔쾌히 알았다고 했죠. 그런 일은 없을 거라는 걸 알았지만요. 그들이 진짜 궁금했던 건, 내가 지원자의 자질을 얼마나 신뢰하고 있느냐는 것이었으니까요."

예비 우주비행사들이 스트레스 해소에 능숙해야 하는 또 다른 이유는, 우주선에 타고 있을 때 스트레스를 푸는 방법이 매우 제한되어 있기 때문이다.

다치바나는 "예를 들면 우주에서는 쇼핑으로 스트레스를 풀 수가 없어요"라고 말한다. 술도 마실 수 없다. 그러자 JAXA의 언론 홍보업무를 담당하는 다나베 구미코가 "따뜻한 물에 몸을 푹 담그고 피로를 풀 수도 없고요"라고 덧붙인다. 그녀는 긴 시간 목욕하는 것을 좋아하는 것 같다.

점심 식사가 배급되자 열 명의 지원자가 모두 일어나 포장을 열고 접시를 놓는다. 그들은 자리에 모두 앉았지만 누구 하나 쉽사리 젓가락을 집지 않는다. 다들 신중하게 전략을 세우고 있다. 먼저 젓가락을 드는 걸 리더십이 있다고 생각할까, 참을성 없고 제멋대로라고 생각할까? 내과의사인 지원자 A가 만점일 것 같은 해답을 생각해낸다.

"본아페티."✖

그는 다른 사람들을 향해 인사를 건넨 뒤 다른 지원자들처럼 젓가락을 집지만 누군가가 먼저 음식을 입에 넣기를 기다린다. 신중하다. 나는 A가 선발될 거라는 데 내 돈 전부를 걸었다.

✖ 본아페티(Bon appetit): 불어로 '맛있게 드세요'라는 뜻-옮긴이

1984년 2월 7일, 브루스 맥켄들리스 2세Bruce McCandless II
역사상 최초로 안전선 없이 우주유영을 했다.

우주 탐험의 전성기 이후에 변한 게 또 있다. 그것은 우주왕복선과 궤도 과학 실험실에 탑승하는 승무원들 수가 머큐리나 제미니, 아폴로 시절의 인원보다 두세 배 늘었고, 임무 수행 기간도 며칠 만에 끝나는 게 아니라 몇 주에서 때로는 몇 달이 걸리기도 한다는 점이다.

그리하여 머큐리 시대의 '올바른 자질'로 꼽히던 것이 '부적절한 자질'이 되기도 했다. 우주비행사들은 친화력이 뛰어나야 한다. NASA가 권장하는 우주비행사 자질 목록에는 배려심, 공감 능력, 적응력, 유연성, 공평성, 유머감각, 무난한 인간관계 등이 포함된다. 오늘날 항공우주국은 허세와 자만을 원하지 않는다. 마치 영화 〈나이트 인 로댄스Nights in Rodanthe〉 속의 리처드 기어Richard Gere 같은 낭만적인 인물을 원하는 것이다. 독단 대신 '화합'을 원하고, 위험을 무릅쓰는 행위 대신 '건강한' 행동을 본다. 올바른 자질이 과시와 공격성, 불굴의 정신을 의미하던 옛날과는 달라진 것이다. NASA의 수석 정신과 전문의 패트리샤 샌티Patricia Santy가 『올바른 자질과 선택Choosing the Right Stuff』에서 말한 대로 '자아도취와 오만, 대인관계에 대한 무감각'도 안 된다. 그녀는 이야기한다.

"누가 그런 사람과 함께 일하고 싶어 하겠어요?"

좀 과장되게 말하면, 일본인은 우주정거장 생활에 잘 맞는 사람이다. 일본인들은 좁은 공간과 사생활 제약에 익숙하다. 유효 탑재량 면에서도 평균적인 미국인보다 작고 가볍다. 가장 중요한 것은, 그들이 예의 바르고 감정을 절제하는 문화 속에서 자라왔다는 점이다. 통역하던 사유리는 자신이 사용한 컵을 JAXA의 식기세척기에 넣기 전에 가장자리에 묻은 립스틱을 닦아낼 정도로 사려가 깊다. 그녀의 부모님은 항시 "조용한 연못에 파문을 일으키지 마라"라고 말씀하셨다고 한다. 그녀는 우주비행사가 되는 것을 '일상생활의 연장'이라고 말했다. 일본에 머무르는 동안 이메일을 주고받았던 우주왕복선 승무원인 로저 크라우치Roger Crouch도 '일본인들은 뛰어난 우주비행사가 됩니다'라는 말로 의견을 더했다.

나는 다치바나에게 내 의견을 살짝 비쳤다. 우리는 이런저런 이야기를 나누기 위해 로비로 자리를 옮겼고, JAXA 우주비행사들의 초상화 아래 놓인 낮은 소파에 앉았다.

"당신 말이 맞습니다."

그가 한쪽 다리를 위아래로 떨면서 말한다.✖

"우리나라 사람들은 지나치게 감정을 억제하고 사람들과 어울리기 위해 애쓰는 경향이 있어요. 나는 우리 우주비행사들이 너무 예의 바르게 행동할까 봐 걱정돼요."

감정을 너무 오랫동안 억제하는 것은 정신 건강에 해롭다. 그러다 보면 한순간 안이나 밖으로 폭발하게 마련이다.

✖ 내가 그해 초에 방문했을 때 다치바나의 상관은 우주비행사 선발 인터뷰 때 눈을 맞추지 못하거나 다리를 떠는 건 감점 요인이라고 이야기한 바 있다. 그 대화가 끝날 즈음 그 상관과 나는 탁자에 마주 앉아 고개를 돌리지 않으려고 안간힘을 쓰면서 서로의 눈을 마주 보고 있었다.

다치바나는 "일본인들 대부분은 감정을 겉으로 폭발하기보다는 내면에 쌓아두고 우울해지는 경우가 많아요"라고 말했다.

다행히 JAXA 우주비행사들은 NASA의 우주비행사들과 여러 해를 함께 훈련하며 그 기간 "다소 공격적으로 변하며 종국에는 미국인들처럼 된다"라고 덧붙였다.

이전의 격리 실험실 심사에서 어떤 지원자는 분노를 너무 거침없이 표출해서 떨어졌고, 어떤 지원자는 분노를 표출하지 못하고 수동적으로 행동해서 제외되었다. 다치바나와 이노우에는 어느 한쪽에 치우치지 않고 균형을 이루는 지원자를 선발한다. 나는 NASA의 우주비행사 페기 휘트슨Peggy Whitson을 떠올린다. 최근에 방송을 보다가 NASA 소속 어떤 직원의 인터뷰를 들었다. 그는 페기 휘트슨에게 요전에 촬영한 그녀와 동료들의 사진들을 잃어버렸다고 고백했다. 만약 오전 내내 사진을 찍었는데, 누군가 그 사진들이 없어졌다고 말한다면 나는 "다시 찾아보세요"라고 했을 테지만, 페기 휘트슨은 화난 기색 없이 "걱정 마요. 다시 찍으면 되지요"라고 답했다고 한다.

우주비행사로서 버려야 할 것이 또 있을까?

다치바나는 '코골이'를 꼽았다. 코골이가 심하면 선발 과정에서 제외될 수 있다.

"코 고는 소리가 크면 다른 사람들이 잠을 못 자거든요."

중국의 석간신문 〈양츠 이브닝 포스트Yangtse Evening Post〉에 따르면, 중국은 건강검진 시 구취가 심한 사람들을 떨어트린다. 건강검진 담당자 시빙빙의 말을 빌리자면, 잇몸 질환을 의심해서가 아니라 입 냄새가 심하면 비좁은 공간에서 함께 생활하는 동료들에게 영향을 미치기 때문이다.

점심 식사가 끝났다. 지원자 중 두 명이, 이제 세 명이, 아니 잠깐, 이제 네 명이 식탁을 닦고 있다(나는 문득 세차 기계에서 나오는 순간, 걸레를 든 직원 몇 명이 순식간에 자동차로 달라붙는 장면이 떠오른다). 그러나 설거지까지 할 필요는 없다. 지시 사항에는 더러운 접시와 수저를 각자의 알파벳이 적힌 플라스틱 통에 담은 뒤, '감압실'에 넣으라고 적혀 있다. 지원자들은 그렇게 수거된 식기가 바퀴 달린 손수레에 실려가 사진이 찍힌다는 사실은 모르고 있다. 사진들은 종이학과 함께 정신과 전문의와 심리학자들에게 전달될 것이다. 나는 어제 저녁 식사 식기를 촬영하는 장면을 직접 보았다. 사진사의 조수는 수거된 통을 열고는 그 식기가 범죄의 증거물이라도 되는 것처럼, 지원자들의 고유 알파벳과 날짜가 적힌 종잇조각을 식기 옆에 놓는다.

이노우에는 사진 촬영 이유를 분명하게 대답해 주지는 않았다. 다만 그들이 무엇을 먹었는지 알아보기 위한 것이라고만 했다. 진실인지는 모르겠지만 C는 닭 껍질을 골라냈고, G는 미소 장국 속 미역을 먹지 않았다. E는 국은 절반 정도 남겼지만 채소 절임은 싹

비웠다. 내가 뽑히리라 강력히 믿고 있는 A는 그릇에 담긴 음식 전부를 싹 비웠고, 식사가 처음 도착했을 때와 동일하게 배치하여 통에 넣어 반납했다.

"G씨 좀 보세요. 이 사람은 결점을 숨기고 있네요."

사진사가 혀를 끌끌 차며 G가 저녁 식사 접시 위에 쌓아놓은 채소절임 그릇을 들어올렸다.

나는 사실 우주비행사들이 그릇을 닦고, 설거짓거리를 쌓아놓는 것이 왜 그리 중요한지 잘 이해가 되지 않는다. 깔끔하게 정리정돈하는 성격은 확실히 좁은 공간에서 생활하는 데 중요하기는 하지만, 여기에는 뭔가 다른 의도가 숨겨져 있다는 생각이 든다. 지난 며칠 동안 내가 관찰한 것들을 아무것도 모르는 사람들에게 보여주고, 내가 어디에 있다가 온 건지 맞춰보라 하면 '항공우주국'을 떠올릴지 궁금하다. 아마 '초등학교'를 떠올리지 않을까? 종이접기 말고도 레고로 로봇 만들기와 색연필로 '나와 동료들' 그리기 등이 있었다(이것들 역시 신경 정신 분야 전문가들의 이메일로 발송된다).

이제 모니터에는 H가 카메라와 동료들 앞에서 발표하는 모습이 보인다. 자기소개 시간이다. 나는 자신의 장점과 직무 능력을 어필하는 취직 면접 같은 분위기를 기대했다. 하지만 이건 여름 캠프 장기자랑 시간에 더 가깝다. C의 장기는 4개 국어로 노래 부르는 것이다. D는 30초 동안 팔굽혀펴기를 40회나 했다.

지원자들이 '피니'를 입고 있어, 학교 운동장 분위기까지 더해진다. 피니는 주로 아이들이 체육 시간에 팀을 구별하기 위해 덧입는 옷이다. 이 옷에는 지원자들 고유의 알파벳이 인쇄되어 있다. 이 옷은 관찰자를 위한 것이다. 조명은 어둡고, 카메라는 지원자들의 얼굴을 가까이 잡지 않기 때문에 누가 누구인지 분간하기가 힘들다. 피니를 입기 전에는 사람들이 옆 사람에게 작은 소리로 속삭이기 일쑤였다.

"저게 누구죠? E씨 인가요?"

"J씨 같은데요."

"아니, J씨는 저기 있어요. 줄무늬 옷을 입었잖아요."

H가 말하고 있다.

"저는 핸들을 놓고 자전거를 탈 수 있습니다."

그러더니 두 손을 컵처럼 오므리고 엄지손가락에 입술을 댄 뒤몇 차례 뭔가를 시도하더니 나지막하고 무미건조하며 음이 없는휘파람 소리를 낸다.

"저는 당신처럼 뛰어난 기술은 없어요."

H가 B를 보며 무뚝뚝하게 말한다. B는 좀 전에 배드민턴 선수권 대회에서 자기 팀이 우승했던 이야기를 하고는 반바지를 걷어올리고 허벅지 근육을 과시했었다.

H가 자리에 앉자 F가 일어선다. 세 명의 조종사 지원자 중 한명이다.

"조종사에게는 마음이 통하는 게 중요합니다."

진지하게 시작하는가 싶었다. 그러나 뜻밖의 반전이 일어난다. F는 친구들과 종종 술자리를 갖는다고 말한다.

"우리는 여자들과 어울릴 수 있는 술집에 갑니다. 분위기가 좋아 마음이 더 잘 통하고, 어색한 친구들과 가까워지는 데 도움이 되거든요."

F가 입을 크게 벌리더니 혀로 뭔가를 하기 시작한다. 정신과 전문가들이 모니터 앞으로 몸을 숙인다. 사유리의 눈썹이 치켜 올라간다.

"저는 술집 여자들을 위해 이렇게 하지요."

F가 말하고 있다.

"뭐라고?"

이노우에가 F의 얼굴을 확대해 비춘다. F의 혀가 돌돌 말려 있다.

"이것이 제가 가진 마음을 열어주는 기술입니다."

다음으로 내가 지지해 마지않는 A가 일어선다. 그는 합기도 기술을 보여주고 지원자를 받겠다고 한다. D가 벌떡 일어난다. 그가 입은 피니가 한쪽 어깨에서 반쯤 흘러내리고 있다. A는 대학생 시절 후배들이 몸을 가누지 못할 정도로 만취할 경우 "후배들의 팔을 확 비틀어서 그들이 일어날 수 있게 도와주었습니다"라고 말하며 D의 손목을 잡는다. D가 비명을 지르자, 모두가 큰 소리로 웃는다.

"완전히 놀고먹고 마시자 판이군요."

나는 사유리에게 말한다. 사유리는 다시 다치바나에게 내가 한 말을 전달한다.

"솔직히 우주비행사나 대학생이나 비슷하죠."

다치바나가 대답한다. 대학생도 숙제가 있다. 숙제를 할지 말지 결정하는 건 각자의 몫이다. 우주로 나가는 건 최정예 엘리트 사관학교에 들어가는 것과 비슷하다. 부사관과 학장 대신 항공우주국 경영진들이 있다. 규칙을 지키는 편이 좋다. 다른 우주비행사를 험담하지 않아야 하며, 비속어도 쓰지 않아야 하고,✖ 불평하지 않아야 한다. 군대와 마찬가지로 사고치는 사람들은 압박을 받거나 쫓겨난다.

우주정거장 시대의 이상적인 우주비행사는 행실이 바르고 성실한 어린아이처럼 지시를 정확히 따르는, 성취도가 높은 성인이다. 일본은 우주비행사들을 빠르게 길러낸다. 이는 누구도 무단횡단을 하지 않고, 쓰레기를 버리지 않는 문화와 관련되어 있다. 이들은 대체로 권위에 맞서지 않으려 한다.

도쿄로 오는 비행기 옆자리에 앉았던 여성은 어머니가 귀를 뚫지 못하게 했었다고 투덜댔다. 그녀는 서른일곱 살에 비로소 용기

✖　지난주 나는 어떤 육성 기록을 옮겨 놓은 편집 전 원고를 읽었는데, 거기에는 '제기랄'과 '빌어 먹을' 같은 비속어들이 중요한 CIA 사건 기록처럼 잉크로 지워져 있었다. 우주비행사 진 서넌이 아폴로 10호에 위기가 발생하자 차마 입에 담을 수 없는 심한 욕설을 몇 차례 내뱉었다. 마이애미 성서 대학의 학장이 닉슨 대통령에게 편지를 보내 공개적으로 회개시킬 것을 요구했다. 이에 NASA는 진 서넌이 공개 회개를 하도록 했다. 진 서넌은 훗날 자신의 회고록을 이렇게 마무리 했다. '빌어먹을 졸작.'

를 내서 귀를 뚫었다고 한다. 그녀는 이렇게 고백했다.

"이제야 겨우 어머니에게 맞서는 법을 배우고 있어요."

그녀는 마흔일곱 살이었고 그녀의 어머니는 여든여섯 살이었다. 다치바나는 말한다.

"물론, 화성 탐사라면 이야기가 달라지겠죠. 공격적이고 독창적인 사람이 필요할 거예요. 모든 일을 스스로 해결해 나가야 할 테니까요."

긴급 상황에서 우주비행사는 무선 통신에 20분의 시간 차이가 발생하는 동안 우주비행 지상관제 센터의 조언을 들을 수가 없다.

"그래서 또다시 용감한 사람이 필요하게 되는 거죠."

도쿄를 떠나고 몇 주일이 지났을 무렵, JAXA 홍보실에서 이메일을 보내와 E와 G가 선발되었다고 알려주었다. E는 전일본공수 All Nippon Airways(ANA) 조종사이자 일본 뮤지컬 팬이다. 자기소개 시간에 자신이 가장 좋아하는 뮤지컬의 한 장면을 연기했다. 그는 슬픔에 흐느끼며 보이지 않는 어머니를 두 팔로 감싸 안는 시늉을 했다. 용감한 행동이긴 했지만, 전혀 우주비행사다운 모습은 아니었다. G 역시 일본 항공자위대Japan Air Self-Defense Force 조종사다. 공군 조종사는 그동안 우주비행의 적임자로 여겨져 왔다. 꼭 조종 경력과 기술 때문만은 아니다. 그들은 극도의 긴장 상태에서 위험을 무릅쓰고 비행기를 조종하는 데 익숙하고, 사생활 따위 없는 좁은 숙소에서 자는 데 익숙하며, 명령에 복종하고, 가족과 장시간 떨어져 있는 것도 익숙하다. 또한 JAXA 직원의 지적처럼 우주비행사 선발에는 정치적 문제가 얽혀 있다. 공군은 항공우주국과 긴밀한 유대 관계를 맺고 있다.

내가 일본을 떠나고 일주일 뒤, 열 명의 지원자가 NASA 우주비행사 선발위원회와 인터뷰를 하기 위해 존슨 우주 센터로 향했다. 다치바나와 이노우에는 지원자들의 영어 실력이 최종 선발에 큰 영향을 미친다고 고백했다. 내 생각에는 그들이 얼마나 NASA 직원들과 잘 어울릴 수 있는지를 확인하기 위함인 것 같다. 남극 운석 탐사의 랄프 하비는 이렇게 말한다.

"가장 결정적이라 할 수 있는 이 관문의 핵심은, 두 명의 우주비행사와 지원자가 함께 앉아 그저 이야기를 나누는 것이에요. 이들은 남극의 텐트 같은 곳에서 당신과 함께 지내야만 할 상황에 부닥칠지도 몰라요. 우주정거장에서 고작 6주나 6개월 정도만 같이 지내는 게 아니라, 비행만을 기다리며 우주비행 지상관제 센터 같은 곳에서 꼬박 10년을 함께 보낼 수도 있어요. NASA 직원들은 단순히 직장 동료가 아니라, 진정한 친구를 찾고 있는 겁니다."

비행기 조종사는 NASA의 우주비행사들과 공통점을 갖고 있다는 점에서 의사보다 유리하다. 군대와 항공은 세계적인 협회이며 E와 G는 이미 그곳에 소속되어 있다.

JAXA를 처음 방문할 때, 나는 다른 통역관과 함께 움직였다.

기차역에서부터 목적지를 향해 차로 이동하는 동안 통역관 마나미는 몇몇 표지판을 번역해 주었다. 어느 표지판에는 '과학과 자연의 도시, 쓰쿠바에 오신 걸 환영합니다'라고 쓰여 있었다. 쓰쿠바는 항상 '과학의 도시 쓰쿠바'라고 불렸다. 그곳에는 JAXA뿐만 아니라, 농업 연구소, 국립 재료과학 연구소, 건축 연구소, 삼림 종합 연구소, 국립 농촌공학 연구소, 중앙 식품 및 축산 연구소 등 많은 연구소가 밀집되어 있다. 연구소들이 얼마나 많은가 하면, 그들 자체를 연구하는 연구소인 쓰쿠바 연구소 센터가 따로 있을 정도다.

그렇다면 이 도시의 이름에 '자연'이 들어가 있는 이유는 무엇일까? 마나미의 설명에 의하면, 사람들이 처음 이곳에 이주했을 때만 해도 쓰쿠바는 나무 한 그루, 공원 하나 없이 황량했으며, 도시를 연결하는 주요 도로나 열차도 없었기 때문에 사람들이 할 수 있는 거라곤 일밖에 없는 무료한 도시였다고 한다. 그로 인해 연구소 옥상에서 뛰어내려 자살하는 사람들도 많았다고 말했다. 마침내 정부는 쇼핑몰을 만들고, 나무와 잔디를 심어 공원을 조성했고, 도시 이름도 '쓰쿠바, 과학과 자연의 도시'로 바꿨다. 정부의 움직임이 많은 도움이 된 듯했다.

이 이야기를 듣는 순간 화성 여행이 떠올랐다. 2년 동안 멸균된 인공 구조물 안에 갇혀 일과 동료들에게서 벗어날 수도 없고, 꽃도 나무도 섹스도 없으며, 창밖으로 보이는 건 텅 빈 우주나 기껏해야 붉은 먼지뿐인 세상을 산다는 건 과연 어떤 느낌일까?

우주비행사의 일이나 우리가 하는 일이나 스트레스를 받는 이유(과로, 수면 부족, 걱정, 다른 사람들과의 관계)는 비슷하지만 스트레스를 배가시키는 두 가지 요인이 더 있다. 환경이 주는 결핍과 그곳에서 벗어날 수 없다는 무력감이다. 고립과 감금은 항공우주국에게 결코 간단한 문제가 아니다. 미국, 캐나다, 러시아, 유럽 항공우주국은 우주선과 같은 가상 우주선에 여섯 명의 대원을 탑승시켜 가상 화성 임무를 수행시키고 심리를 분석하는 정교한 심리학 실험에 1,500만 달러를 투자하고 있다. 그 실험용 우주선의 해치✖는 바로 내일 열린다.

✖   해치(hatch): 우주선, 항공기, 잠수함 등 특수 구조물의 출입구-편집자

CHAPTER 2

상자 속의 삶

고립과 감금이 불러오는 위험한 심리 변화

화성은 한층 위로 올라가면 왼쪽에 있다. 화성 표면 모의실험 장치는 '마르스500^{Mars500}'으로 알려진 모의실험 장치를 구성하는 다섯 개의 모듈 가운데 하나다. 숫자 500은 화성을 왕복하는 데 걸리는 시간과 체류 기간 4개월을 합한 일수를 의미한다. 모의실험은 러시아 모스크바에 있는 항공우주의학 연구시설인 생의학 연구소 institute of Biomedical Problems(IBMP)의 지하에서 이뤄진다. 자신이 선택하지 않은 룸메이트와 좁은 공간에 갇혀 있을 때 발생하는 문제점들을 알아보고 극복해 나가는 것이 이 심리학 실험의 목적이다. 실험에 참가하는 승무원들은 1만 5,000유로를 받는다.

오늘 그들이 가상 화성 임무를 마치고, 지구로 '착륙'한다. 텔레비전 방송국 직원들이 급히 계단을 오르내리며 삼각대를 설치할 최적의 장소를 찾고 있다. 주거 가능한 모듈 위, 발코니에 서 있던 생의학 연구소 직원이 생각에 잠겨 말한다.

"처음에는 모두가 저 아래에 있죠. 이제는 작은 개미둥지 같은 풍경처럼 보이네요."

팡파르 소리와 팔꿈치로 밀쳐대는 막바지 취재 경쟁이 시작되며, 우주선 해치가 열리는 순간을 알린다. 여섯 명의 남자가 밖으로 걸어 나오며 카메라를 향해 미소 짓는다. 그들은 사진 찍히는 데 익숙하다. 지난 3개월간 밤낮으로 관찰되어 왔기 때문이다(단기 격리는 2010년에 520일 동안 실행한 모의실험에 도움이 되었다). 파란색 '비행복'✖을 입은 승무원들은 우스꽝스럽게 느껴질 때까지 손을 흔들다가 한 명씩 팔을 내린다.

격리 실험실 테스트는 수십 년간 생의학 연구소의 수익을 책임지는 사업이다. 나는 1969년 논문을 우연히 발견했는데, 목적지가 명시되지 않았지만 1년에 걸친 가상 임무 수행을 상세히 다루고 있었다. 그 실험은 마르스500과 유사하지만, 매일 일과를 마무리하며 하는 '안마'처럼 작고도 매혹적인 차이점이 있었다. 그 논문은 비록 학술지에 실리기는 했지만 왠지 게이들을 위한 〈주부생활〉을 보는 것 같았다. 거기엔 남자 셋이서 저녁 식사를 준비하

✖   이날 나는 지하철을 타기 위해 역으로 향하던 도중, 근처 아파트 단지를 관리하는 관리인을 보았다. 순간적으로 '우주비행사들이 정원사나 잡역부로 부업을 하고 있나?' 하는 착각이 들 만큼 똑같이 생긴 파란 작업복을 입고 있었다.

고, 온실 속 식물을 돌보고, 목이 긴 셔츠에 조끼를 입고, 라디오를 듣고, 서로의 머리카락을 잘라주는 모습이 담겨 있었다. 이 논문에는 보시코A.N. Bozhko가 이발용 가위를 들고서 율리셰프B.N. Ulybyshev 뒤를 쫓아다닌 사건 같은 부적응 징후나 실랑이 등에 대한 언급은 없었다. 기자회견에서도 마찬가지다(기자회견은 낙관적인 사람들에게 미리 준비한 연설문을 읽어주는 시간일 뿐이다).

예를 들면 이런 식이다.

"아무런 문제도, 충돌도 없었어요."

마르스500의 선장인 세르게이 랴잔스키Sergei Ryazansky가 이야기하고 있다. 기자회견이 2층의 어떤 방에서 열리고 있는 까닭에 카메라맨 대부분이 삼각대를 접고 계단 통로로 허겁지겁 뛰어올라가자 생의학 연구소 직원들이 재미있다는 듯 지켜본다. 더군다나 기자는 삼백 명이나 모였는데 의자는 200개밖에 없다.

"모두 서로를 도왔어요."

랴잔스키가 이런 시시한 이야기를 10분째 늘어놓고 있을 무렵, 어떤 기자가 한 방 날렸다.

"우리는 흥미로운 이야기가 듣고 싶습니다. 개인적인 갈등이 있었는지 이야기해 주실 수 있나요?"

허나 그들은 아무 말도 할 수 없다. 가상 우주비행사들 대부분은 진짜 우주비행사가 되기를 바라기 때문에 신중해야 한다. 마르스500에 탑승한 승무원 중에는 유럽에서 온 야심에 찬 우주비행사 한 명, 열정적인 러시아 우주비행사 한 명, 비행 임무 대기 중인 러시아 우주비행사 두 명이 포함되어 있다. 가상 비행에 참가하는 건, 자신이 우주비행에 적합한 자질을 갖추고 있다는 것을 보여줄 절호의 기회다. 여기서 말하는 적합한 자질이란, 상황을 변화시키려 하기보다 순응하는 자세, 꼭 필요한 장비만 있는 환경에 갇힌 상황을 견뎌내는 인내력, 감정의 안정, 호의적인 가족 등을 뜻한다.

랴잔스키가 동료들을 험담하지 않는 이유가 또 있다. 그도 대부분 격리 실험실 자원자들과 마찬가지로 비밀 유지 동의서에 서명했기 때문이다. 항공우주국은 사생활도 보장되지 않고, 충분한 수면도 없고, 음식도 마땅치 않은 공간에 사람들을 가둬놓으면 어떤 일이 벌어지는지 알고 싶어 하지만, 다른 사람들에게 공개하는 것은 극도로 꺼린다.

노버트 크래프트Norbert Kraft는 이렇게 말한다(그는 캘리포니아에 있는 NASA의 에임스 연구 센터Ames Research Center에서 장기 임무 시 집단 심리학과 생산성을 연구하는 의사다).

"어떤 항공우주국이 '자, 이런 문제들이 일어납니다'라고 공표한다고 생각해 보세요. 사람들은 대뜸 '아, 저런 문제들이 발생하는군! 그렇다면 우주에 왜 꼭 가야 하지? 너무 위험한데 말이야'라고 반응할 거예요. 항공우주국은 이미지를 엄청나게 중요시해요. 안 그러면 연구비가 끊길 테니까요."

우주 모듈 안에서 일어난 일은 그 안에 머물러야 하는 것이다.

지난번, 생의학 연구소가 주최한 격리 실험 때처럼 누군가 누설하지만 않는다면 말이다. 소위 SFINCSS라고 일컫는 1999년 우주정거장 국제 승무원 가상 비행Simulated Flight of International Crew on Space Station 실험 때는 음주 파티와 성추행 같은 이야기들이 언론에 누설되면서 신문 지면을 장식하는 불명예스러운 일을 겪었다. 지금 승무원들은 분명 비밀 유지에 대한 지시를 받았을 게 틀림없다. 랴잔스키는 계속 이야기하고 있다.

"개인 훈련을 받은 덕분에 충돌을 피할 수 있었어요. 감정 표현은 정말 정중하고 공손하게 했지요."

기자회견실에 있는 기자들은 기삿거리가 되지도 않는 이야기를 듣기 위해 수백 킬로미터를 달려왔다는 사실을 깨닫기 시작한다. 얼마 지나지 않아 의자가 부족했던 현상이 사라진다.

1999년, 우주정거장 국제 승무원 가상 비행에서 벌어진 '사건'은 격리된 지 3개월 만에 서로 다른 모듈에 있던 승무원들이 '도킹'˟하면서 발생했다. 한 팀은 네 명 전부 러시아인으로 이뤄져 있었다. 반면 다른 팀은 캐나다 여성 한 명, 일본 남성 한 명, 러시아 남성 한 명, 선장으로는 오스트리아 남성 노버트 크래프트를 앞세운 국제적인 팀이었다.

2000년 새해 첫날 새벽 2시 30분에 러시아 팀 선장인 바실

˟　도킹(docking): 인공위성이나 우주선이 우주 공간에서 서로 결합하는 일-편집자

리 루카뉴크Vasily Lukyanyuk가 캐나다 여성인 주디스 라피에르Judith Lapierre를 카메라 사각지대에 몰아세우고는 거센 저항에도 불구하고 두 차례나 키스를 퍼부었다. 그 직후에는 다른 러시아인 두 명이 피투성이가 될 정도로 심한 주먹다짐을 벌였다. 그 후 두 모듈 사이의 해치가 닫히자, 일본인 참가자는 가상 우주선에서 나와 버렸고, 라피에르는 생의학 연구소와 캐나다 항공우주국에 항의했다. 그녀는 생의학 연구소 심리학자들이 도와주지 않았을뿐더러, 도리어 과민반응을 보인다고 비난했다며 울분을 토했다.

우주비행사가 되겠다는 포부를 갖고 비밀 유지 동의서에 서명했음에도 불구하고, 라피에르는 이 사건을 언론에 발표했다. 생의학 연구소의 심리학자 발레리 구신Valery Gushin의 말을 빌리자면, 그녀는 '자기의 더러운 옷을 사람들 앞에서 빤' 셈이다.

내가 라피에르에게 연락했을 무렵, 그녀는 이미 빨래를 마친 상태였다. 기본적인 사실들이 전부 진실이라고 대답한 그녀는 자신이 속한 가상 비행의 선장이던 노버트 크래프트 이야기를 꺼냈다. 크래프트는 실험실 안팎 모두를 경험했다. 그는 JAXA 격리 실험실의 고문을 지냈고 가상 비행에도 참가했다. 그는 그동안 관찰만 하다가 참가자가 되면 어떤 기분이 드는지 알고 싶은 마음에서 실험에 자원했다. 크래프트는 활달하고 자유분방하며 다방면에 호기심이 많은 사람이다. 그의 가상 비행 신상 카드 취미란에는 왈츠, 스쿠버다이빙, 블랙체리 케이크 굽기, 일본식 정원 가꾸기가 기재되어 있다. 그는 나와 이야기를 나누기 위해 마운틴뷰✖에서 오클랜드까지 장거리를 운전해왔음에도 컨디션이 좋아 보였다. 내가 그 이유를 묻자, "뭔가 색다른 일이기 때문이죠"라고 대답했다.

일련의 사건에 대한 크래프트의 설명에는 신문에 실린 내용보다 더욱 미묘한 뉘앙스가 담겨 있었다. 라피에르는 성추행 사건 희생자라기보다는 제도화된 성차별주의의 희생자였다. 구신의 설명에 따르면, 러시아 남자들은 여자들이 자신과 동등한 위치에 서기보다 여성스럽게 행동하길 바란다. 우주비행사일지라도 말이다. 소련-러시아 우주 프로그램 역사가인 피터 페사벤토[Peter Pesavento]는 "미국 우주비행사 헬렌 셔먼[Helen Sherman]은 장난스럽지 않고, 지나치게 전문적인 태도를 보였다는 이유로 미르의 동료 승무원들의 눈총을 받았다"라고 했다. 소련의 발렌티나 테레시코바[Valentina Tereshkova]가 1963년 '최초의 여성 우주인'이라는 칭호를 얻은 이래로 수십 년간, 러시아 여성 우주비행사는 단 두 명밖에 없었다. 그중 첫 번째 여성인 스베틀라나 사비츠카야[Svetlana Savitskaya]는 소련의 우주정거장 살류트[Salyur]의 해치를 빠져나올 때 꽃무늬 앞치마를 건네받았다.

생의학 연구소의 직원과 심리학자들은 처음부터 라피에르를 깔봤다. 단지 여성이라는 이유로, 연구자로 진지하게 받아들이지

✖ 마운틴뷰(Mountain View): 캘리포니아주에 속하며 미국 항공우주국NASA의 에임스 연구 센터가 위치한다.-편집자

않았다고 크래프트는 이야기한다. 도와주지 못한 것은 사실이다. 하지만 언어 장벽 때문에 어쩔 수 없었다. 라피에르는 러시아어를 전혀 몰랐고, 우주비행 지상관제 센터에 영어를 하는 사람은 없었다.✘ 러시아인만 탑승한 모듈 안에서 영어로 의사소통이 가능한 사람은 선장 한 명밖에 없었다. 그는 라피에르에게 친절하게 행동했다. 크래프트는 라피에르가 러시아인들에게 존중받기 위해 노력했으며, 선장을 잠재적 협력자로 생각했던 것 같다고 했다. 그녀는 유대감을 형성하기 위해 할 수 있는 모든 것을 했다. 선장의 무릎 위에 앉거나 볼에 입을 맞추는 등 러시아 여성들이 보통 하지 않는 방식으로 친절하게 행동한 것이다.

"그녀는 잘못된 신호를 보내고 있었지만, 막상 자기가 그런 신호를 보내고 있다는 건 몰랐던 거죠."

크래프트는 일본인 참가자가 떠나버린 문제를 라피에르가 뒤집어쓴 것도 부당하다고 했다. 우메다 마사타카라는 일본인 남성은 라피에르와 뜻을 같이한 것이다. 우메다는 포르노를 보고 있는 러시아 참가자들 때문에 이미 짜증이 나 있었고, 그만둘 핑곗거리를 찾고 있던 참이었다.

✘　언어는 러시아와 미국 간의 우주 협력 내내 지속된 문제였다. NASA의 심리학자 알 홀랜드Al Holland는 우주왕복선 미르 프로그램 참가 기간에 러시아인들을 태우고 모스크바를 질주하던 이야기를 들려줬다. 동일한 차선을 달리던 차들이 속도를 늦추며 정지하자, 뒷좌석에 앉아 있던 러시아 남자가 "무슨 일이죠?" 하고 물었다. 홀랜드는 새로 익힌 '교통 체증stopka traffic jam'이라는 단어를 사용하게 되어 뿌듯했다. 그는 오직 "포프카popka"라고 말했다. 이렇게 되면, "커다란 궁둥이 때문이죠!"라는 뜻이 된다.

아마 나라도 거기 있었다면 틀림없이 구실을 찾았을 것이다.
감금, 수면 부족, 언어와 문화 차이, 사생활 제약으로 인한 스트레
스에 더해, 미묘한 고통들이 참가자들을 괴롭힌다. 샤워실에는 바
퀴벌레들이 기어다니고, 온수도 나오지 않았다. 매일 저녁 식사로
카샤Kasha(라피에르는 '메밀 죽'이라고 했다)를 먹어야 했다. 크래프트
는 '머리카락에 생긴 이'라는 제목의 사진을 포함해 6장의 사진을
첨부한 이메일에 이렇게 썼다.

'마룻바닥에는 생쥐들이 돌아다니고, 곰팡이들이 도관을 타고
올라갔어요.'

크래프트는 머리에 이가 생긴 사건을 별로 대수롭지 않게 여기
며 "그건 뭔가 새로운 경험이었으니까요"라고 했다. 러시아 참가
자들은 차분하게 머리를 삭발했다. 라피에르는 머리카락에 생긴
이뿐만 아니라 생의학 연구소 직원들의 반응도 참아야만 했다. 러
시아인들이 "주디가 캐나다에서 갖고 온 짐에 이가 들어 있었다"
라며 쑥덕거렸기 때문이다.

리얼리티 프로그램 제작자들은 잘 알고 있겠지만, 타오르는 좌
절감에 불을 지피는 데 술만큼 효과적인 건 없다. 기록에 의하면
2000년 밀레니엄이 시작되는 기념을 위해 생의학 연구소가 지급
한 샴페인은 단 한 병이 전부였다. 그러나 실제로는 샴페인뿐만 아
니라, 보드카, 코냑까지 수십 병이 있었다. 크래프트는 뇌물처럼 격
리 실험실로 들어간다고 말한다.

"러시아인들이 연구에 적극적으로 협조하기를 바란다면 실험 전에 보드카와 살라미를 준비해 두는 게 좋을 거예요."

그전에도 소련과 러시아 우주 실험실에서 행해왔던 일이다. 미르의 우주비행사 제리 리넨저Jerry Linenger는 우주복 한쪽 팔에서 코냑 한 병을, 다른 쪽 팔에서는 위스키 한 병을 발견하고는 놀랐었노라고 회고록에 적었다.✖ 크래프트는 나에게 러시아에서 장기 임무를 맡는다면 '살균제를 숨기는 게 낫다'라고 조언해 주었다.

내가 러시아에 머물 때, 익명을 요구한 한 러시아 우주비행사는 우주에서 자기가 찍은 슬라이드 사진 한 장을 보여주었다. 승무원 두 명이 마치 몰트✖✖ 하나를 나눠 마시는 십 대들처럼, 빨대를 물고 5리터짜리 코냑 통 양쪽을 둥둥 떠다니고 있는 모습이었다.

가상 비행의 사건이 언론에 보도되자 생의학 연구소와 항공우주국은 수세에 몰리기는 했으나, 이노우에 나쓰히코가 말한 대로, 연구자들은 '매우 특이한 결과'가 나왔다는 데 기뻐하고 있었다. 예컨대 여러 문화가 섞여 있는 임무 수행 시 집단 반응에 관한 연구 같은 것이다. 이노우에는 내게 이메일로 '그 사건은 우리에게 승무원 선발과 훈련에 대해 매우 귀한 통찰력을 갖게 해주었지요'라고 했다. 그 대부분이 상식에서 벗어나지 않는다. 의사소통이 충

✖   제리 리넨저는 우주 탐험에 있어서 성직자나 마찬가지였다. '나는 NASA에서 근무하면서 금주 정책을 엄격하게 따랐다.'
✖✖ 몰트(malt): 맥주나 위스키 등의 원료가 되는 맥아, 엿기름-편집자

분히 이뤄질 정도로 공통된 언어를 구사하는지 확인할 것, 팀워크가 좋은지 검토할 것, 유머감각을 가진 사람들을 선택할 것, 전원에게 다양한 문화 예절 특강을 할 것 등이다.

누군가는 라피에르에게 러시아 남자가 파티에서 여성에게 키스하는 건 '별일 아니다(발레리 구신이 한 말이다)'라고 미리 이야기해 줬어야만 한다. 만약 그 남자가 키스하지 못하게 막고 싶다면 '안 돼요'라는 말은 '아마도'라는 뜻과 일맥상통하니, 뺨을 한 대 갈겨 줘야 한다고도 말이다. 그리고 러시아 남성들이 서로의 코를 주먹으로 쳐서 피투성이를 만드는 것이 '우호적인 다툼'이라는 것도 덧붙었어야 한다.✖

문화 충돌은 아무리 철저히 예방한다 해도 반드시 놓치는 부분이 생기게 마련이다. 남극의 외딴 들판 야영장에서 운석 탐사를 감독하는 랄프 하비는 머리카락을 뽑아 난롯불에 태우는 취미를 가진 스페인 팀원에 관해 이야기해 주었다.

"스페인에서는 이발사들이 손님의 머리카락 끝을 태우거든요. 저는 그 냄새를 좋아해요."

그 스페인 남자는 이렇게 말했다. 그와 한 텐트를 사용하는 동료는 처음엔 재미있어 했지만 곧 마찰의 씨앗이 되었다. 하비가 농담을 던졌다.

✖ 크래프트는 이 얼토당토않은 말이 사실이라고 못 박았다. "그게 그들의 갈등 해결 방법이에요. 미르에서도 똑같이 했어요."

"이제는 설문지에 써두죠. '당신은 머리카락을 재미로 불에 태우곤 합니까?'라고요"

크래프트는 가상 비행 사건 보도가 한 공간에 갇힌 남녀 사이에 벌어지는 감정을 상당히 솔직하게 다뤘다는 점에서 매우 유익했다고 생각한다. 그는 항공우주국들이 우주비행사들을 슈퍼맨처럼 묘사하는 데 이의를 제기한다.

"마치 우주비행사는 호르몬 따위가 분비되지 않아서, 누구에게든 어떠한 감정도 느끼지 못하는 존재로 묘사하는 것 말이에요."

문제는 또다시 부정적인 언론의 관심과 자금 축소에 대한 두려움으로 귀결된다. 위험한 것은, 심리 문제를 가볍게 여기고 축소하는 조직은 문제의 해결책을 진지하게 모색할 가능성도 낮다는 것이다.

크래프트는 이렇게 일침을 가했다.

"우주비행사 중 한 명이 기저귀✱를 차고 미국을 돌아다니는 꼴

✱ 리사 노왁Lisa Nowak(NASA 소속 전직 우주비행사이자 해군 비행 장교)은 과연 기저귀를 찼을까? 경찰관 윌리엄 벡튼William Becton은 진술서에 리사 노왁의 차 안에서 이미 사용한 기저귀 2개가 든 쓰레기봉투를 발견했다고 적었다. "제가 노왁에게 왜 기저귀를 갖고 있는지 묻자, 그녀는 차를 세워서 화장실을 가고 싶지 않아서 기저귀에 소변을 봤다고 대답했습니다." 그게 바로 우주비행사의 요건이다. 우주유영 시에는 화장실에 갈 수가 없으므로 우주복 안에 기저귀를 찬다. 노왁은 종내에는 기저귀를 차지 않았다고 주장했다. 그녀는 2년 전, 휴스턴을 강타한 허리케인 리타 때문에 대피하면서 가족들이 사용한 것이라고 주장했다. 내가 만약 노왁이라면 기저귀 따위는 걱정하지 않았을 것이다. 오히려 기저귀와 함께 그녀의 차 안에서 발견된 접이식 칼, 쇠망치, 공기총, 장갑, 고무호스, 커다란 쓰레기봉투에 대해서 걱정했을 것이다. 나라면 기저귀 따위 찰 시간도 없이 바지에 오줌을 싸고 말았을 테니까.

을 보고 나서야 '그들도 사람이었구나!' 하겠죠."✖

상황을 악화시키는 요인도 존재한다. 우주비행사들은 비행 근무를 못 하게 될지도 모른다는 두려움 때문에 정신적 문제를 숨기려 한다. 임무 수행 기간에도 심리학자와 상담이 가능하지만, 승무원들은 이를 꺼린다.

러시아 우주비행사 알렉산드르 라베이킨Alexsandr Laveikin은 말한다.

"우주비행사들에게는 심리학자와 나누는 모든 대화가 자기 비행일지에 기록될 특별한 경고 문구처럼 느껴져요. 그래서 우리는 전문가들에게 도움을 구하지 않으려고 항상 애썼어요."

라베이킨과 유리 로마넨코Yuri Romanenko가 맡았던 미르 임무는 우주여행이 심리학에 미치는 영향을 다룬 〈퀘스트〉지 기사에서 언급됐다. 피터 페사벤토Peter Pesavento는 기사에서 라베이킨이 '대인 문제와 부정맥' 때문에 임무에서 조기 복귀했다고 썼다(나는 다음 날 라베이킨과 로마넨코를 만날 예정이었다).

그것은 엄청나게 위험한 일이다. 우주선에 탑승한 사람이 한계에 다다랐다면, 우주비행 지상관제 센터에서는 반드시 알고 있어야 한다. 아느냐 모르느냐에 목숨이 달려 있기 때문이다. 요즘 우

✖　리사 노왁의 불륜 상대인 윌리엄 오펄레인William Oefelein이 콜린 쉽먼Colleen Shipman과 바람을 피웠다. 리사 노왁은 휴스턴에서 플로리다주 올랜도로 가는 비행기에 탑승할 예정이었던 콜린 쉽먼의 일정을 알아내 이틀에 걸쳐 운전했고, 화장실 가는 시간을 아끼기 위해 기저귀를 착용한 것이다. 콜린 쉽먼이 차창을 열자 최루 스프레이를 분사했고 현장에서 체포되었다. NASA는 리사 노왁을 적극적으로 변호하였으며, 이 사건은 우주비행사들의 품위 유지 등의 규정이 생기는 계기가 되었다.-편집자

주 심리학 실험이 자신의 상태를 감추려고 하는 사람의 스트레스나 우울증을 알아내는 데 집중하고 있는 것도 바로 그 때문인 것 같다. 만약 마르스500에서의 실험들이 성공한다면 우주선에(그리고 비행 관제탑처럼 스트레스가 많고 위험이 큰 일터에) 자동 광학 음성 모니터링 기술로 만든 마이크와 카메라가 설치될 것이다. 로봇 스파이들이 표정이나 음성 변화를 탐지해 위기를 극복하도록 도와줄 수도 있다.

심리적 문제들은 연구하기가 어렵고 까다롭다. 우주비행사들은 자신이 솔직히 털어놓은 이야기를 '연구자들이 폭로하면 어쩌나' 하는 두려움 때문에 연구 대상이 되기를 꺼린다. NASA의 자문 심리학자 팸 배스킨스Pam Baskins는 나와 대화를 나누던 무렵, 다양한 수면제와 복용량을 비교하는 실험을 준비하고 있었다. 한밤중에 벌어지는 비상 임무 수행 시, 수면제가 어떠한 영향을 미치는지 알아보기 위해 우주비행사들은 숙면 상태에서 깨어나야 했다. 재미있는 실험일 것 같아서 지켜봐도 되는지 물었다.

"절대 안 돼요. 이 사람들을 실험에 참가하도록 설득하는 데 1년이나 걸렸단 말이에요."

배스킨스는 딱 잘라 거절했다.

드넓은 공간인 우주정거장은 그야말로 거대한 조립식 건축물이라고 할 수 있다. 그러나 러시아 우주비행사 알렉산드르 라베이킨과 유리 로마넨코가 함께 6개월을 지낸 미르의 핵심 모듈 내부에 있는 거주 공간은 리무진 버스 한 대만 하다. 수면실은 침실이라기보다는 문이 없는 공중전화 부스 같다. 나는 통역관인 레나와 함께 모스크바 우주비행사 박물관에 있는 이 모듈의 모형 속에 들어와 있다. 이 박물관을 경영하는 라베이킨도 함께다. 유리 로마넨코는 이곳으로 오는 중이다. 나는 그 두 사람을 거의 미치게 만들었던 방 안에서 그들과 이야기를 나누면 흥미로울 거라고 생각했다.

라베이킨은 순진한 인상을 풍기는 공식 사진 속 모습 그대로다. 우리가 마치 왕이라도 되는 듯 손등에 정중히 입을 맞춘다. 그의 인사는 겉치레도, 장난도 아니며 그저 그의 동년배인 러시아 남성에게는 당연한 인사법일 뿐이다. 그는 베이지색 리넨 바지에 화장수를 살짝 뿌리고, 일주일 내내 지하철 맞은편에 앉은 남자들의 발에서 보았던 크림색 여름 운동화를 신고 있었다.

라베이킨이 햇볕에 얼굴을 그을린 남자에게 손을 흔들어 인사한다. 그는 청바지에 브이넥 셔츠를 입고 목 부분에 선글라스를 걸고 있었다. 그가 바로 로마넨코다. 그는 친절했지만 손등에 입을 맞추지는 않았다. 그는 담배 연기 때문에 목소리가 거칠었다. 두 사람이 포옹한다. 나는 숫자를 센다. 하나, 둘, 셋…. 두 사람 사이에 무슨 일이 있었든, 잊었거나 용서된 듯했다.

미르 모형 안에 앉아 있으면, 이만한 크기의 방이 어떻게 두 남자의 관계를 그렇게나 오래 틀어지게끔 했을지 쉽게 짐작할 수 있다. 로마넨코는 꼭 밀폐된 공간 안에 있어야만 누군가와 함께 갇혀 있다는 느낌이 드는 건 아니라고 말한다.

"시베리아는 러시아에서도 매우 큰 곳이죠. 하지만 반년 동안 북반구의 침엽수림 타이가로 사냥을 떠나는 러시아 사냥꾼들은 개 한 마리만 데리고 떠나려고 해요."

로마넨코는 미르에 있을 때 늘 앉았던 제어반 왼쪽에 앉는다. 발을 거는 부분은 있지만 등받이가 없는 의자다(무중력상태에서는 '앉는' 개념 자체가 무의미해지기 때문에 이후 우주정거장들은 의자를 모두 없앴다).

"두세 사람이 함께 가면 꼭 충돌이 생기기 때문이죠."

"그리고 개를 데리고 가면 마지막에 잡아먹을 수도 있지요."

라베이킨이 이를 드러내고 싱긋 웃는다.

심리학자들은 약 6주가 넘는 동안 함께 고립된 사람들 사이에 일어나는 일을 묘사할 때 '불합리한 대립irrational antagonism'이라는 용어를 쓴다. 1961년 〈항공우주 의학Aerospace Medicine〉 학술지에는 이를 잘 보여주는 좋은 사례가 하나 실려 있다. 프랑스의 한 인류학자가 허드슨만에서 모피를 거래하는 사람과 함께 다락방에서 4개월을 보낸 일기에서 발췌한 것이다.

깁슨을 보자마자 마음에 들었다. (…) 그는 위엄 있고, 침착하며, 삶을 온화하고 초연하게 받아들였다. (…) 그러나 겨울이 다가오고, 점차 우리의 세상이 좁아져, 마침내 올가미라는 생각이 들 정도로 줄어들자. (…) 나는 화가 나기 시작했다. (…) 그리고 처음에는 감탄할 만큼 훌륭해 보였던 것이 혐오스럽게 느껴졌다. 그리고 내게 한없이 친절했던 이 남자가 더는 꼴도 보기 싫은 지경에 이르렀다. 한때 찬탄해 마지않았던 온화함은 게으름으로 보였고, 초연한 듯하던 침착함은 무신경함으로 보였다. 꼼꼼하고 세심한 그의 실체는 미치광이 노인 같았다. 나는 그를 죽이고 싶을 정도였다.

마찬가지로, 탐험가 리처드 버드Richard Byrd 장군은 남극의 기상 관측소에서의 경험을 적은 저서 『홀로Alone』에서 이렇게 말한다.

"상대에게 더는 보여줄 것도 말할 것도 남지 않은 순간, 심지어 막 떠오른 생각조차 상대에게 읽히게 되고, 특별한 생각들은 무의미한 헛소리가 되며, 램프를 끄거나, 신발을 벗어 바닥에 내려놓거나, 밥을 먹는 것조차 귀찮고 성가실 때는 누군가와 얼굴을 맞대고 있기보다는 차라리 위험과 어둠이 24시간 지속되는 남극에서 홀로 기상 관측을 하면서 겨울을 보내는 것이 낫다."

타인과 함께 있는 것 역시 우주에서 겪는 심리적 고통 가운데 하나일 뿐이다. 노버트 크래프트는 이를 멋지게 요약했다. 우주비행사가 세계 최고의 직업이라고 생각하는지 아니면 최악의 직업이라고 생각하는지 내가 묻자 그가 대답했다.

"수면 부족에 시달리면서 일을 완벽히 수행해야만 하죠. 그렇지 않으면 다시는 비행할 수 없으니까요. 한 가지 일을 마치기가

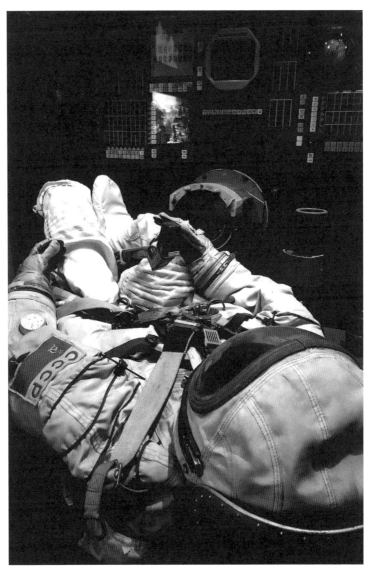

1970~80년대 소련 소유즈 우주선의 조종석 내부
우주복을 착용한 우주비행사 모형

무섭게 지상관제 센터에서 또 다른 명령이 내려와요. 욕실에서는 냄새가 코를 찌르고, 주변은 소음이 끊이지 않죠. 창문을 열 수도 없어요. 집에 갈 수도 없고, 가족과 함께 있을 수도 없어요. 당연히 편히 쉴 수도 없고요. 그렇다고 월급을 많이 주는 것도 아니에요. 이보다 나쁜 직업이 어디 있겠어요?"

라베이킨은 1987년 미르에서 보낸 시간이 생각했던 것보다 100배는 더 힘들었다고 이야기한다.

"그것은 매우 힘든 일이었고, 더러운 일이었어요. 매우 시끄럽고 게다가 엄청 더웠죠."

그는 일주일 넘게 멀미를 했지만, 증세를 가라앉힐 약이 없었다. 그는 처음 며칠 동안 선장인 로마넨코에게 "유리, 그런데 우리가 여기서 정말 반년을 머무르는 건가요?"라고 물었던 일을 떠올린다. 로마넨코는 라베이킨의 애칭을 부르며 "사샤, 교도소에서 10년 넘게 머무르는 사람도 있다네"라고 대답했다.

결론적으로 우주는 좌절감을 안겨주는 가혹한 환경이며 우리는 그 안에 갇혀 있다는 점이다. 오랜 기간 충분히 갇혀 지내게 되면 좌절감은 분노로 변한다. 분노는 기어이 출구와 희생자를 찾게 한다. 우주비행사가 선택할 수 있는 대상은 세 가지다. 동료 승무원이거나 우주비행 지상관제 센터거나 자기 자신이다. 우주비행사들은 서로에게 분노를 터뜨리지 않으려고 애쓴다. 그러지 않았다가는 상황이 더더욱 악화되기 십상이기 때문이다. 주먹으로 쾅 칠 수 있는 문도 없고, 신나게 달릴 수 있는 길도 없다. 그저 속으로 삭이기만 할 뿐이다.

"또한 위험한 임무를 수행하는 중이니 살아남기 위해서는 서로에게 의지할 수밖에 없어요. 다른 사람을 적대시하지 못하는 이유죠."

이는 제미니 7호 프로그램이 진행되는 동안 프랭크 보먼과 2인용 의자에 앉아서 2주일을 보냈던 짐 러벨이 한 말이다.

라베이킨과 로마넨코는 나이와 계급으로 생겨난 명확한 서열 덕분에 마찰을 그럭저럭 피했다고 한다. 라베이킨은 "유리는 연장자인 데다 우주비행 경험도 있었어요. 자연스럽게 그가 리더가 되었어요. 심리적으로 말이죠. 나는 그를 따르고 있었어요. 제 역할을 받아들였고요. 우리의 비행은 평온했어요"라고 말한다.

이 말은 믿기 어렵다.

"한 번도 화난 적 없나요?"

로마넨코가 대답한다.

"물론 화가 나기는 했죠. 하지만 주로 우주비행 지상관제 센터의 잘못이었어요."

로마넨코는 두 번째 대상을 선택해 분노를 표출했다. 좌절감을 우주비행 관제 센터의 직원에게 터뜨리는 일은 우주비행사의 유서 깊은 전통으로, 심리학계에서는 '감정전이displacement'라고 한다. 샌프란시스코 캘리포니아 주립대학교의 우주 정신의학자 닉 카나스

Nick Kanas는 우주비행사들은 6주간 임무를 수행하며 동료 승무원과 거리를 두고 자기 영역을 확보한 채, 서로에 대한 적개심을 관제 센터로 옮긴다고 말한다.

짐 러벨은 대부분의 적개심을 제미니 7호의 영양사에게로 옮겼던 것 같았다. 임무 기록에 따르면 그는 언젠가 우주비행 관제 센터에 이렇게 말한다.

"챈스 박사에게 드리는 말. 꼭 눈보라 속에서 달랑 소고기 샌드위치 하나를 들고 있는 것 같군요. 끼니당 300달러라는데 이것보다는 더 좋은 메뉴를 만드실 수 있을 것 같습니다."

일곱 시간 뒤, 그는 다시 마이크 앞으로 간다.

"챈스 박사에게 드리는 또 다른 말. 닭고기와 채소 요리, 시리얼 번호 FC680, 입구가 거의 막혀버렸네요. 음식을 꺼낼 수조차 없습니다. (…) 챈스 박사에게 계속해서 드리는 말. 막 봉인을 뜯었습니다. 이번에는 닭고기와 채소 요리가 용기 사방에 튀어 있네요."

러벨의 임무는 단 2주뿐이었다. 캡슐 크기가 작아서 감금 효과가 더욱 증폭된 것일까? 카나스는 공식적인 연구에 대해서는 잘 모르지만, 일반적으로는 우주선이 작을수록 우주비행사들의 긴장감이 더 커진다고 인정했다.

어쩌면 주디스 라피에르가 러시아 선장의 행동은 타 문화에 대한 몰이해와 '남성과 여성의 자연적 상황'에서 비롯된 것으로 돌리면서도, 생의학 연구소와 캐나다 항공우주국에게 더 많은 분노를 표출했던 까닭 역시 감정전이 때문이었는지도 모른다. 그녀가 자신의 분노를 생의학 연구소에게 표출했던 건, 그들이 '거만하고 무책임한' 짓을 했기 때문이라고 믿는 게 쉽긴 하지만 말이다.

로마넨코는 지금까지도 약간의 분노를 품고 있다.

"우주비행사들을 위해서 여러 가지 일을 준비하는 사람들은 우주선에 탑승한다는 게 어떤 건지 전혀 몰라요. 예컨대 당신이 여기서 무언가를 작동시키고 있다고 합시다."

그는 고개를 돌려 미르의 제어반을 가리키며 말을 잇는다.

"그런데 누군가가 당신에게 다른 무언가의 스위치를 켜라는 명령을 해요. 그들은 그 스위치가 반대편에 있다는 걸 몰라요. 나는 여기서 하던 걸 중단하고 거기로 갈 수 없고요(이것이 바로 항공우주국에서 우주선 승무원들과 연락을 취하는 지상 연락원capsule communicator 역할로 우주비행사를 선호하는 이유다)."

로버트 지머맨Robert Zimmerman이 쓴 소련 우주정거장들의 기록에 따르면, 마지막 단계의 임무를 수행할 때쯤 로마넨코는(라베이킨이 떠난 뒤) 우주비행 관제 센터에게 너무나 '퉁명스럽게' 굴어, 동료 승무원이 모든 연락을 도맡아야 할 정도였다.

알렉산드르 라베이킨은 세 번째 대상을 선택했다. 그는 적대감을 자기 안으로 돌렸다. 그 결과, 고립된 채 감금된 집단을 연구하는 심리학자라면 누구나 알고 있는 우울증이 왔다. 나중에 로마넨코가 떠난 뒤, 라베이킨은 자살을 생각했던 순간들이 있었다고 털어놓았다.

"목을 매고 싶었어요. 물론 무중력 때문에 불가능하기는 했지만요."

로마넨코는 화성 임무에 문제가 생길 것이라고 예측한다.

"500일이나 되잖아요."

그는 명백한 두려움을 드러내며 말한다. 로마넨코는 라베이킨이 떠난 뒤로도 4개월을 더 머물렀다. 지머맨은 그가 점차 불안정하고 비협조적으로 변했으며, '시를 쓰고, 노래하고, 운동하는 데만 몰두했다'고 기록했다. 나는 통역을 하는 레나에게 임무를 수행하는 도중 겪었던 이러한 상태에 관해 물어봐 달라고 부탁했다. 앞서, 그녀에게 로마넨코가 우주에서 작곡했다던 노래를 들어보고 싶다고 이야기했었고, 그녀가 이 질문을 통역해 주었다.

"노래를 불러달라고요? 그러려면 위스키 50g이 필요해요!"

로마넨코가 희미하게 웃는다. 나는 위스키를 준비하지 못한 걸 사과했다.

"내 사무실에 가면 있어요."

라베이킨이 말한다. 지금 시간은 오전 11시다. 이른 시간이지만 나는 규율을 지키는 제리 리넨저처럼 술을 참지 않는다.

라베이킨은 박물관을 돌며 설명해 준다. 이 박물관의 유리 진열장 안에는 소련의 거대한 로켓들이 전시되어 있다. 앞서 모스크바의 한 자연사 박물관을 돌아봤는데 그곳 역시 분류학이나 생태학적 서식지에 따라 구분하지 않고, 여기처럼 탐험 때 기록한 노트들, 일부 귀중한 표본들, 러시아 황제가 수여한 훈장들처럼 특성에 따라 배열되어 있었다. 로켓 기술자들은 주로 펜, 손목시계, 안경, 휴대 용기 같은 부속품으로 구분되어 있다.

라베이킨은 사무실로 들어서서 미르 탑승 기간에 로마넨코가 작곡한 노래를 찾기 위해 컴퓨터 앞에 앉는다. 그의 책상 위는 거의 텅 비어 있다. 그리고 배와 부두를 연결하는 배다리처럼 생긴 것이 책상 앞으로 삐죽이 튀어나와 있다. 라베이킨이 일어나 주류 캐비닛을 열더니 그 배다리 같은 판 위에 그랜트 위스키 한 병과 크리스털 잔 네 개를 가지런히 놓는다. 일종의 바^{bar}인 셈이다. 러시아에서는 바가 갖춰진 책상을 살 수 있는 것이다!

라베이킨이 자신의 술잔을 들어올린다. 그는 적당한 영어 표현을 찾는다.

"음…. 좋은 심리 상태를 위하여!"

우리는 큰 소리로 건배를 외치고는 단숨에 잔을 비운다. 라베이킨이 다시 잔을 채워준다. 로마넨코의 노래가 흘러나오자 레나가 통역을 해준다.

"지구야 미안해. 우린 이제 너에게 작별을 고해야 해. (…) 우리의 우주선이 위로 올라가고 있어. (…) 하지만 언젠가는 아침 별처럼 새벽의 푸른빛 속으로 떨어질 시간이 올 거야."

그리고 후렴구가 이어진다.

"나는 잔디밭에 누워 시원한 공기를 한껏 들이마실 거야. 나는 강물을 마실 거야."

재밌고 쉽게 외울 수 있는 흥겨운 팝으로, 나는 자리에 앉아 박자에 맞춰 몸을 흔들다가 레나가 가사를 듣고 슬퍼하고 있다는 걸 깨닫는다.

"나는 땅에 입을 맞출 거야. 나는 친구들을 힘껏 껴안을 거야."

노래가 끝나자 레나가 눈물을 닦는다.

사람들은 자연 없이 살기 전까지는 그것이 얼마나 소중한지 알지 못한다. 나는 수중음파를 탐지하는 기계들로 가득한 소나 룸sonar room에서 고래의 노래와 딱총새우 떼의 소리에 귀 기울이는 잠수함 승무원들에 대해 읽은 적이 있다. 잠수함 함장들은 구름과 새, 해안선을 응시하며 자연 세계가 여전히 존재한다는 사실을 확인할 수 있는 기회인(그리고 원거리 시력이 감퇴하지 않도록 할 기회이기도 한)✼ '잠망경 자유'를 선원들에게 나누어 준다.

나는 한때 남극 연구 기지에서 겨울을 보내고 뉴질랜드 남섬 북동 연안에 있는 도시인 크라이스트처치로 돌아온 뒤, 동료들과 함께 꼬박 이틀을 이리저리 돌아다니며 꽃과 나무를 경외에 찬 눈으로 바라보며 보냈다는 한 남자를 만난 적이 있다. 그러던 중 동

✼　시야가 몇 미터 이상 확보되지 않을 때는, 근거리 초점을 위해 빛을 모으거나 조이는 근육들이 결국 일시적으로 '조절 발작'을 일으킬 수도 있다. 잠수함에서 생기는 일시적 근시는 잠수함 장기 임무를 마치고 돌아온 승무원들에게 하루에서 사흘 정도까지 운전을 금지시킬 정도로 큰 문제다.

료 가운데 한 명이 유모차를 밀고 가는 한 여성을 발견했다.

"아기다!"

그가 소리치기 무섭게 누가 먼저랄 것도 없이 아기를 보기 위해 쏜살같이 길을 건넜다.

우주만큼 메마르고 황량한 곳은 없다. 정원 가꾸기에 전혀 관심이 없던 우주비행사들이 실험 온실을 가꾸면서 몇 시간을 보낸다. 러시아 우주비행사 블라디슬라프 볼코프Vladislav Volkov는 소련 최초의 우주정거장인 살류트 1호에서 함께 생활했던 아주 작은 아마 식물*을 두고 "정말로 귀여워요"라고 말했다. 적어도 궤도에서는 창밖을 통해 아래 펼쳐진 자연을 볼 수 있다. 하지만 화성으로 임무를 수행하기 위해 떠난다면 이야기는 달라진다. 일단 우주비행사들의 눈에 지구가 보이지 않게 되는 순간, 창밖으로는 아무것도 보이지 않게 된다.

우주비행사 앤디 토마스Andy Thomas는 말한다.

---

* 만약 그 식물들이 식용식물이었다면 충돌이 일어날 수도 있다. 우주비행사들은 자연 못지않게 신선한 음식도 그리워한다. 러시아 우주비행사 발렌틴 레베데프Valentin Lebeckev의 일기에는 무중력상태에서 식물의 성장을 연구하기 위해 살류트에 실었던 양파 한 묶음에 관한 이야기가 적혀 있다.
우리는 공급선에서 짐을 내리다가 호밀빵과 나이프를 발견했다. 그래서 우리는 빵을 조금 먹었다. 그 뒤 우리가 심기로 되어 있던 양파가 보였다. 우리는 빵과 함께 양파도 먹었다. 정말 맛있었다. 시간이 지나고 생물학자들이 물었다. "양파들은 어떻게 되고 있나요?" "잘 자라고 있어요." 우리는 대답했다. (…) "싹이 나왔나요?" 우리는 조금도 망설이지 않고 싹이 나왔다고 대답했다. 통신실에 대단한 흥분이 일었다. 양파가 우주에서 싹이 났던 적은 한 번도 없었던 것이다! 우리는 수석 생물학자에게 내밀히 이야기 좀 하자고 말했다. "제발, 화내지 마세요." 우리는 그에게 고백했다. "당신들의 실험용 양파를 우리가 전부 먹어버렸어요."

"항상 햇빛 속에 잠겨 있게 될 테니 별 하나도 보이지 않아요. 보이는 건 그저 칠흑 같은 어둠뿐입니다."

인간은 우주에 속해 있지 않다. 우리의 모든 것은 지구에서 살기 적합하도록 진화했다. 무중력상태는 짜릿하며 색다른 경험이긴 하지만, 유영자들은 이내 걷는 꿈을 꾸기 시작한다. 일찍이 라베이킨은 "우주에 있으면, 지구에서 걷는 것이 얼마나 큰 행복인지 비로소 깨닫게 된다"라고 말했다.

로마넨코는 지구의 냄새를 그리워했다.

"일주일 동안 문이 잠긴 자동차 안에 갇혀 있다고 상상해 보세요. 금속 냄새, 페인트 냄새, 고무 냄새…. 소녀들은 우리에게 편지를 쓰면서 프랑스 향수 몇 방울을 뿌려주었어요. 우리는 그 편지들을 무척 좋아했어요. 잠자리에 들기 전에 어떤 소녀가 보낸 편지에서 나는 향기를 맡으면 좋은 꿈을 꿀 것만 같았어요."

로마넨코가 양해를 구한 뒤, 위스키를 비우고는 먼저 자리를 뜬다. 그는 라베이킨을 다시 한번 꼭 껴안고 우리와 악수를 한다.

나는 러브레터로 가득 찬 NASA의 공급선들을 상상해 보려고 애쓴다. 라베이킨은 사실이라고 말한다.

"소련 전역에서 소녀들이 편지를 쓰고 있었어요."

"소녀들을 위하여."

내가 건배를 제안하자 술잔들이 따라 들린다.

"여성의 부재를 절실히 느끼게 된답니다."

라베이킨이 대뜸 말한다. 로마넨코가 떠나자 그는 한결 거리낌이 없다.

"성적인 꿈들을 아주 많이 꾸지요. 비행 내내 변함없는 사실이에요. 심지어 우리는 성인용품점에서 무엇을 살 것인지 논의도 했었어요. 그건 생의학 연구소가 맡았었죠."

나는 고개를 돌려 레나를 바라본다. 그의 말이 무슨 의미일까?

"인공 질인가요?"

"질이요?"

레나가 되묻는다.

토론이 이어지고, 레나가 다시 나를 바라보며 말한다.

"모형이래요."

라베이킨은 때때로 그렇듯 영어로 말을 덧붙인다.

"고무로 만든 여성이요. 즉 공기를 넣은 인형이죠."

그러나 우주비행 지상관제 센터가 허가를 내리지 않았다며 아쉬워한다.

"그들은 '그것을 가져가면, 일일 계획표에 그것도 포함시켜야 한다'라고 말했어요. 우리가 하는 우스갯소리가 있어요. 우리가 먹는 음식이 튜브에 담겨 있는 건 아실 거예요."

물론 알고 있다. 박물관 기념품점에서는 비트로 만든 러시아 전통 수프인 보르시를 튜브에 담아 판매하고 있다.

"튜브는 하얀색과 까만색이 있는데 하얀 튜브에는 금발이라고 적혀 있고, 까만 튜브에는 흑발이라고 적혀 있지요. 하지만 이해해 주세요. 성이 우주에서 주요 관심사는 아니라는 걸 말이에요. 우선 순위 목록으로 치면 요 아래에 위치해 있죠."

그는 손으로 무릎 아래쪽을 가리킨다.

"그건 그저 추가적인 관심사일 거예요. 하지만 500일이라는 기간을 고려한다면 이 문제가 목록에서 점점 올라가긴 하겠죠."

그는 장기 임무 중에 쌓이는 긴장을 완화하기 위해 화성 승무원의 짝을 맞춰야 한다고 믿는다. 노버트 크래프트의 말에 따르면, NASA는 우주에 부부를 보내는 문제를 고려했다. 하지만 그들이 크래프트에게 이 문제에 대해 의견을 물었을 때, 그는 반대했다. 우주비행사가 자신의 배우자를 위태롭게 하거나, 임무를 위태롭게 하는 불합리한 선택을 할 수밖에 없는 상황에 직면하게 될 수도 있다는 이유에서다.

우주비행사 섀넌 워커Shannon Walker와 결혼한 우주비행사 앤디 토마스는, 왜 NASA가 부부 비행을 기피하는지에 대해 또 다른 이유를 이야기해 주었다. NASA는 우주선이 불시착하거나 폭발할 때, 한 가족의 둘을 한꺼번에 잃는 상황이 발생하는 것을 바라지 않는다. 더욱이 부부에게 아이들이 있다면 말이다.

라베이킨이 가만히 듣고 있다가 말을 조금 수정한다.

"반드시 부부일 필요는 없어요."

레나가 동의한다.

"맞아요. 거기서는 다른 윤리도 있을 거예요. 지구로 돌아왔을 때, 아내는 임무 당시에는 차원도, 규칙도, 사람도 달랐다는 것을 이해해야만 하겠지만요."

라베이킨이 소리 내어 웃는다.

"내 아내는 영리한 사람이니 이해할 거예요. 그리고 이렇게 말하겠죠. '당신은 지구에서도 완전히 신뢰할 만한 사람은 아니었는데 우주에 간다고 그 버릇이 어디 가겠어요?'라고 말이에요."

크래프트도 동의할 것이다. 그는 내게 일부일처제를 고집하지 않는 부부(동성애자든 아니든)를 화성에 보내는 데는 찬성한다고 말했다.

"(항공우주국들은) 그 문제에 대해서 더욱 개방적이어야 하고, 편견을 가져서는 안 될 거예요. 어떤 방식으로 짝을 짓든 말이죠."

앤디 토마스는 화성 임무 중에도 남극 대륙에서처럼 그런 일들이 자연스레 벌어질 거라고 생각한다.

"그곳에 있는 사람들이 두 사람씩 짝을 지어 체류 기간 내내 지속해서 성관계를 갖는 일은 매우 흔해요. 체류 기간을 잘 마칠 수 있도록 도와주는 지원 구조에 끌리는 게 당연하잖아요. 그리고 일이 끝나면 모든 것이 종료되죠."

17년 동안 남극 연구 기지에서는 오로지 남성들만이 일했다. 여자가 있으면 꼭 분란이 일어난다는 이유에서다. 여자들은 남자들이 일에 집중하는 것을 방해하고, 상대를 가리지 않고 난잡하게 성행위를 일삼는가 하면, 질투심이 많다. 남극에 있는 맥머도 기지 월동대원에 여성이 포함된 것은 1974년에 이르러서였다. 한 여성은 여러 사진 속에서 목이 긴 셔츠 위로 금 십자가 목걸이를 한 50대의 독신 생물학자였고, 또 다른 여성은 수녀였다.

오늘날 미국 남극 대원의 3분의 1이 여성이다. 여성은 생산성 향상과 감정 조절이 뛰어난 것으로 평가받는다. 혼성팀 대원들은 '문제가 더 적다'라고 한 랄프 하비의 말처럼, 주먹 다툼과 시시껄렁한 농담도 적다. 그리고 더 이상 누군가가 지나치게 큰 짐을 지고 부상을 당하는 일도 없다.

노버트 크래프트는 자신이 NASA 에임스 센터에서 주도했던 남성팀, 여성팀, 혼성팀을 비교하는 팀워크 연구에 관해 설명해 주었다. 혼성팀이 가장 우수한 성취도를 보였다.✖

라베이킨이 묻는다

"남자 여섯 명이 화성에 간다고 생각해 보세요. 무슨 일이 벌어지겠어요?"

"그야 뻔하죠. 교도소에서 무슨 일이 벌어지는지만 봐도 알잖아요."

나는 이렇게 대답했지만, 우리가 똑같은 상상을 하고 있는지는 확실히 모르겠다.

✖ 최저 점수를 받은 팀은 여성팀이었다. "수다만 떨고 있는데 뭐가 되겠어요?" 크래프트가 용감하게 말했다.

"잠수함에서도요. 그리고 현장 연구 중인 지질학자들에게서도 마찬가지지요."

나는 랄프 하비에게 꼭 물어보려고 메모를 해둔다. 라베이킨이 러시아 우주비행사 단체✶ 중에서 '남성 간의 사랑' 문제가 있었다는 이야기는 들어본 적이 없다고 얼른 덧붙인다. 결국, 문제가 가장 적은 화성 승무원은 아폴로호의 우주비행사 마이클 콜린스Michael Collins가 자신의 회고록에 농담조로 적은 그런 사람들이 될 것이다. 바로 '거세된 요원들' 말이다.

최초의 우주 공간 격리 실험실에는 딱 한 사람만 들어갔다. 머큐리호와 보스토크호의 정신의학자들은 승무원들이 서로 잘 어울리는지는 걱정하지 않았다. 비행시간은 몇 시간에 불과했고 길어야 이틀 정도였으며, 우주비행사들은 단독으로 비행하지 않았다. 정신의학자들이 걱정했던 것은 우주 자체였다. 조용하고, 칠흑같이 어둡고, 끝도 없는 진공 속에 홀로 있는 인간에게 무슨 일이 일어날까? 이를 알아내기 위해서 그들은 지구상에 우주와 비슷한 공

✶ 유리 가가린은 소련의 로켓 조종자 세르게이 코롤료프Sergei Koroley를 좋아했지만, 튜브에 들어 있는 우주 식품을 좋아하는 것 같은 감정은 아니었다. 가가린이 전투기 불시착으로 사망한 뒤 수색대원들이 발견한 그의 지갑 안에는 단 한 장의 사진만 있었다(지금은 스타시티 박물관에 갈기갈기 찢어진 지갑과 함께 전시되어 있다). 그것은 가가린의 아내도 자식도, 그가 사랑하던 어머니도 아닌 바로 코롤료프의 사진이었다. 심지어 지나 롤로브리지다Gina Lollobrigicla(이탈리아 출신의 여배우)의 사진도 아니었다. "그녀가 그에게 입을 맞춰잖아요!" 우리의 열정적인 박물관 가이드 엘레나가 그 생각을 하자 열이 오르기라도 하는 듯 플라스틱 부채로 연신 부채질을 하면서 말했다.

간을 만들려고 했다.

라이트-패터슨 공군 기지에 있는 항공의학 연구소 연구자들은 사람이 서서 드나들 수 있는 180×300센티미터 너비의 냉동고에 방음 장치를 하고, 그 안에 간이침대와 약간의 스낵, 휴대용 변기통을 넣고 불을 껐다. 이 격리 실험실에서 세 시간을 보내는 것이 머큐리호 우주비행사 자격시험 가운데 하나로 채택되었다. 머큐리호 지원자 루스 니콜스Ruth Nichols는 보고서에 지원자들이 가장 견디기 힘들어한 실험이 바로 격리 실험이었다고 적었다. 그의 말에 의하면 일부 남성 조종사들은 단 몇 시간 만에 격렬하게 반응했다.

댄 풀엄Dan Fulgham 대령은 라이트-패터슨 실험의 책임자였다. 그는 격리 실험 동안 어떠한 지원자도 격렬한 반응을 보이거나 폭력적이었다는 것을 기억하지 못했다. 그는 오히려 지원자들은 부족한 잠을 보충하는 기회로 삼았다고 회상했다.

연구자들은 이내 감각 차단이 우주비행의 잘못된 재현이었다는 것을 깨달았다. 우주는 칠흑같이 어둡지만, 햇빛이 있으므로 캡슐 안은 환할 것이다. 무선 교신도 거의 항상 가능할 것이다. 오히려 장기 임무를 수행할 때 두드러지는 걱정거리는 폐소공포증과 외로움이었다.

그래서 뉴욕시 북부 브롱크스 출신의 조종사 도널드 패럴Donald Farrell은 텍사스 브룩스 공군기지 내 항공우주의학 대학교School of Aerospace Medicine(SAM) 1인용 우주선실 모의실험에서 2주 동안 가상으로 달 비행 임무를 수행했다. 〈타임^{Time}〉의 한 기사는 그의(슬프도록 긴 상실감에 젖은) 일기가 점차 외설적으로 변하고 있다고 적었지만, 신문 인터뷰에서 그는 담배를 피우지 못한 것과 머리 빗는 걸 잊었던 것만 불평했다.

내가 볼 때 패럴이 가장 견디기 힘들어한 것은, 모의 우주선실 안으로 흘러나오는 영화 〈모정^{Love Is A Many-Splendored Thing}〉의 주제곡 '사랑은 아름다워라^{Love Is a Many-Splendored Thing}'와 기타 등등의 '부드러운 음악 소리'였다.

돌이켜 생각해 보면, 우주여행을 용도 변경된 냉동고로 경험할 수 있을 거라고 생각했다는 것 자체가 어리석은 일이다.

홀로 우주 속에 있는 사람에게 어떤 일이 발생할지 알아내기 위해서는 결국 저 위로 올라가는 수밖에 없다.

CHAPTER 3

별을 바라보다 미쳐버린 사람들
우주가 당신의 마음을 사로잡을 수 있을까?

모스크바 대로의 옆 잔디밭에 있는 2층 높이 받침대 위에 유리 가가린이 서 있다. 멀리서도 금세 가가린이라는 것을 알 수 있다. 그는 마치 만화 속 슈퍼히어로처럼 손가락을 모은 채 두 팔을 옆으로 쭉 뻗고 있다. 이 기념물을 앞에서 올려다보면 그저 커다란 가슴과 그 너머로 삐죽 튀어나와 있는 코끝만 보일 뿐, 최초 우주비행사의 얼굴은 보이지 않는다. 검은 셔츠를 입은 남자가 한쪽 겨드랑이에 펩시콜라 병을 낀 채 옆에 선다. 그가 머리를 숙인다. 나는 존경의 의미로 묵념하는 거라 생각했지만 이내 손톱을 깎고 있다는 걸 알아챈다.

민족주의적 영광은 차지하더라도, 가가린의 1961년 비행은 본질적으로 심리적 업적이 크다. 그의 임무는 홀로 캡슐을 탄 채 위험을 무릅쓰고 우주의 경계를 지나, 지금까지 누구도 가본 적 없는 치명적인 허공의 세계로 날아가는 것이었다. 그리고 지구를 한 바퀴 돌고 다시 내려와 사람들에게 비행 소감을 말하는 것이었다. 간단했지만 결코 쉬운 일은 아니었다.

당시 소련 항공우주국과 NASA에는 우주를 뚫고 나갔을 때 발생할 독특한 심리적 영향에 대한 추측이 난무했다. 조종사들이 '칠흑 같은 어둠'이라고 표현하는 우주 속으로 몸을 던지는 일이 정신을 붕괴시키지는 않을까? 1959년 우주정신 의학에 관해 열린 심포지엄 연설 중에 정신의학자 유진 브로디^{Eugene Brody}는 이렇게 경고했다.

"인간에게 무의식적으로 상징적 의미를 지니는 지구에서 이탈한다는 것은 (…) 적어도 이론상으로는 (…) 잘 훈련된 최정예 조종사의 경우일지라도 정신분열증의 공황 상태와 유사한 증세를 일으킬 것으로 예측됩니다."

가가린이 정신착란을 일으켜 역사적인 임무를 엉망으로 만들어버리는 것이 아닌가 하는 걱정이 일었다. 당국이 발사 전에 보스토크^{Vostok} 캡슐의 수동 조종 장치에 자물쇠를 채웠을 정도로 큰 걱정거리였다. 뭔가가 잘못되어 통신이 끊기고, 조종 임무를 맡은 우주비행사가 혼자서 우주캡슐을 조종해야만 하는 상황이 벌어진다면 어떡할까? 그의 상관들 역시 이 점에 대해 고민했고, 그 해결책은 방송 게임 프로그램에 나올 법한 방식이었다. 가가린은 조종 장치를 해체할 수 있는 비밀번호가 담긴 밀봉된 봉투를 하나 전달받았다.

이 모든 게 괜한 걱정만은 아니었다. 1957년 4월호 〈항공 의학 Aviation Medicine〉지에 실린 한 연구에서는, 인터뷰한 조종사 137명 중 35퍼센트가 높은 고도에서 비행하는 동안 지구에서 떨어져 나가는 듯한 이상한 느낌을 받은 적이 있다고 대답했으며, 단독 비행일 경우에는 항상 그랬다고 답했다. 한 조종사는 이렇게 말했다.

"지구와 나와의 연결이 끊어진 것 같은 느낌이 들었어요."

이러한 현상은 심리학자들이 '이탈 효과breakaway effect'라는 이름을 붙일 정도로 흔했다. 조종사 대다수에게 이 느낌은 공황 상태라기보다는 도취감에 가까웠다. 자신들의 느낌을 공포심이나 불안감으로 묘사한 조종사는 137명 중 열여덟 명에 불과했다.

"굉장히 평온하고 마치 다른 세상에 와 있는 듯해요."

"내가 거인이 된 것 같은 느낌이 들어요."

어떤 조종사는 왕이 된 것 같다고도 표현했다. 신에게 더 가까워진 것 같았다고 대답한 사람도 세 명 있었다. 1950년대 말, 실험용 비행기로 고도 기록을 세운 조종사 말 로스Mal Ross는 '비행을 멈추고 싶지 않은 기묘한 희열감'을 느꼈다고 두 차례나 보고했다.

〈항공 의학〉지에 기사가 실린 해, 조 키팅어Joe Kittinger 대령은 헬륨 열기구 밑에 매단 공중전화 부스 크기의 원기둥 밀폐 캡슐을 타고 30킬로미터 상공으로 올라갔다. 산소가 위험 수위에 다다를 정도로 밀폐 캡슐이 높이 떴을 때, 상관인 데이비드 시몬스David Simons는 키팅어에게 하강 명령을 내렸다.

"이리 와서 나를 잡아 보세요."

키팅어는 모스 부호로 응답했다. 키팅어는 농담이었다고 말했지만, 시몬스는 그리 받아들이지 않았다(모스 부호는 유머를 구사하기에 매우 훌륭한 수단이다). 시몬스는 자신의 회고록 『높은 곳의 사나이Man High』에서 이 사건을 이렇게 기록했다.

> 기이하고 이해하기 힘든 이탈 효과가 키팅어의 마음을 장악하고 있었고 (…) 그는 이상한 환상에 사로잡혀서 결과를 생각하지 않은 채 계속해서 비행하겠노라고 결심한 것 같았다.

시몬스는 이탈 효과를 '심해 황홀증rapture of the deep'에 비유했다. 심해 황홀증은 30미터 깊이의 심해를 잠수하는 사람이 평온함과 불사신이 된 듯한 감정을 느끼는 일종의 병리 현상이다. 이 현상은 질소 중독이나 마티니 효과martini effect라는 단어로 더욱 잘 알려져 있다.⌘ 시몬스는 머지않은 시일 내에 우주항공 의학자들이 '우주 황홀증rapture of space'으로 알려진 병리 현상에 대해 논의하게 될 것

⌘ 질소 중독은 잠수 시 압력이 높아진 상태에서 혈중 질소 과다로 인해 인사불성 상태에 빠지는 것을 의미한다. 마티니 효과도 마찬가지로, 수중 20미터 깊이 이후로 10미터씩 내려갈 때마다 마티니 한잔을 마시는 효과가 나타난다는 의미다.-옮긴이

이라고 추측했다.✖

그는 옳았다. NASA는 '우주 도취증space euphoria'이라는 다소 화려하지 않은 용어를 선택했지만 말이다. 우주비행사 진 서넌은 자신의 회고록에서 'NASA의 몇몇 정신의학자들은 지구가 저 멀리 아래로 휙 지나가는 것을 보면 내가 우주 도취증에 빠질지도 모른다고 경고했다'라고 썼다. 서넌은 곧 제미니 9호의 임무를 수행하며, 역사상 세 번째로 우주유영을 하게 될 예정이었다. 심리학자들이 초조해하는 까닭은 앞서 두 명의 우주유영자들이 기이한 도취증에 빠졌을 뿐 아니라, 우주캡슐 안으로 복귀하지 않으려는 걱정스러운 태도를 보였기 때문이다.

1965년, 우주 공간에서 보크쇼드Vokshod 캡슐에 압축 공기 호스로 몸을 연결시킨 채로 자유롭게 둥둥 떠다닌 최초의 인간인 알렉세이 레오노프Alexei Leonov는 이렇게 말했다.

"기분이 최고였다. 즐거움에 푹 빠져 있었다. 자유로운 우주를 떠나고 싶지 않았다. 우주의 심연에 홀로 맞서는 인간이 극복할 수

✖ 모든 형태의 여행에는 독특한 일시적 정신착란 증세가 나타난다. 고요하고 투명한 바다를 홀로 여행하는 에스키모 사냥꾼들은 때로 배가 물에 잠기고 있다거나, 혹은 뱃머리가 가라앉고 있다거나, 물 위로 올라가고 있다는 망상에 사로잡히는 '카약 불안' 증세를 겪는다. 이와 관련된 흥미로운 이야기가 하나 더 있다. 〈웨스트 그린란드 에스키모들 사이에서 발생하는 카약 불안에 관한 예비 보고서A Preliminary Report of Kayak-Angst Among the Eskimo of West Greenland〉는 에스키모인들의 자살 동기를 논의하며 조사한 50건의 자살 가운데 네 건이 '자신들이 무용지물이 된 원인을 나이 탓으로 여긴' 연로한 에스키모인들이었다는 점에 주목한다. 그들이 부빙을 타고 떠돌다가 삶을 포기했는지, 그리고 부빙을 타고 떠돌아다니는 여행 중에도 독특한 불안 증후군이 나타나는지에 대해서는 아무런 언급도 없다.

없으리라 생각했던 '심리적 장벽'에 관한 이야기라면, 나는 그 어떤 장벽도 느끼지 못했을뿐더러 그런 게 있을 수 있다는 사실도 잊었다."

제미니 4호의 우주비행사 에드워드 화이트^{Edward White}는 NASA 최초의 우주유영이 시작된 지 4분쯤 지나자 갑자기 '마치 백만장자가 된 것 같은' 기분이 든다고 떠들었다. 그는 자신의 기분을 설명할 적절한 단어를 찾으려고 애썼다.

"나는… 그저 굉장하다고밖에…."

비행 임무 기록이 마치 1970년대 집단 감수성 훈련 모임의 대화록처럼 보이기도 한다. 아래는 두 명의 공군 출신 우주비행사 에드워드 화이트와 그의 사령관 제임스 맥디빗^{James McDivitt}이 임무를 마친 뒤 나눈 대화다.

화이트: 그것은 가장 자연스러운 감정이었어요.

맥디빗: (…) 자네는 꼭 어머니의 자궁에 들어가 있는 것처럼 보이더군.

NASA가 걱정한 것은 우주비행사들이 도취증에 휩싸이는 그 자체가 아니라, 도취증으로 인해 판단 능력을 잃을지도 모른다는 점이었다. 화이트가 더없는 행복감을 느끼는 20분 동안, 우주비행 지상관제 센터는 몇 번이고 통신을 시도했다. 마침내 지상 기지의 우주선 교신 담당자인 거스 그리섬^{Gus Grissom}이 맥디빗과의 교신에 성공한다.

그리섬: 제미니 4호, 당장 다시 돌아와!

맥디빗: 관제소는 자네가 당장 돌아오기를 바라고 있어.

화이트: 돌아오라고요?

맥디빗: 그래. 돌아와.

그리섬: 그래, 우린 지금까지 자네와 통신하기 위해 애썼네.

화이트: 잠깐, 사진 몇 장만 더 찍고요.

맥디빗: 안 돼, 돌아와. 당장.

화이트: (…) 아무리 그래도 선장님이 나를 끌고 들어가실 수는 없을 거예요. 하지만 들어갈게요.

하지만 그는 돌아오지 않았다. 2분이 더 지났다. 맥디빗은 간청하기 시작한다.

맥디빗: 당장 돌아와.

화이트: 좀 더 좋은 사진을 찍으려고요.

맥디빗: 안 돼. 당장 돌아와.

화이트: 지금은 우주선을 찍으려 하고 있어요.

맥디빗: 화이트, 당장 안으로 들어와!

다시 1분이 지나서야 화이트는 해치 쪽으로 움직이면서 말한다.

"제 평생 이렇게 슬픈 순간은 처음이에요."

항공우주국은 우주비행사들이 우주선 안으로 다시 들어가고 싶어 하지 않는다는 사실보다, 그들이 다시 들어가는 게 불가능할지도 모른다는 사실을 걱정했어야 했다. 화이트가 다시 해치를 통해 우주선 안으로 복귀하는 데는 25분이나 걸렸다.

맥디빗이 화이트를 원하는 대로 내버려 둘 수 없던 이유는 따로 있었다. 혹시라도 산소가 고갈되거나 다른 문제로 인해 우주선 밖에서 화이트가 의식을 잃을 경우, 몸싸움을 벌이며 그를 해치 안으로 끌고 오느라 자신의 목숨까지 위태롭게 하기보다는 그와의 연결을 끊어버리라는 냉정한 명령을 받았기 때문이다.

알렉세이 레오노프는 유사한 상황에서 땀으로 체중이 5.4킬로그램이나 빠졌다고 전해진다. 그의 우주복은 무릎을 굽힐 수 없을 정도로 압력이 높아져 있었다. 이러한 이유로, 그는 훈련 때처럼 발보다 얼굴을 먼저 해치에 집어넣어야 했다. 그런데 해치를 닫으려다 몸이 끼는 바람에 안으로 들어가기 위해서는 우주복의 압력을 줄여야만 했다. 이는 잠수부가 급격히 수면으로 올라오는 것만큼 치명적일 수도 있는 조치였다.

NASA 역사관의 기록에는 냉전시대에 관한 흥미로운 이야기 하나가 실려 있다. 만약 레오노프가 우주선으로 다시 들어오지 못하고, 이 때문에 동료인 파벨 벨랴예프Pavel Belyayev가 '그를 궤도에 그대로 남겨둘' 수밖에 없는 상황을 대비해 자살 약을 지급했다는 이야기가 있다. 하지만 자살 약에 흔히 들어 있는 청산가리는 산소 공급 차단으로 인한 사망보다 훨씬 느리고 고통스럽다는 사실을 생각해 보면, 굳이 자살하기 위해 약이 필요하지는 않았을 것이다 (산소 공급이 차단되어 뇌세포가 산소 결핍으로 죽어가는 동안 행복감이 들며 한 차례 최후의 엄청난 발기가 일어난다).

우주 심리학자인 존 클라크Jon Clark는 자살 약은 완전히 사실무근이라고 펄쩍 뛰었다. 나는 미국 국립 우주 생의학 연구소National Space Biomedical Research Institute(NSBRI)에 있는 클라크에게 우주복 안에 자살 약✖을 넣는 당혹스러운 계획에 관해 이메일을 보냈고, 그는 사실 확인을 위해 사방팔방으로 조사했다. 그의 러시아 소식통들은, 만약 레오노프가 우주선 안으로 들어올 수 없을 경우에 총으로 쏘라는 명령을 벨랴예프가 받았다는 또 다른 소문 역시 불가능한 일이라고 결론지었다. 사실, 잠깐이긴 했지만 러시아 우주비행사의 생존 장비에 권총이 추가되었던 까닭은 레오노프와 벨랴예프가 궤도를 벗어나 늑대 떼가 숨어 있는 지역에 착륙하고부터다.

✖   그건 헬멧 내부의 스낵바처럼 헬멧 안 상자에 붙어 있어야 했을 것이다. 과일 젤리와 똑같은 식자재로 만들어진 스낵바는 우주비행사들이 그저 고개만 살짝 숙이면 한입 베어 물 수 있게 되어 있다. 하지만 우주비행사 크리스 해드필드Chris Hadfield는 고개를 숙이면 얼굴에 묻었노라고 말했다. 그 스낵바는 음료관 쪽에 설치되어 있었는데, 음료가 조금씩 새어 나와서 스낵바를 끈적이게 만들곤 했다. "점차 그걸 쓰지 않게 됐어요." 해드필드가 말했다.

에드워드 화이트의 우주유영 사건 이후, 우주 도취증에 대한 보고는 거의 없었다. 머지않아 심리학자들은 이 문제를 심각하게 여기지 않게 되었다. 그들은 오히려 'EVA 고도 현기증EVA height vertigo'이라는 새로운 증상을 걱정하고 있었다(고도 현기증 EVA는 우주유영을 뜻하는 우주 선외활동extravehicular activity이라는 단어를 줄인 말이다). 300킬로미터 정도 아래에서 급속히 움직이고 있는 지구의 모습을 보면 무력감이 생기고 동시에 공포심이 유발될 수 있다.

미르의 우주비행사 제리 리넨저는 회고록에 이렇게 적었다. '낙하산을 타고 자유낙하를 하는 동안 경험했던 것보다 10배 또는 100배쯤 빠르게 지구를 향해 돌진하는 무섭고도 지속적인 느낌이다.' 그리고 실제로도 그는 그렇게 하고 있었다(물론 우주비행사는 지구 주위를 커다랗게 원을 그리며 돌기 때문에 땅에 충돌하지 않는다는 차이점은 존재한다).

그는 미르의 15미터 길이의 신축 자재 끝에 매달려 있던 괴로운 순간에 대해서 '겁에 질려서 난간을 잡았고 (…) 눈을 억지로 뜬 채로 비명을 지르지 않으려고 안간힘을 썼다'라고 썼다.

예전에 해밀턴 선드스트랜드✖의 우주복 엔지니어에게서 어떤 우주유영자에 관한 이야기를 들은 적이 있다. 그는 해치를 막 나선 순간, 우주복을 입은 두 팔로 동료의 한쪽 다리를 안았다고 했다.

✖　해밀턴 선드스트랜드(Hamilton Sundstrand): 항공우주 및 군용 항공기를 설계하고 생산하는 기업-편집자

장미 은하Rose Galaxies (공식 명칭 Arp 273)

미국 국립 우주 생화학 연구소의 우주 멀미·현기증 전문가인 찰스 오먼Charles Oman은 우주선 밖에서 겪는 EVA 고도 현기증은 공포증이라기보다 시속 2만 8천킬로미터로 우주에서 떨어지고 있다는 신기하고도 무시무시한 인식이 들면서 정상적으로 나타나는 반응이라고 지적한다. 어쨌든 우주비행사는 이 말에 공감하지는 않지만 말이다. 오먼은 "보고에 중대한 문제가 있다"라고 말한다.

우주비행사들은 우주 선외활동* 우주복을 입고 중성 부력 탱크라 불리는 거대한 실내 수영장을 둥둥 떠다니며 움직임 연습을 하는 방식으로 우주유영 훈련을 한다. 물 표면에 떠 있는 것과 우주에 떠 있는 것이 똑같지는 않겠지만, 임무를 연습하고 우주선 외부 환경과 친해지기 위한 목적에는 더할 나위 없이 좋은 훈련이 된다(휴스턴 풀장 바닥에는 국제우주정거장 외부 구조물들의 실물 크기 모형이 마치 난파선처럼 잠겨있다).

그러나 훈련을 한다고 해서 EVA 고도 현기증을 막을 수는 없다. 가상훈련이 어느 정도까지 도움이 될지는 모르지만, 예컨대 우주에서 겪는 자유낙하의 느낌을 효과적으로 '재현'할 수는 없는 법이다. 어떤 기분일지 아주 살짝이라도 느껴보고 싶다면(안전장치를 준비하고) 파이 크기만 한 전봇대 꼭대기에 똑바로 서보면 된다. 자신감 회복세미나 참가자들이나 통신 회사 훈련생들이 하는 것처럼

* 선외활동: 우주 비행 중에 우주선 밖으로 나와 활동하는 일-편집자

말이다. 오먼은 "훈련이 몇 주 지나면 통신 회사의 훈련생들이 3분의 2로 줄어든다"라고 말한다.

최근 심리학자들은 화성으로 관심을 돌렸다. 이탈 효과는 '지구가 보이지 않을 때 나타나는 현상'으로 재분류된 것처럼 보인다.

> 인류 역사상 어느 누구도 어머니 격인 지구 자체를 비롯해 지구가 키워내고 위안을 주었던 모든 것들이 (…) 무의미해지는 상황을 겪어본 적이 없다. (…) 그것이 지구로부터 본질적으로 분리됐다는 심리 상태를 유발하는 것 같다. 그런 심리 상태는 아마 불안, 우울, 자살기도, 심지어 환각이나 망상 같은 정신 이상 증세들을 포함하는 다양한 형태의 부적응 반응들과 관련되어 있을 것이다. 더욱이 (지상에서 이뤄지는) 평범한 가치 체계와 행동 규범들을 부분적으로 혹은 전면적으로 수행하지 못하게 될 수도 있다.

이 내용은 『우주 심리학과 정신의학 Space Psychology and Psychiatry』이라는 책에서 발췌한 것이다. 나는 이 부분을 러시아 우주비행사 세르게이 크리칼료프 Sergei Krikalyov에게 큰 소리로 읽어 주었다. 그는 여섯 차례 임무 수행 경험이 있는 베테랑 우주비행사다. 그는 현재, 모스크바 외곽의 스타시티에서 유리 가가린 러시아 우주비행사 훈련센터의 훈련 과장으로 일하고 있다. 이곳은 다른 러시아 우주 전문가들과 그들의 가족들이 일하며 생활하는 마을이다.

크리칼료프는 본래 콧방귀를 뀌는 사람은 아니지만, 그의 반응은 마치 '심리학자들은 논문을 꼭 써야 하니까'라는 의미가 들어 있는 듯했다. 그는 철도 시스템이 처음 생겼을 때, 창밖을 획획 지나치는 나무와 들판을 보고 이용객들이 광기를 일으킬지도 모른다는 우려가 있었다고 내게 이야기했다.

"철로 양쪽으로 울타리를 치지 않으면 승객들이 미치고 말거라는 의견도 있었어요. 그러나 심리학자들을 제외하고 이런 말을 하는 사람은 전혀 없었지요."

예나 지금이나 우주라는 특별한 것에 대해 굉장한 불안감을 이야기하는 우주비행사를 만날 수 있다. 그것은 두려움과는 다르다 (명백히 우주와 별의 존재를 두려워하는 별 공포증이 존재하기는 한다). 오히려 인식 과부하로 인한 지적 환각 상태라고 볼 수 있다.

> 은하가 100조 개나 있다는 사실이 압도적으로 머릿속을 지배하고 있어서 잠자리에 들기 전에 아예 그것에 대해 생각하지 않으려 한다. 그렇게 엄청난 크기를 생각하면 너무 흥분되거나 동요되어서 잠을 이룰 수가 없기 때문이다.

우주비행사 제리 리넨저의 글이다. 그는 저 문장을 쓰는 중에도 약간은 흥분 상태였던 것 같다.

러시아 우주비행사 비탈리 졸로보프Vitaly Zholoboy는 소련 우주정거장 살류트 5호에 있는 동안 어떤 별을 바라보다가 문득, 우주가 '끝없는 심연'이어서 그 별까지 여행하려면 수천 년이 걸릴 것이라는 사실을 깨달았을 때의 이야기를 적었다.

그리고 그것도 우리 세계의 끝은 아니다. 우리는 점점 먼 곳까지 여행할 수 있고, 그 여정은 끝이 없다. 나는 온몸에 소름이 돋을 정도로 큰 충격을 받았다.

그의 1976년의 임무는, 한 우주 역사 저널에서 '심리적, 대인관계적 고충'으로 조기 종료되었다고 기록되어 있다.

졸로보프는 우크라이나에 살고 있지만, 나의 러시아 통역관인 레나는 불굴의 의지로 그의 동료 승무원이던 보리스 볼리노프Boris Volynov를 찾아냈다. 볼리노프는 이제 70대로서 스타시티에서 살고 있다. 레나는 잠시 이야기를 나눌 시간이 있는지 묻기 위해 그에게 전화했다. 통화는 짧게 끝났다. 심리적, 대인관계적 고충이 있었던 거죠.

"내가 왜 그 여자에게 말을 해야 합니까? 그 여자가 나를 이용해 책을 많이 팔아서 돈을 긁어모을 수 있도록 도우라고요? 그 여자는 나를 젖소처럼 이용하기만 할 거요."

볼리노프가 퉁명스레 말했다.

"귀찮게 해드려서 죄송합니다."

레나가 말하자 볼리노프는 잠시 생각에 잠겼다.

"여기 도착하면 전화하시오."

그 러시아 우주비행사는 장을 보러 나간 상태였다. 레나와 나는 스타시티 마켓의 2층 레스토랑에서 그와 만나기로 했고, 그는 손자에게 줄 과자를 고르고 있었다. 우리는 고층 아파트들과 훈련 시설을 볼 수 있는 레스토랑 테라스에 자리를 잡았다. 스타시티는 가로세로가 각각 2.4킬로미터 정도밖에 되지 않기 때문에 시티(시)보다는 타운(읍내)에 가깝다(덜 멋있기는 해도 스터리 타운십^{Starry} ^{Township}이라는 명칭이 더 어울린다). 이곳에는 병원과 학교 은행은 있지만, 도로는 없다. 건물들은 깨진 아스팔트 보도와 야생화 들판, 소나무와 자작나무 숲을 가로지르는 흙길로 연결되어 있다. 출입 관리 사무실에서는 수프 냄새가 난다. 로비와 뜰에는 소련 시대의 멋진 조각 작품들이 놓여 있고, 벽에는 우주를 주제로 한 모자이크와 벽화들이 걸려 있다.

나는 이 모든 것이 매력적이라 느꼈지만, 국제우주정거장에서 다시 소유즈^{Soyuz}✖ 캡슐에 탑승하기 전에 이곳에서 훈련을 받는 미국 우주비행사들은 대개 그렇게 생각하지 않는다. 아름다움과 동

✖   옛 소련의 우주선으로 궤도선, 귀환선, 기계선의 세 부분으로 설계되었다. 궤도선은 우주선의 가장 앞에 있는 구형의 모듈로 다른 우주선이나 우주정거장과 도킹할 때 사용하는 장치가 있다. 귀환선은 우주비행사가 지구로 귀환할 때 탑승하는 곳이다. 기계선은 가장 뒤쪽에 있는 원통형 모듈로 생명 유지에 필요한 산소와 물 등이 탑재되어 있다.-편집자

시에 황폐하다고 느낀다. 계단은 닳고 깨져 있다. 식료품 상점 벽을 장식한 흙들은 마치 허물이 벗겨지듯 여기저기가 떨어져 나갔다. 박물관을 둘러보다 화장실에 가려고 하자 직원 한 명이 달려오면서 구겨진 분홍색 화장지 뭉치를 흔들었다. 화장실에 휴지가 없기 때문이다.

곧게 뻗은 테라스 난간 사이로 볼리노프가 눈에 확 들어온다. 그는 머리숱이 수북하며, 소련 사람들이 그러하듯 어깨가 넓다. 용모가 수려하며 거동은 75세 노인답지 않았다. 그는 단호하고 똑 부러지게(손에 식료품 봉투를 들고) 상체를 앞으로 숙이고 성큼성큼 걷는다. 그는 훈장을 걸고 있다(러시아 우주비행사들은 비행 임무를 마치자마자 소련 영웅 칭호와 함께 별 모양의 훈장을 수여받는다). 나는 소련이 볼리노프의 어머니가 유대인이라는 사실을 알고 난 뒤, 그를 첫 번째 임무에서 제외시켰다는 사실을 나중에야 알게 됐다. 그는 유리 가린과 함께 훈련했지만, 1969년이 되어서야 비행을 시작했다.

볼리노프는 레몬차를 시킨다. 레나는 살류트 5호에 관한 이야기를 듣고 싶다고 말한다.

"무슨 일이 있었나요? 왜 비탈리 졸로보프와 당신은 일찍 귀환하게 되었나요?"

볼리노프가 말을 시작한다.

"42일째 되는 날, 사고가 발생했어요. 전기가 나갔지요. 빛도 없고 모든 게 멈춰버렸어요. 엔진과 펌프까지 모조리 다 말이에요.

궤도의 어두운 쪽에 있었기 때문에 창문으로 한 줄기 빛도 들어오지 않았지요. 게다가 무중력상태다 보니, 우리는 바닥과 천장, 벽이 어딘지 도통 알 수가 없었죠. 산소도 공급되지 않았고요. 오로지 우주정거장에 남아 있는 산소에만 의존해야 했어요. 지상과 연락이 되지 않았고 많은 문제가 발생했죠. 머리카락 수만큼이나 말이에요."

레나가 두 손으로 자기 머리카락을 잡아당기는 시늉을 한다.

"어떻게 했느냐고요? 마침내 우리는 송신기 쪽을 향해 떠가기 시작했고 지상과 연락을 취할 수 있었어요. 그들은 우리에게…."

볼리노프가 잠시 소리 내어 웃었다.

"그들은 우리에게 지침서의 어느 페이지를 펼치라고 했어요. 물론 그건 전혀 도움이 안 됐어요. 우리는, 우리 머리와 손으로 우주정거장을 복구했어요. 꼬박 한 시간 반에 걸쳐서요. 그 일이 있고 나서 비탈리는 잠을 제대로 못 잤어요. 그는 두통에, 아주 심각한 두통에 시달리기 시작했어요. 스트레스 때문에요. 우리는 약이란 약은 다 먹었어요. 지상에서는 그에 대한 걱정이 이만저만이 아니었어요. 그들은 결국 우리에게 내려오라고 명령했지요."

볼리노프는 하강 모듈을 준비하느라 36시간을 잠도 못 자고 혼자 일했다고 한다. 졸로보프는 일종의 쇠약 증세를 겪었던 것 같다.

늦은 오후 레나와 나는 러시아 우주비행사 심리학자인 로스티슬로프 보그다셰프스키Rostislov Bogdashevsky와 함께 소나무 숲 사이를 산책한다. 그는 스타시티에서 47년을 살았다. 그가 말해주는 이야기 대부분은 추상적이고 불분명하다. 내 노트에는 예컨대 '인간 사회에서 일어나는 대인관계의 역학적 구조의 자기조직화' 같은 말들이 적혀 있다. 그러나 그가 볼리노프와 졸로보프에 대해 했던 말은 명확하고 간단했다.

"그들은 과로로 녹초가 되어 있었어요. 인간이라는 생물은 긴장과 완화, 일과 수면을 적절히 조절하면서 살도록 만들어져 있어요. 생명의 원리는 리듬이죠. 우리 가운데 어느 누가 72시간 동안 쉬지 않고 일할 수 있겠어요? 사람들이 두 사람을 병자로 만들었던 거예요."

볼리노프와 보그다셰프스키 둘 다 살류트 5호에서 발생한 대인관계의 어려움에 대해서는 한마디도 언급하지 않았다. 사람들은 재난과 죽을 고비를 함께 겪으면 더욱 가까워지는 법이다. 그 임무도 두 사람을 더 가까워지게 하는 데 어느 정도 영향을 미쳤던 것 같다. 볼리노프는 구조용 헬리콥터가 다가오던 순간을 기억한다.

"비탈리가 먼저 그 소리를 들었어요. 그가 내게 말했지요. '보리스, 혈연으로 이어진 사람들이 있지. 하지만 함께했던 일 덕분에 가족이 되는 사람들도 있다네. 자네는 내게 형제자매보다도 더 가까운 존재가 되었네. 우리는 착륙했고, 살았네. 삶이란 귀중한 것이야'라고 말이죠."

볼리노프는 레나와 내가 스타시티 박물관에 갔다는 말을 들자, 나중에 맡은 임무 때는 박물관에 전시된 것과 동일한 소유스 캡슐을 타고 지구로 귀환했다고 말한다.

"나는 지금도 그 안으로 들어갈 수 있어요."

그가 자신 있게 말한다. 나는 상상해본다. 양복 차림의 볼리노프가 비좁은 소유즈 좌석으로 몸을 욱여넣는 모습을 말이다.

그가 탑승했던 소유즈 5호의 캡슐은 심하게 손상됐기 때문에 전시되어 있지 않다. 캡슐은 우주선에서 제대로 분리되지 않았고, 굴러떨어지다가 거꾸로 뒤집혀 대기로 진입했다. 혼자 타고 있던 볼리노프는 탁구공처럼 이리저리 튀었다. 이 캡슐은 한쪽 면만 내열 코팅이 되어 있어서, 외부는 시커멓게 타고 내부는 구워지기 시작했다. 해치를 밀폐시키는 고무가 타고 있었다.

"열기 때문에 커다란 풍선들이 생겼어요."

"풍선이요?"

레나가 볼리노프와 이야기를 나눈 뒤, 다시 내게 고개를 돌린다.

"모닥불에다 감자를 구울 때, 감자에서도 똑같은 걸 볼 수 있잖아요. 볼록 올라오는 공기주머니 말이에요."

"아, 기포 말이군요!"

"맞아요. 맞아. 기포."

볼리노프는 우리가 말을 마치기를 기다린다.

"내가 탔던 우주선이 꼭 그런 감자처럼 보였어요."

기차가 지나가는 듯한 소음이 들렸다고 그가 말한다.

"내 발밑의 바닥이 열리는 느낌이 들었고, 동시에 여압복이 없다는 사실이 떠올랐죠. 여압복을 넣을 만한 공간이 없거든요. 그래서 '그래, 이제 끝이구나'라고 생각했어요."

만약 그 캡슐이 분리된 뒤, 적절한 위치에서 안정되지 않았다면, 볼리노프는 사망했을 것이다.

"헬리콥터가 도착해서 구조대원이 다가왔을 때, 나는 그들에게 '내 머리카락이 하얗게 세지 않았나요?'라고 물어봤어요."

최초의 러시아 우주비행사들과 그들의 목숨을 책임지고 있는 사람들은 정신 건강은 그다지 신경 쓰지 않았다. 그것 말고도 걱정할 것이 산더미로 쌓여 있던 것이다.

소련 영웅이 호주머니에서 빗을 꺼낸다. 그리고 두 팔을 들어올려 지휘자가 전주곡에 앞서 신호를 보내는 듯한 자세를 취한다. 그리고 빗을 당겨 그 영광스러운 머리카락(그때는 하얗게 세지 않았지만 이제는 백발이 되었다)을 빗더니 몸을 숙여 장바구니를 든다.

"저는 이만 가봐야겠어요. 사람들이 기다리고 있거든요."

CHAPTER 4

중력이 사라진 세상

인간은 어떻게 살아남을까?

최초의 로켓은 나치가 집을 떠나지 않고도 폭탄을 배달하기 위해 만들어졌다. 불을 내뿜는 시끄러운 기계임에도 불구하고, 로켓은 그저 매우 빠른 속도로 매우 먼 곳까지 무언가를 배달하는 수단일 뿐이다. 그 로켓은 V-2로 불렸다. 로켓에 처음 실린 것은 제2차 세계대전 연합군 도시들에 우박처럼 쏟아졌던 흉악한 미사일 탄두들이었다.

두 번째 실린 것은 앨버트Albert였다. 앨버트는 얇은 기저귀를 찬 4킬로그램 몸집의 붉은털원숭이다. 세계가 유리 가가린이나 존 글렌, 우주 침팬지 햄Ham에 대한 얘기를 듣기 10년도 더 전인 1948년, 앨버트는 로켓에 실려 우주로 발사된 최초의 생명체가 되었다. 미국이 입수한 제2차 세계대전의 전리품 중에는 기차 300대

분량의 V-2 부속품도 포함되어 있었다. 부속품 자체는 대개 장난감 수준이었지만, 아래로 폭격하는 것보다 위로 올라가는 데 관심이 더 많았던 소수의 과학자들과 몽상가들의 상상력을 자극하는 데는 충분했다.

데이비드 시몬스도 그들 중 하나였다. 뉴멕시코의 화이트 샌즈 시험장White Sands Proving Ground 근처에 있는 홀로먼 공군기지 항공의학 연구소의 상관인 제임스 헨리James Henry와 시몬스가 나누었던 한 대화가 육성 기록으로 남아 있다. 그 대화는 '에'나 '음'으로 이야기를 시작하던 전형적인 1940년대 스타일이다.

헨리 박사가 먼저 말을 꺼낸다.

"데이비드, 자네는 사람들이 언젠가는 달에 갈 수 있을 거라고 생각하나?"

나는 실험실 가운을 입은 그가 생각에 잠겨 연필 뒤꽁무니에 붙어 있는 지우개로 자기 턱을 콕콕 찌르고 있는 모습을 떠올려 본다.

시몬스가 망설임 없이 대답한다.

"에… 물론이죠. 그저 난제들을 해결할 기술과 시간이 문제일 뿐…."

헨리 박사가 말을 자른다.

"음. 우리가 원숭이 한 마리를 V-2 로켓에 실어 무중력상태에 2분 정도 노출한 후에, 무중력상태에 대한 심리 반응을 측정해 볼 기회를 갖는 것에 대해서는 어떻게 생각하나?"

매우 긴 질문이었다.

"와! 정말 굉장한 기회로군요! 언제 시작하죠?"

내 생각에는 바로 그 순간이 미국 우주 탐험 탄생의 시작으로 느껴진다. 이 대화는 인간이 미지의 세계로 날아가게 될지도 모른다는 사실에 대해 괴짜 같은 흥분감과 절망감 섞인 불확실함 모두를 담고 있다. 그 당시 과학자들이 알고 있던 우주는, 지구상에서 진화해온 사람을 포함한 모든 것들이 생존할 수 없는 곳이었다.

헨리는 시몬스에게 앨버트 프로젝트를 맡겼다. 나는 그 프로젝트의 사진들이 담긴 책을 보고 있다. 15미터 남짓의 V-2가 비행 준비를 하고 있다. 사진 속 앨버트는 붉은털원숭이 특유의 구레나룻와 인형 눈처럼 가냘픈 눈꺼풀을 아래로 늘어뜨린 모습이다. 그 아래에는 앨버트가 작은 들것에 묶여 모의실험용 알루미늄 캡슐에 미끄러지듯 들어가는 또 다른 모습이 보인다(이 알루미늄 캡슐은 원래 탄두가 들어갔어야 할 노즈콘✘에 맞춰 만든 것이다).

앨버트를 안고 있는 사병은 카키색 바지와 반팔 셔츠의 소매만 보일 뿐 얼굴은 보이지 않는다. 그의 손톱은 지저분하고 결혼 반지를 끼고 있다. 그의 아내는 무슨 생각을 했을까? 그는 무슨 생각을 했을까? 세계 최초의 탄두 미사일인 이 굉장한 로켓을 발사하면서,

---

✘ 노즈콘(nose cone): 미사일, 로켓, 비행기 등의 맨 앞부분으로 공기역학적 저항이 적게끔 유선형에 뾰족하게 디자인한다.-편집자

약에 취한 원숭이 이외에 아무것도 태우지 않는다는 게 이상하다는 생각을 했을까?

아마도 아닐 것이다. 당시 항공우주 전문가들 대부분은 중력의 영향권에서 벗어나는 것에 대해 극심한 불안과 공포를 느끼고 있었다. 인간의 장기들이 중력 상태에서만 기능한다면 어떻게 될까? 심장 박동이 멈춰서 혈액을 동맥으로 보내지 못하고 제자리에서 맴돌기만 한다면 어떻게 될까? 안구의 모양이 변해서 시력을 잃으면 어떻게 될까? 만약 다치기라도 한다면 피는 응고될까?

그들은 폐렴과 심장마비, 근육 경련에 대해 걱정하고 있었다. 어떤 사람은 중력이 없다면, 내이▪의 유동적인 뼈들이 보내는 신호와 균형 감각에 필요한 다른 신호들이 없어지거나 오류를 일으킬 것을 우려했다(그리고 이 때문에 항공 의학의 개척자들인 오토 가우어Otto Gauer와 하인츠 하버Heinz Haber가 언급했던 대로, '자율 신경계 기능에 강력한 영향을 미쳐서 종래에는 행위 능력을 완전히 상실하게 되고, 매우 심각한 무력감sensation of succumbence에 빠지는 혼란 상태'가 올 수도 있다는 사실을 걱정했다). 나는 온라인 사전에서 succumbence에 대해 찾아보았다. 그러자 '이것을 찾으셨나요? succulents(다즙식물)?'라는 물음이 돌아왔다.

궁금증을 해결하는 방법은 '가상 조종사'를 저 위로 보내는 방

▪   내이(內耳): 귀의 가운데 안쪽에 단단한 뼈로 둘러싸여 있는 부분으로, 고막의 진동을 신경에 전달하는 구실을 한다.-편집자

법밖에 없었다. 우레 같은 소리를 내는 V-2의 탄두에 동물을 실어서 말이다. 그에 앞선 시도는 1783년에 있었다. 연구자들은 열기구를 발명한 조제프 미셸 몽골피에Joseph-Michel Montgolfier, 자크 에티엔 몽골피에Jacques-Etienne Montgolfier 형제였다. 그 실험은 마치 동화책의 한 장면 같다. 어느 여름 오후, 오리 한 마리와 양 한 마리, 수탉 한 마리가 아름다운 열기구를 타고 베르사유 상공으로 날아올랐다. 열기구는 손을 흔들며 환호하는 남녀로 가득한 궁전과 안뜰 위를 계속해서 날아갔다.

이는 '높은(450미터) 고도'가 생물에게 미치는 영향을 알아보기 위한 독창적인 연구였다. 오리가 대조 표준이었다. 몽골피에 형제는 오리가 높은 고도에 익숙하다는 것을 알고 있었다. 그들은 이 사실을 활용하여 만약 동물들에게 문제가 발생할 경우 원인이 무엇인지 추정할 수 있었다. 풍선은 3.2킬로미터를 여행한 뒤 별문제 없이 착륙했다.

자크 에티엔 몽골피에의 비행 보고서에는 '동물들은 무사했고, 양은 우리 안에 오줌을 쌌다'라고 적혀 있다.

중력은 앨버트 무리의 걱정거리 중에는 가장 작은 문제였던 것으로 드러났다. 앨버트는 총 여섯 마리로, 왕이나 영화 시리즈물처럼 이름 뒤에 로마 숫자를 붙여 식별한다. 역사에 이름을 남긴 건 앨버트 Ⅱ였다(앨버트 Ⅰ은 이륙을 기다리는 동안 질식사했다). 『우주에 간 동물들Animals in Space』이라는 훌륭한 책은, 앨버트 Ⅱ가 130킬로미터 상공에서 무중력 비행을 하는 동안 심장박동과 호흡을 모니터한 기록을 담음으로써, 역사에 남을 만한 출판물이 되었다.

심장박동과 호흡은 정상 범위에서 크게 벗어나지 않았다(앨버트Ⅱ도 다른 모든 앨버트들처럼 마취 상태였다). 그리고 그 기록은 앨버트Ⅱ의 마지막 심장박동과 호흡의 기록이기도 했다. 노즈콘이 낙하산에서 분리되어 사막으로 떨어졌기 때문이다. 최악의 경우는 죽는 것이고, 기껏해야 매우 심각한 무력감에 빠지는 혼란 상태 정도였다. 국가기록원에는 앨버트 Ⅱ의 발사와 비행에 대한 영상이 보관되어 있다. 나는 사본을 요청하지 않았다. 촬영 목록이면 충분했다.

CU(클로즈업): (…) V-2 비행을 위해 준비 중인 원숭이, 머리를 밖으로 내민 채 상자 속에 넣어지고 있는 원숭이, 피하주사를 맞고 있는 원숭이 몇 장면.

야간 촬영: V-2 로켓 발사 장면.

CU: 지상에서 공 모양으로 말려지고 있는 낙하산.

CU: 산산조각이 난 탄두 기계와 장비.

CU: 원숭이가 실려 있던 부분의 잔해.

언뜻 보기에 앨버트 프로젝트는 쉽게 이해되지 않는다. 폭발성 화학물질이 가득 찬 탱크 위에 인간을 태워 우주로 보내는 것을 고려하는 사람들이, 정작 중력 때문에 인간이 해를 입을까 봐 걱정하고 있다니.

앨버트 프로젝트의 사고방식을 이해하기 위해서는 '중력의 힘'에 대해서 생각해봐야 한다. 나처럼 중력을 깨진 유리그릇이나 축 늘어지는 뱃살 같은 사소한 골칫거리쯤으로 생각하는 사람들이 대부분일 것이다. 나는 이번 주까지만 해도 중력의 위엄을 인식하지 못했다. 중력은 전자기력이나 핵력과 같이 우주를 움직이는 '기본 힘'들 가운데 하나다. 중력이 인류가 아직 모르는 음험한 무언가를 몰래 숨기고 있을 거라고 생각하는 건 당연했다.

여기서 잠깐!

중력은 한 물체의 질량이 또 다른 물체의 질량에 미치는 측정 가능[✖]하고도 예측 가능한 인력이다. 무게가 무겁고 두 물체 사이의 거리가 짧을수록 끌어당기는 힘은 더 강해진다. 달은 32만 킬로미터가 넘게 떨어져 있지만, 힘을 들이지 않고, 또한 아무런 연결도 없이 지구의 물과 지각판을 달 쪽으로 끌어당긴다. 이 때문에 조수 간만의 차가 생기고 아주 경미한 육지 조석이 발생하는 것이다(물론 지구도 달에 유사한 영향을 미친다).

✖ 중력 계량기를 사용해서 측정할 수 있다. 이 얼마나 멋진 일인가! 계량기 하나를 들고 매우 밀도가 높은 암석지대로 걸어가면 중력의 인력이 증가하는 것을 관찰할 수 있다. 지구 내부 밀도의 미세한 차이만으로도 중력이 달라져 미사일 궤도가 1.6킬로미터 이상 벗어나기도 한다. 그래서 냉전 시기에 지구 중력 지도는 극비 정보였다. 하지만 암석이 높은 산을 이루고 있어 해수면보다 7~8킬로미터 높은 고도에 있을 경우에는 중력의 효과가 줄어든다. 만약 에베레스트산의 정상에서 체중을 잰다면, 체중이 조금 감소했다는 사실을 알 수 있을 것이다. 정상까지 오르느라 잃어버렸을 이성은 빼고 말이다.

태양과 행성이 존재할 수 있었던 것도 애당초 중력 덕분이다. 중력은 신과 같은 존재다. 태초에 우주는 그저 막대한 가스 구름이 차 있는 텅 빈 공간에 불과했다. 점차 가스가 식으며 작은 알갱이들이 뭉치게 되었다. 만약 중력이라는 끌림이 발생하지 않았다면, 알갱이들은 뭉치지 못한 채 우주를 영원히 떠다녔을 것이다.

중력은 우주의 욕망이다. 더 많은 입자가 모여들면서 작은 알갱이들의 크기가 점차 커지게 되었다. 알갱이들의 크기가 커질수록 끌어당기는 힘도 강해졌다. 머지않아(수십만 년이 흐른 뒤) 알갱이 뭉치들은 더 크고 멀리 떨어진 입자들을 중력의 영향권으로 끌어들일 수 있게 되었다. 결국 지나가는 행성들과 소행성들을 궤도 안으로 끌어당길 수 있을 만큼 커다란 천체인 별들이 태어났다. 그렇게 태양계가 시작되었다.

중력은 지구상에 생물이 존재할 수 있게 해준다. 우리가 생존하기 위해서는 물이 필요하다. 그러나 중력이 없다면 물은 존재할 수가 없다. 공기도 마찬가지다. 우리의 대기를 채우고 있는 가스 분자(호흡에 필요한 공기뿐 아니라 태양 복사열을 흡수·반사하여 보호해주는)를 행성 주위에 붙잡고 있는 것 또한 지구의 중력이다. 만약 중력이 사라진다면 공기 분자들은 물론 바닷물, 도로 위 자동차, 햄버거 가게의 대형 쓰레기통 그리고 당신도 나도 전부 우주로 날아가 버릴 것이다.

로켓 비행에 '무중력'이라는 말을 사용할 때는 오해를 일으키기 쉽다. 지구 궤도를 도는 우주비행사들은 여전히 지구 중력의 영향을 받는다. 국제우주정거장 같은 우주선은 400킬로미터 상공에서 공전하는데, 이곳에서 측정되는 중력은 지구 표면의 중력에 비해 겨우 10퍼센트가량 약할 뿐이다. 그럼에도 우주비행사들이 둥둥 떠다니는 이유가 있다.

우주선이든 통신 위성이든 티모시 리어리✖의 유해든 무슨 물체든지, 로켓 추진체로 빠르고 높이 쏘아 올리면 나중에 지구 중력 때문에 다시 반대로 떨어지더라도 지구에 수직으로 떨어지지 않고 비껴 떨어지게 된다. 따라서 그 물체는 계속 지표면으로 떨어진다기보다 지구에서 조금 떨어진 궤도에서 지구 주위를 돌게 되는 것이다.

즉 우주에서 어떤 물체가 떨어질 때는 그 스스로가 계속 공전하고, 동시에 지구 중력에 의해 물체는 끊임없이 떨어지면서 지구 쪽으로 끌려가게 된다. 그리고 결국 이러한 과정에서 생겨나는 경로가 지구 주위를 반복적으로 도는 궤도가 되는 셈이다(하지만 물체가 끝없이 궤도를 돌지는 않는다. 우주선이 돌고 있는 상대적으로 낮은 지구 궤도에서는 여전히 미량의 대기가 존재한다. 이곳의 공기 분자들 때문에 생긴 인력이 대략 2년쯤 뒤, 우주선의 속도를 자연스럽게 늦춰 로켓 엔진 폭발 없이

✖　티모시 리어리(Timothy Leary): 미국의 심리학자, 작가, 하버드 전 대학교수. 정신분열 같은 증상을 일으키는 환각제인 LSD나 약물에 대해 옹호했다. 1995년 전립선암 진단을 받았고, 1996년 사망했다. 시신은 냉동 보관되었다가 1997년 실제 재 일부가 우주에 뿌려졌다.–편집자

도 우주선을 지구 쪽으로 추락하게 할 수 있다).✖

참고로 지구의 중력을 완전히 벗어나기 위해서는 지구의 탈출 속도인 시속 4만 킬로미터로 우주 방향을 향해 질주해야 한다. 천체의 독립체가 무거울수록 중력의 영향력에서 벗어나기가 어렵다. 블랙홀(수축한 거대한 별)의 엄청난 중력을 벗어나기 위해서는 광속(시속 10억 8천만 킬로미터 정도)보다도 더 빨리 여행해야만 한다. 다시 말해서, 빛조차도 블랙홀을 빠져나올 수 없다는 말이다. 블랙홀이 검은 것은 바로 그 때문이다.

무중력 이야기로 다시 돌아가 보자. 무게는 마치 환각제 같다. 나는 그동안 몸무게가 키나 눈동자 색깔처럼 신체의 고정된 특징 중 하나라고 생각했다. 사실은 그렇지 않다. 나는 지구 표면에서는 57킬로그램이지만, 중력이 지구의 6분의 1밖에 되지 않는 달에서는 비글 강아지 정도의 무게밖에 나가지 않는다. 둘 다 나의 실제 몸무게는 아니다. 실제 질량만 있을 뿐, 실제 무게라는 것은 없다. 무게는 중력에 의해 결정된다. 몸무게는 우리 몸이 뉴턴의 사과처럼 공기를 가르고 떨어지고 있다면, 얼마나 빠르게 아래로 끌어당

✖ 우주선뿐 아니라 우주정거장의 쓰레기 봉지, NASA의 주걱도 마찬가지다. 우주비행사들이 물체를 손에서 놓으면, 그것은 위성이 되어 몇 주나 몇 달 동안 지구 주위를 돌다가 속도를 잃으면 궤도 밖으로 벗어난다. '위성'이라는 단어는 지구 주위를 도는 어떤 물체에 사용한다. '주걱 위성'으로 알려진 궤도를 도는 주걱은 아이러니하게도 궤도를 도는 파편들 때문에 생긴 우주왕복선 외장의 흠집을 메울 유지·보수 기술을 시험하기 위한 것이었다. 하지만 하늘에서 떨어지는 주걱이나 LSD 거장들의 시신에 맞아 죽을 걱정은 할 필요가 없다. 이런 것들은 지구의 대기로 재진입할 때 타버리기 때문이다(리어리 박사는 2003년 언젠가 다시 화장되었다).

기느냐를 나타내는 척도다(만약 지구상에 속도를 늦출 대기의 저항이 없다면, 중력은 당신이 떨어질 때 1초마다 시속 35킬로미터씩 더 빠른 속도로 당신을 가속시킬 것이다).

당신이 땅에 가만히 서 있을 때도 인력은 여전히 존재한다. 떨어지고 있는 게 아닐 뿐 아래쪽으로 눌리고 있는 것이다. 가속도는 체중계의 숫자로 나타난다. 궤도에서의 자유낙하처럼 누르는 게 아무것도 없을 때, 그때 당신은 비로소 무게가 없는 무중력상태에 있게 된다. 즉 우주비행사들이 경험하는 '무중력'은 사실 중력 때문에 지구를 향해 계속 떨어지는 상태에 불과하다.

만약 가속을 일으킬 수 있는 다른 원인이 추가된다면, 즉 지구 중력에 더해 가속도가 추가된다면 당신의 몸무게에 변화가 생길 것이다. 체중계를 갖고 엘리베이터에 타서 위로 올라갈 때 몸무게를 재보면 알 수 있다. 잠시 몸무게가 늘었을 것이고, 건물 주변에 소문이 날지도 모른다. 사실 이러한 현상의 원인은 엘리베이터의 가속이 지구 중력과 같은 방향으로 작용해 인력이 세진 것이다. 반대로 엘리베이터가 꼭대기 층에 다다라 속도를 늦춘다면 체중은 잠시 줄 것이다. 엘리베이터가 당신의 몸을 하늘 쪽으로 가속시키면서 생긴 관성의 힘으로 인해, 지구가 아래쪽으로 끌어당기는 힘의 일부가 순간적으로 상쇄되기 때문이다.

그렇다면 물체 사이에는 왜 이러한 끌어당기는 힘이 존재하는 걸까? 인터넷에서 이 질문에 관해 답해줄 누군가를 찾다가 우연히 대부호 사업가이자 화재경보 기계의 거물인 로저 뱁슨Roger Babson 이 창설한 중력연구재단을 발견했다.

그는 여동생이 중력 때문에 강바닥으로 끌려가 익사했다고 믿었다. 그 후 역사상 가장 열정적인 반중력 활동가가 되어『중력: 우리의 적 No.1Gravity: Our Enemy No.1』같은 중력을 비난하는 책들을 출간했다. 만약 나라면 물이나 조류를 가장 큰 적으로 꼽았겠지만, 그는 흔들림 없이 중력에 분노하고 있었다.✖

뱁슨은 고인이 되었지만 재단은 여전히 존재한다. 그러나 이제는 '이상한 것'을 대표하게 된 반중력이라는 단어에만 치중하지는 않는다.

"우리는 '친중력'도 '반중력'도 아니에요."

이는 2001년 중력연구재단을 집중적으로 조명하는 기사를 위한 인터뷰에서 재단 이사장인 조지 리드아웃George Rideout이 한 말이다. 우리는 그저 중력에 대해 많은 것을 알아내고 싶을 뿐이라고 했다. 나는 중력이 왜 존재하는지 자세히 설명 듣고자 리드아웃에

✖   미래 세대가 중력에 대한 싸움을 계속할 수 있도록 장려하기 위해 뱁슨은 개인 재산을 털어 미국 13개 유수 대학에 석조 기념비를 세웠다. '반중력 석Anti-gravity stone'으로 알려진 이 비석의 목적에는 이렇게 적혀 있다. '중력을 무상 에너지로 이용하고, 비행 사고를 줄이기 위한 반중력체가 발견되는 그날, 다가올 축복을 학생들에게 일깨우기 위해 이 비석을 세운다.' 그러나 학생들의 반응은 예상과는 전혀 달랐다. 학생들이 친중력 의식이랍시고 이 반중력 석을 어찌나 많이 때려눕혔던지 대학 당국은 결국 그 기념비를 후미진 곳으로 옮겨야만 했다. 뱁슨은 석조 기념비들과 함께 대학들에게 소액의 기부금을 전달했지만, 그 돈을 반드시 반중력 연구에 써야 한다고 명시하지는 않았다. '미키마우스'류의 과학을 후원하는 데는 부정적이었던 콜비 대학은 그 돈을 두 과학관 건물을 연결하는 다리를 건립하는 데 사용했다. "적어도 그건 땅에서는 떨어져 있으니까요." 대학의 한 대변인이 말했다.

게 연락을 취했다. 물리학자에게 물어보라는 답변이 돌아왔다.

나는 그의 조언을 받아들여 늘 질문을 하고 다녔다. 하지만 내가 "왜 질량이 있는 두 물체가 서로를 끌어당길까요?"라고 물으면 이런 반응들이 돌아오기 십상이었다.

"오오, 메리, 메리. 그거야 시공간이 존재하기 때문이죠."

이렇게 대답한 물리학자도 있다.

"왜라니요? 그게 무슨 의미죠?"

어쩌면 중력은 그것을 이해하는 사람들에게조차 미스터리인지도 모른다. 1948년 황량한 사막에서 항공우주 의학을 연구하던 선구자들에게 중력을 다루는 일이 얼마나 두렵고 벅찬 일이었을까.

시몬스와 그의 대원들은 실망은 했지만 좌절하지 않고 앨버트 로켓을 네 번 더 쏘아 올렸다. 앨버트 III가 타고 있던 로켓은 폭발했다. 앨버트 IV와 V는 앨버트 II처럼 낙하산 오작동으로 희생되었다. 앨버트 VI는 맥박, 호흡, 체온 등 바이털사인*의 변화가 거의 없는 채로 지상에 도달했지만, 수색대원들이 노즈콘을 찾고 있는 사이에 열사병으로 죽었다.

결국 공군은(무엇 때문에 그 실험을 그토록 오래 지속했는지 궁금하지만) 불쌍한 중력 원숭이들에게 앨버트라는 이름을 붙이는 행위를

✱ 바이털사인(vital sign): '활력징후'의 전 용어. 맥박, 호흡, 체온, 혈압과 같이 생물에게 생명이 있다는 것을 입증해주는 요소-편집자

그만두었다. 중요한 사실은 그들이 이제 V-2에서 벗어나 에어로비Aerobee라는 더 작고 문제도 더 적은✖ 로켓에 관심을 보이기 시작했다는 점이다.

퍼트리샤Patricia와 마이클Michael은 1952년 무중력 여행에서 살아남은 최초의 원숭이들이다. 비행 내내 모니터한 결과, 이 짧은꼬리원숭이들의 맥박과 호흡은 정상으로 나타났다. 당시 생의학 연구는 맥박과 호흡에 집착했던 것으로 보인다. 그 시대 홍보 사진을 보면, 하얀 가운을 입고 상고머리를 한 의사들이 원숭이의 좁은 가슴에 청진기를 대고 있다. 모든 앨버트 관련 논문들이 보고했던 것도 맥박과 호흡이었다. 청진기를 대보는 것만으로 많은 변화를 진단할 수는 없지만(뭐, 살아있다는 것은 알 수 있겠다), 1950년대 40킬로미터나 80킬로미터, 혹은 130킬로미터 상공의 로켓에서 전송할 수 있는 데이터는 그 정도가 전부였다. 무중력상태에서의 미묘한 영향을 규명하기 위해서는 인터뷰가 가능한 실험 대상인 인간이 필요했다. 그리고 인간을 무중력상태로 보내기 위해서는 더 안전한 방법을 마련해야만 했다.

✖   V-2 시리즈의 방향 탐지 시스템은 불안정하기로 악명이 높았다. 1947년 5월, 화이트샌즈 미사일 시험장에서 발사된 V-2 로켓 하나는 북쪽 대신 남쪽으로 향해 멕시코 북부에 있는 국경 도시인 후아레즈 도심 5킬로미터 거리에 떨어졌다. 미국의 폭격에 대한 멕시코 정부의 반응은 놀라우리만치 느긋했다. 미국 고위 공무원들은 멕시코의 엔리케 디아스 곤잘레스Enrique Diaz Gonzales 장군과 총영사관 라울 미셸Raul Michel을 만났다. 미국 공무원들은 해명한 뒤 '다음 로켓 발사' 때 참석해 줄 것을 요청했다. 멕시코 시민들 역시 무관심하기는 매한가지였다. 〈엘 패소 타임스El Paso Times〉는 '폭탄 폭발, 봄 축제 막지 못하다'라는 제목으로 기사를 썼다. 기사 내용은 '사람들 대부분은 그 폭발을 축제 개막식을 위해 발포한 대포라고 생각했다'였다.

우주비행사와 휴대용 생명유지시스템Portable Life Support System

1950년, 오늘날 포물선 비행이라 알려진 기술을 고안해낸 인물은 독일 공군Luftwaffe 항공 의학 개척자인 프리츠 하버Fritz Haber, 하인츠 하버Heinz Haber 형제다. 하버 형제는 비행기가 우주선처럼 포물선을(혹은 야구에서 타자가 친 공이 내야수가 잡을 수 있게 떠오르는 공처럼) 그리며 비행한다면, 승객들은 포물선의 꼭대기부터 아래로 떨어지는 20~35초 동안 원숭이들이 경험했던 것과 똑같은 무중력상태를 경험할 것이라는 이론을 세웠다. 즉 조종사가 급강하하다 수평비행을 하고, 다시 위로 향했다가 급강하하는 것을 반복하면 연료가 떨어질 때까지 몇 분간 무중력 상태를 관찰할 수 있다(로켓을 만들어 발사하는 비용보다 훨씬 적은 비용을 들이며 말이다). 이런 롤러코스터 무중력 비행은 오늘날까지도 항공우주국의 장비 실험이나 우주비행사 훈련에 이용될 뿐만 아니라, 조금 웃기게는 수개월을 끊임없이 졸라대는 작가들을 위해 시행되고 있다(이것에 대해서는 더 자세히 다루기로 하자).

이제 남아메리카로 장면이 바뀐다. 하버 형제의 동료 가운데 전쟁 후에 부에노스아이레스에서 살았던 해럴드 폰 베크Harald von Beckh가 있다. 폰 베크는 V-2와 에어로비 로켓의 실험을 통해 무중력상태가 생존에 위협을 주지 않는다는 사실은 알고 있었지만, 혹시 조종사의 방향감각을 잃게 하거나 조종 능력을 떨어뜨리지는 않을까 궁금했다.

폰 베크는 뱀목거북 몇 마리를 구했다. 학계에선 하이드로메두

사 텍티페리Hydromedusa tectifera라고 불리는 이 거북들은 아르헨티나, 파라과이, 브라질의 토착종이다. 이들은 뱀처럼 긴 목을 S자로 감았다 풀면서 총알처럼 빠르게 먹잇감을 공격해 거의 백발백중 사냥에 성공한다. 폰 베크가 실험하려던 게 바로 그것이다. 무중력상태가 이 거북들의 사냥 능력에 영향을 줄까? 정말로 그랬다. 거북들은 '천천히 그리고 불안한 듯' 움직였고 바로 앞에 놓인 먹잇감을 공격하지도 않았다. 또 한편으로는 거북들이 헤엄치는 물이 계속 공중으로 떠올라, '알처럼 둥근 모양'을 만들었다. 이런 상태에서 대체 누가 먹이를 먹을 수 있겠는가?

폰 베크는 얼른 실험 대상을 거북에서 아르헨티나 조종사로 바꾸었다. '인간을 이용한 실험'이라는 이름의 실험에 참가한 조종사들은 무중력 비행 동안 작은 상자 안에 ×자를 표기하기로 했다. 그런데 무중력 비행 동안 그린 ×자의 대부분이 상자 밖으로 벗어났으며, 이는 조종사들이 비행기를 조종할 때는 물론 십자말풀이 같은 작은 일에도 어려움을 겪었을 수도 있었다는 점을 시사한다.

이듬해, 폰 베크는 데이비드 시몬스와 앨버트 프로젝트의 본고장인 홀로먼 공군기지 항공 의학 연구소에 고용되었다. 시몬스는 최첨단 포물선 비행 기술을 이용하여 자신의 무중력 연구를 계속하고 싶었다. 그에게는 포물선 비행을 조종해 줄 조종사가 필요했다. 자원자는 단 한 명이었다. 조 키팅어는 포물선 비행에 '자원'한 덕분에 '출세'하게 되었다.

"자원한 사람만이 진정한 즐거움을 맛볼 수 있지요."

뉴멕시코 역사박물관에 보관된 육성 기록에서 키팅어가 한 말이다.✻

키팅어는 비행기를 45도 각도로 상승시킨 후, 호를 그리며 올라가다가 급강하했다. 그동안 조종석 천장에 줄로 매달아 놓은 골프공을 쳐다보았다.

"그게 우리 실험 방법이었죠."

키팅어는 내게 말했다. 비행기가 무중력상태가 되자 골프공이 둥둥 뜨기 시작했다. 물론 키팅어도 마찬가지지만, 그의 몸은 안전띠로 좌석에 고정되어 있었다. 그러는 사이 조종석 뒤에 걸려 있던, 고양이와 물 그리고 사람이 허공에 붕 떠 있는 살바도르 달리의 초현실적인 사진 같은 장면이 현실화되었다. 폰 베크와 시몬스는 여러 가지 중에서도 특히, 고양이가 무중력상태에서 똑바로 설수 있는지 연구하고 있었다. 키팅어는 이렇게 회고했다.

"그들은 고양이들을 데리고 올라가 그저 둥둥 떠 있게 하곤 했지요. 고양이가 제 쪽으로 오면 나는 녀석을 도로 밀어내곤 했어요. 우리는 원숭이도 두어 번 조종석에서 떠오르게 했어요. 그러고는 도로 밀어내곤 했지요."

✻ 키팅어는 즐거움에 대해 독특한 철학을 갖고 있다. 그는 1960년 매우 높은 고도에서 비상 탈출을 하기 위한 생존 장비를 시험하기 위해 지구 상공 30킬로미터의 공기가 희박한 허공에서 낙하산을 맨 채 뛰어내리는 실험에 자원했다. 자세한 내용은 13장에서 다룬다.

잠깐의 무중력상태가 골칫덩이라기보다 재미있다는 생각이 들자, 항공 의학계 사람들은 장기 임무의 시나리오에 자신들의 신경 에너지를 쏟아붓기 시작했다. 지구 궤도상에 3~4일 머물거나 달로 여행하는 우주비행사가 과연 음식을 먹을 수 있을까? 혹은 그가 음식을 먹기 위해서 중력이 필요할까? 물은 어떻게 마실까? 무중력상태에서 빨대 사용이 가능할까?

1958년 말, 텍사스 랜돌프 공군기지의 미 공군 항공 의학대학교 대위 세 명이 F-94C 전투기와 열다섯 명의 자원자를 확보해 이러한 간단한 의문들에 대한 답을 찾는 프로젝트에 착수했다. 그 보고서는 저널 논문치고는 다소 어려운 말로 되어 있다. 논문 제목은 「저중력 상태에서의 생리학적 반응: 고체와 액체의 영양과 연하작용의 역학」이었다.

대위들은 자신들이 알아낸 내용에 확신이 없었다. 과거에는 생각지 못했던 새로운 위험이 드러났다. 컵 속의 물이 공중에 떠서 '앞을 가리는 아메바 모양 덩어리'가 되었다. 이것은 컵에서부터 떠올라 얼굴을 뒤덮었다. '참가자들이 숨을 쉬려 하면 물 덩어리가 콧속으로 흘러 들어갔다. 그래서 숨 막힘 증상이 흔히 발생했다(사실은 익사하는 느낌에 가까웠다).' 음식을 섭취할 때도 위험했다. 많은 실험 참가자들이 '음식 조각이 입 가운데 떠 있었다고 보고했고, 몇 명은 목구멍을 지나 콧구멍으로 들어갔다'고 보고했다. 씹어 삼킨 음식이 식도에서 역행해 입안으로 도로 넘어오면서 '실험 참가자들은 구토를 일으키는 불쾌감'을 느꼈다.

나는 구토 반응이 비행기의 비상식적인 궤적 때문이거나, 평형 감각을 감지하는 전정기관에 영향을 미쳤기 때문이라고 짐작했지만, 연구자들은 자신들의 황당한 가설에 집착하며 '무중력 비행 역류 현상'이라는 존재하지도 않는 완전히 새로운 현상을 만들어냈다.

5개월 뒤, 세 명의 대위는 소령이 되었다. 그들은 또 다른 F-94C 전투기를 확보해 「저중력 상태에서의 생리학적 반응: 배뇨의 비결 전수」라는 연구를 시작한다. 그 우려는 나름 정당했다. 무중력상태에서 제대로 소변을 배출할 수 있을까? 이미 물이 든 컵으로 무중력 실험을 했던(대단히 지저분한) 경험이 있었기 때문에, 연구자들은 열린 용기에 소변을 보게 하지는 않았다.

그들은 산소마스크에 사용하고 남은 호스와 작은 기상 관측용 열기구를 이용하여 뚜껑이 있는 소변기를 만들었다. 꼭 볼일을 볼 수 있도록 비행 전 두 시간 동안 여덟 잔의 물을 마시라는 공군 특유의 열의가 섞인 명령이 내려졌다. 그 결과 심각한 불편감이 초래되어, 몇몇 사람들은 비행기 이륙 전에 화장실을 다녀와야 할 정도였다. 결국, 모든 게 순조롭게 진행되었고 소변은 정상적으로 나왔다.

키팅어는 이 연구자들을 '바보'라고 한다. 그는 육성 기록에서 이렇게 말한다.

"전문가들이 여기저기 발표한 과학 논문들이 있었어요. 그들은 (무중력상태 때문에) 인간을 우주로 보내지 못할 거라고 주장했지요.

나는 배꼽 빠지게 웃었어요. 너무 웃겼거든요! 정말로 재밌었어요."

사실 이 바보들을 비난할 수는 없다. 그들의 생각은 그 시대에 맞게 해석되어야 한다. 우주와 무중력상태는 그동안 익숙했던 규칙들이 전혀 적용되지 않을 거라고 여겨질 정도로 미지의 영역이었다. 역사를 돌이켜 보면, 새롭고 빠른 수송 수단이 나올 때마다 비슷한 불안이 반복해서 제기되었다.

기술적으로 완벽한 증기 엔진이 개발되어 철도가 발달할 가능성이 생기자, 과학자들은 빠른 속도가 인체에 해로운 영향을 미칠까 봐 두려워했다.

이 인용문은 1943년 출간된 한 항공 의학 교재에서 발췌한 것이다(그 당시 기관차들의 최대 시속은 24킬로미터였다).

1950년대 초, 상업용 비행기가 운행되기 시작하면서, 의사들은 비행이 심장에 해를 끼쳐 혈액 순환에 악영향을 미칠까 봐 걱정했다. 존 마버거John Marbarger 박사가 해롭지 않다는 것을 입증하자, 미국 항공사 유나이티드 항공은 그에게 아놀드 D. 터틀 상Arnold D. Tuttle Award을 수여했다.

항공우주국들은 여전히 포물선 비행을 시행하고 있지만, 최근에 그들이 실험하고 있는 것은 인간이 아니라 장비다. NASA가 펌프나 전열선, 변기 같은 새로운 기기를 개발할 때마다, 누군가는 휴스턴 근처의 엘링턴 필드에서 비행기로 그 기기를 실어 올려야만 한다. 무중력상태에서 어떤 문제가 나타나는지 확인해야 하기 때문이다. 그리고 1년에 두 번, 물건보다 훨씬 많은 문제를 일으키는 대학생과 기자들이 저 위로 끌어올려진다.

CHAPTER 5

우주여행 사전 준비

무중력 생존 실험

만약 엘링턴 필드 공항에서 빌딩 993을 보게 된다면, 안에 뭐가 있는지 궁금해 발걸음을 멈추게 될 것이다. 건물 정면에 붙어 있는 놋쇠 간판에는 '저중력 사무소Reduced Gravity office'라는 글귀가 새겨져 있다. 이는 마치 영국의 코미디 그룹 몬티 파이튼Monty Python의 코미디 작품 '웃기는 걸음걸이 부서Ministry of Silly Walk'를 연상시킨다. 나는 그 건물 안에 무엇이 있는지 알지만, 그래도 잠시 커피포트가 둥둥 떠다니고 비서들이 종이비행기처럼 날아다니는 상상을 해본다. 혹은 무슨 일이든 한없이 가볍게 다루는 곳이거나.

실제로 이곳은 고등학생이나 대학생들이 맥도널 더글러스McDonnell Douglas C-9 군 수송용 제트기를 타고 포물선 비행을 하며 무중력 연구에 참가할 기회를 얻기 위해 경쟁하는 프로그램을 감독하는 곳이다.✖ 그런데 이 '저중력 사무소'는 오히려 중력이 철철 넘치는 NASA가 운영하고 있다.

나는 안전 오리엔테이션에 조금 늦게 도착했다. 나는 무중력과 저중력 상태✖✖에서의 용접을 연구하는 미주리 과학기술 대학교 팀 저널리스트 자격으로 참여했다.

강연자는 우리가 모여 있는 격납고 한복판에 대기 중인 C-9의 날개 부분을 손가락으로 가리키고 있다. 길고 부드러운 갈색 머리의 그녀는 임산부용 블라우스를 입고 있다.

"성인 남자들이 2미터 이상 떨어진 곳에서도 엔진의 공기 흡입구 안으로 빨려 들어가는 사례가 문서로 남아 있어요."✖✖✖

✖   내가 방문하고 몇 달 뒤, 보잉 727(보잉사가 제작한 중거리용 제트여객기-옮긴이)를 사용하는 제로 G 주식회사(1993년에 민간인에게도 무중력상태를 경험하게 하기 위해 설립된 회사-옮긴이)가 포물선 비행을 맡아 운영하게 되었다. 대부분의 사람들은 그 비행기를 멀미 혜성Vomit Comet이라고 부르지만 NASA는 그렇게 불리는 것을 꺼렸다. 그들은 '경이로운 무중력Weightless Wonder'으로 불러달라고 말했다. 뭐라 부르든 구토를 유발하는 건 마찬가지다.

✖✖ 여기서 말하는 '저중력'이란, 중력이 지구의 6분의 1밖에 되지 않는 달이나 지구의 3분의 1 정도인 화성을 염두에 둔 것이다. 먼 훗날 달과 화성에서 용접하는 것이 NASA의 가장 열렬한 꿈이다.

✖✖✖ 나는 몇 주 뒤, 오리건주에서 만난 공군에게 이 이야기를 해주었다. 그는 자기가 알던 사람도 이런 일을 겪었다고 했다. 그가 의자에 앉아 엉거주춤한 자세로 말을 이어갔다. "사진을 보았는데 글쎄 그가 뒤에서 새어 나오고 있더라고요." 구글에 '인간FODHuman FOD(FOD란 '이물질 손상 Foreign Object Damage'의 머리글자인데, 앞에 '인간'이 붙어서 '인간으로 인한 엔진 손상'을 의미-옮긴이)'를 검색해 보면 젊은 공군이 A-6 제트기의 엔진 공기 흡입구 속으로 빨려 들어가, 반대쪽에 불꽃이 터지는 동영상을 찾을 수 있을 것이다. 사고가 난 다음에 찍은 동영상을 보면 그 군인은 머리에 붕대를 감기는 했지만 아주 멀쩡한 모습으로 이야기한다. 한 항공 의무관은 내게 손전등이나 소켓 렌치(육각 볼트나 육각 너트를 풀거나 조일 때 사용하는 공구-옮긴이)를 흡입구에 먼저 던져넣으면 살 수 있다고 말해주었다. 머리가 들어가기 전에 물체가 산산조각이 나서 엔진을 멈추게 할 것이기 때문이다. 안경이 날아가지 않도록 안경걸이를 살 것을 추천하는 사이트도 있다. 그 사이트에는 또 제트기의 흡입구가 '사람 안구를 뽑아낼' 정도로 강력하기는 하지만, 그 일에 대비한 상품을 추천하지는 않는다고 쓰여 있다.

나는 이미 〈참가자 안내서〉를 통해 그 사실을 알고 있었다. 안내서에는 사고 당시 비행기가 일부러 못된 짓을 한 것처럼 '비행기가 빨아들였다'라고 적혀 있다.

강연자 뒤쪽 벽에 걸린 긴 손잡이가 달린 도구는 고래잡이배들이 고래기름 주변에 모인 물새 떼를 쫓을 때 쓰는 도구와 생김새가 비슷하다. '인체 구조 갈고리'라는 명패가 도구의 정체를 알려준다. 이 물건은 감전 사고 구조용으로 쓰인다. 감전 사고를 당하게 되면 손 근육이 수축하면서 문제의 원인이 되는 전기 제품을 더 꽉 쥐게 되는데, 이때를 대비하기 위한 것이다. 감전된 사람의 팔을 풀려고 하다가 되레 구조하려는 사람의 손 근육도 수축되면서, 구조해야 할 사람이 두 사람으로 늘어나는 상황이 발생하기 쉽다. 이 도구는 전도성이 없기에 구조하는 사람이 함께 위험에 처하는 상황을 방지하면서, 동시에 상대방의 생명을 구할 수 있게 해준다. 이 벽에는 건물 내 거품 소화기가 우연히 작동하는 다양한 상황을 나열한 위험 표지 목록이 붙어 있다(나는 그러한 사건이 담긴 비디오를 본 적 있다. 마치 민간전승 속 거인인 폴 버니언Paul Bunyan이 거품 목욕물을 뿜어내는 것 같았다). 그런데 놀랍게도 이 목록에 '용접'도 포함된다.

위험 요소는 끝도 없이 이어진다. 활주로에서는 청력 보호용 귀마개를 껴야 한다. 슬리퍼나 샌들을 신어서는 안 된다. 그리고 무엇보다 중요한 건 장난은 절대 금지라는 것이다.

내가 가진 보도자료에는 포물선을 그리며 올라가는 C-9의 동력을 보여주는 사진이 있다. 마치 어린아이가 날린 종이비행기처럼 우스꽝스러운 각도로 비행하고 있다. 이 사진을 보고 있노라면, 우리가 정말 걱정해야 할 게 소화기나 샌들 같은 사소한 위험인지 아니면 엔진이 떨릴 만큼 가파르게 오르내리는 제트기의 아찔한 비행인지 헷갈린다.

일상적인 안전 강박과 비행 위험에 방임하는 극단적인 대처는, 정부 자금으로 운영되는 우주 개발 현장의 전형적인 모습인 듯하다. NASA 건물에는 어린아이들이나 주목할 법한 아주 기초적인 경고 표지판이 도배되어 있다. 미끄러움, 넘어짐, 추락 주의 표지판들도 곳곳에 있다. 거짓말 하나 안 보태고 곳곳에 뿌려져 있다. 존슨 우주 센터 카페테리아 화장실의 휴지걸이에는 말풍선이 달려 있다.

'숙녀 여러분, 저를 바닥에 떨어뜨리지 마세요. 자칫하면 제가 미끄러지고 걸려 넘어지게 하는 위험물이 될 수도 있으니까요!'

건물 입구에는 젖은 우산을 넣을 비닐봉지를 뽑는 기계도 설치되어 있다. 이는 안전 행동 팀의 작품으로, 바닥을 건조하게 유지하기 위해 마련된 것이다. 마치 NASA에는 미스터 빈^{Mr. Bean}처럼 엉덩방아만 찧는 사람들로 가득 차 있는 것 같다. 90도로 꺾인 복도 끝에는 '사각지대: 조심해서 이동하세요'라는 표지판이 붙어 있다.

어쩌면 일터에서 발생할 수 있는 사소한 위험에 신경을 쓰는 것이 항공우주국이 비행 임무마다 직면하는 폭발, 불시착, 화재, 감압 같은 큰 위협을 예방하는 데 도움을 주는지도 모른다. 하지만 우주도 전쟁처럼 무서운 것이어서 아무리 주의 깊게 대처한다고 해도 만약의 사태가 벌어지게 마련이다. 우리가 날씨나 중력을 통제할 수는 없겠지만, 방문객들이 신는 신발과 방문객의 우산에서 바닥으로 떨어지는 물은 통제할 수 있다.

NASA가 시도한 그간의 포물선 비행 중 단 한 차례의 추락 사고도 발생하지 않았다는 사실은 인정해 줄 만하다. C-9의 전신인 KC-135는 지금도 철제 받침대에 고정되어 외부 잔디밭에 전시되어 있으며 마치 구내식당을 향해 날아가는 듯한 모습니다. 이 비행기는 '작은 사고'✖ 없이 5만 8천 번의 포물선 비행을 수행했다. 물론, 이런 말은 우주비행사들이 스스로를 안심시키기 위해 되뇌이던 위안의 말이다. 1986년, 챌린저호가 14킬로미터 대서양 상공에서 폭발하기 전까지는 말이다.

지금은 오후 6시다. 공대생들은 나를 빼고 햄버거를 먹으러 갔다. 나는 먹을거리를 사와서 NASA TV를 보며 저녁나절을 보내기 위해 자리를 잡았다. 내가 머무는 호텔이 NASA 길 건너편에 있어

✖ 아마 NASA에서 말하는 작은 사고는 '사망 가능성이 있는 부상이나 병'을 수반하는 A급 사고일 것이다. 당신이나 내가 생각하는 작은 사고(예를 들면, 미끄러운 바닥과 관련된)는 사고라고 볼 수도 없으며 심지어 D급 사고에도 끼지 못한다. 그건 그저 실수일 뿐이다. 그럼에도 불구하고 이러한 실수들을 보고하는 'JSC(존슨 우주 센터) 1257 실수 보고서'라는 문서 업무가 존재한다.

서 그런지, TV를 켜자마자 NASA TV가 나온다. 나는 NASA TV를 좋아한다. 가끔 우주정거장 카메라로 촬영된 편집되지 않은 영상을 보여준다. 우주의 적막 속에서 미동도 없던 태양 전지판이 아프리카와 대서양, 아마존 상공으로 빠르게 질주하는 영상이 10여 분이나 계속된다. 이 영상들은 내 마음을 편하게 해준다. NASA 사람들은 그 채널이 따분하다고 생각해서 생생한 사진과 다양한 프로그램들로 번지르르하게 꾸며보려고 노력했지만, 다행히도 많은 부분이 조작되지 않은 그대로 반영된다.

오늘은 우주정거장의 우주비행사들이 일본의 새로운 실험실 모듈인 키보 설치를 마쳤다. 출범식과 기자회견이 끝난 뒤, 그들이 처음 모듈 안으로 들어가는 장면이 나온다. 그 모습은 마치, 갑작스럽게 펼쳐진 광활한 우주에 떠밀려 어쩔 수 없이 투우장에 들어가는 황소들 같다. 그동안 NASA TV를 많이 봤지만 이 정도로 자유분방한 모습을 보긴 처음이다. 보통은 회로기판 위로 몸을 웅크리고 발가락 하나를 발 고정 장치에 건 채, 마치 정박해 있는 배처럼 부드럽게 위아래로 흔들리는 사람이 보이거나, 두 줄로 나란히 선 승무원들이 카메라를 보며 언론의 질문들을 적절히 받아넘기고 있는 모습이 나온다. 만약 마이크 줄이 둥둥 떠 있지 않거나, 금목걸이가 턱 앞에 떠 있는 장면이 없었다면 그들이 무중력상태에 있다는 사실을 깜박했을 것이다. 내가 TV에서 눈을 떼지 못하는 사이 국수가 차갑게 식어버렸다.

캐런 나이버그Karen Nyberg · 루카 파르미타노Luca Parmitano
2013년 7월, 국제우주정거장ISS 장기 임무 중 무중력상태에서 촬영

한 우주비행사는 NASA TV가 특수효과를 위해 스턴트맨을 고용하기라도 한 듯 수평으로 빙글빙글 돌고 있다. 캐런 나이버그Karen Nyberg는 마치 당구공처럼 벽, 천장, 벽, 바닥으로 날고 있다. 신발을 신은 사람은 아무도 없다. 발바닥이 바닥에 닿을 일이 없기 때문이다. 설령 닿더라도 먼지와 오물이 바닥에 쌓이지 않는다. 일본 출신 우주비행사 호시데 아키히코가 모듈 입구에서 몸을 낮게 숙인 채 장애물이 없어지기를 기다린다. 그는 마치 슈퍼맨처럼 두 팔을 앞으로 쭉 뻗고 허공을 가로지른다.

나도 꿈속에서 이와 똑같이 해본 적이 있다. 나는 천장 높이가 15미터 정도 되고 정교한 몰딩 장식을 갖춘 오래된 건물 안에 있었다. 나는 그 몰딩 장식을 딛고 몸을 밀어내며 맞은편 벽으로 미끄러지듯 날아간 뒤, 반대편 벽에 튕겨 다시 한 번 비행을 반복했다. 포물선 비행의 위험이 아무리 크더라도 중력 탈출의 기대감을 꺾지는 못 한다. 나는 포물선 비행 실험을 기다리며, 마치 크리스마스 전날의 여섯 살배기 아이가 된 듯한 기분으로 잠자리에 든다.

아침에 현장에 도착했을 때, 우리 팀의 용접 실험 장치가 이미 C-9에 실려 있었다. 겉모습은 대형 제트여객기처럼 보였지만 C-9의 내부는 텅 비어 있다. 뒤편에 여섯 줄의 좌석이 있을 뿐이다. 용접 장치는 자동화된 팔로 작동하며, 문이 달린 캐비닛 안의 유리 전면 상자에 장착되어 있다. 캐비닛은 마술사가 무대에서 밀고 나오는 것 같은 손수레에 연결되어 있다. 지도교수와 학생 두 명이 바닥에 엎드려 손수레의 다리를 받침대에 고정하느라 땀을 뻘뻘 흘리고 있다. 측정값이 단 몇 밀리미터 차이로 어긋나 있었다.

팀원 중 한 명인 미셸 레이더Michelle Rader가 팀 프로젝트를 설명한다. 지난 10년간 우주비행사들이 우주정거장에서 해왔던 일들 대부분은 무중력 건설 작업이라고 볼 수 있지만, 각 도구는 용접보다는 볼트로 고정한다. NASA는 용접할 때 이리저리 튀는 불똥과 녹슨 금속을 두려워한다. 과열된 금속 방울이 둥둥 떠다니다가 우주비행사의 옷에 닿기라도 하면 구멍이 나서 압력이 샐 수도 있기 때문이다. 용접기에 뚜껑이 달려 있다면 문제는 해결되지만, 무중력상태에서 용접을 해도 강도가 떨어지지 않는다는 확실한 전제가 필요하다. 미주리 과학기술 대학교 학생들이 오늘 하려는 것이 바로 이 실험이다.

갑자기 날카로운 소리에 모두의 시선이 쏠린다. 한 학생이 손수레의 다리를 억지로 끼우려다 그만 부러뜨리고 만 것이다. 저중력 프로그램 매니저인 도미니크 델 로소Dominic Dell Rosso가 빙 둘러앉아 있는 학생들을 뚫어지게 쳐다본다. 머리를 빡빡 민 그가 팔짱을 끼고 있다. 고전 영화 〈왕과 나The King and I〉에서 시암의 왕으로 열연했던 율 브리너Yul Brynner를 기억하는가? 델 로소는 꼭 비행복을 입은 율 브리너 같다. 잔뜩 화가 난 그에게서 찬바람이 쌩쌩 분다.

"대체 무슨 일이죠?"

기어들어 가는 목소리로 말한다.

"저희가 그만…"

다른 사람이 말을 이어받는다.

"용접부 하나가 부러졌어요."

용접 팀이 손수레의 용접은 자기들이 한 게 아니라고 해명한다. 누군가가 핸드폰으로 용접공에게 전화를 건다. 그러나 단지 분풀이만 할 수 있을 뿐, 지금 당장 용접공이 해줄 수 있는 건 없다. 델 로소는 누구의 잘못인지는 개의치 않는다. 그가 손가락으로 비상구를 가리킨다.

"그걸 당장 가지고 나가게."

이틀 동안 NASA의 안전 오리엔테이션을 견뎌낸 내 노력이 헛수고가 되는 걸까? 팀을 바꾸기에는 너무 늦었나? 지금부터 '단백질 소세포체를 이용한 분석 물질 검출 팀Team Analyte Detection Via Protein Nanospores'과 친해지기 위해 노력해야 하는 걸까? 나는 격납고 뒤에서 미주리 과학기술 대학교의 또 다른 학생과 이야기를 나누었다. 그는 폭발물학을 부전공하고 있으며, 다소 냉소적인 성격으로 사람을 경계하는 것 같았다. 나는 팀원들이 손수레 다리를 고치지 못해도 비행을 할 것인지 물었다.

그는 모른다고 말한다. 그는 지상 대원이라 원래 비행기에 탑승하지 않는다. 그가 내게 억지웃음을 지어 보인다.

"괜찮아요."

그러고는 누군가에게 들었던 말이 떠올랐는지 이내 말을 잇는다.

"여기 온 것만도 영광이지요."

정오에 용접 장치가 다시 비행기에 실린다. 이번에는 장치를 비행기 바닥에 직접 붙인다. 우주 용접 팀은 발사 기회를 얻으려고 안간힘이다.

우리는 몸 안에 있는 장기의 무게에 대해서는 전혀 생각하지 않는다. 심장은 대동맥 끝에 매달린 200그램짜리 추와 같다. 양팔은 물지게에 매달린 물동이처럼 어깨에 매달려 있다. 자궁은 대장이 이용하는 편안하고 푹신한 의자다. 심지어 두피는 머리카락의 무게를 느끼고 있다. 하지만 무중력에서는 이 모든 것이 사라진다. 내장이 몸 안에 둥둥 뜬다.✳ 그 결과, 그동안 인식하지 못했던 것들로부터 해방감을 느끼며 뭐라 설명할 수 없는 미묘한 육체 도취증에 빠진다.

NASA 미세중력 대학교Microgravity University 웹사이트에 들어가 보면 한 장의 사진을 볼 수 있다. 프로젝트에 열중하고 있는 학생

✳ 내장이 흉곽 윗부분으로 이동해 어떤 다이어트로도 만들 수 없는 잘록한 허리선을 만들어준다. NASA의 한 연구자는 이를 '우주 미용 요법Space Beauty Treatment'이라고 불렀다. 무중력상태에서는 머리카락이 풍성해진다. 가슴도 처지지 않는다. 중력 상태에 있을 때보다 더 많은 체액이 머리로 이동하여 눈가의 잔주름도 펴진다. 혈액을 감지하는 감각기관은 상체에만 집중되어 있으므로, 인간의 몸은 체액이 너무 많다고 판단해 수분의 10~15퍼센트를 배출한다. 그러나 이러한 현상을 얼굴은 퉁퉁 붓고 다리는 새처럼 가늘어지게 한다고 하여 '부은 얼굴, 닭 다리 증세 Puffly-Face Chickent Leg Syndrome'라 부르기도 한다는 말도 들었다.

들을 배경으로, 이를 드러내고 웃고 있는 바보 두 명 말이다. 서로 마주 본 채, 공중에 둥둥 떠 있는 이 둘이 바로 나와 조이스다.

조이스는 워싱턴 NASA 본부 교육부 출신이다. 그녀는 학생 비행 프로그램 운영을 돕고 있지만 직접 비행한 적은 한 번도 없었다. 사실 나는 우리 팀원들과 함께 바닥에 붙어 노트에 진행 상황을 적어야 하지만 그럴 수가 없다. 노트는 활짝 펼쳐진 채로 눈앞에 둥둥 떠다니고 있고, 나는 그것을 조금 더 오랫동안 쳐다보고 있어야 하기 때문이다. 노트는 마치 파티가 끝난 뒤에도 며칠 동안 남아 있는 풍선들처럼 올라가지도 내려가지도 않은 채 떠다닌다 (나는 방으로 돌아와서 노트를 훑어보고 나서야 요점은 하나도 쓰지 않았다는 사실을 알게 된다. 메모했다기보다는 우주비행사들이 사용할 특수 볼펜을 시험하고 온 것만 같았다. 내 노트에는 이렇게 적혀있다. '와우' '야호! 만세').

지난밤 NASA TV에서는 한 우주비행사가 어린 학생의 질문에 "무중력상태에 있다는 것은 물에 둥둥 떠 있는 것과 같다"라고 대답했다. 정확히 말하면 그렇지는 않다. 물에서는 몸을 띄워주는 부력을 느낀다. 몸을 움직이면 물이 몸을 뒤로 밀쳐내는 힘이 느껴진다. 몸이 뜨기는 하지만 무게는 없어지지 않고 그대로다. 하지만 여기 C-9에서는 22초 동안 아무런 노력도, 도움도, 저항도 없이 공중에 둥둥 떠 있게 된다. 중력으로부터 패스권을 받은 것 같다.

우리를 아래로 누르고 있는 것은 델 로소뿐이다. 그는 한 손으로 끈을 잡으라고 말했다. 그렇게 하면 몸이 둥둥 뜰 때마다 줄이

당겨지고, 한계에 다다르면 몸이 왼쪽으로 빙그르르 돌게 된다. 까딱하면 캔자스 대학교 팀의 전자기 도킹 장비 위의 공간으로 몸이 들어갈 수도 있다. 나는 멀어지기 위해 한쪽 다리를 쭉 뻗어 도킹 장비를 밀어낸다.

"실험 장비를 발로 차지 말아요!"

델 로소가 버럭 고함을 지른다. 나는 이렇게 말하고 싶다.

'그까짓 멍청한 전자기 도킹 장비 같은 건 꼴도 보기 싫으니 당장 가져가세요!'

떠 있는 게 좀 익숙해졌다. 이제 리 모린에게 질문할 정신도 생겼다. 임무 전문가인 모린은 일주일쯤 지나야 떠 있는 게 편안하게 느껴진다고 이야기해 주었다.

"그 뒤에는 그게 자연스럽다는 느낌이 들어요. 마치 천사처럼 떠 있는 게 말이에요. 엄마 뱃속으로 돌아간 것 같은 느낌인지 아닌지 잘은 모르지만, 아무튼 자연스럽게 느껴지죠. 신발을 신고 걷는다고 생각하면 아주 이상해요."

"발을 내려!"

파란 비행복을 입은 사람이 소리친다. 중력이 다시 돌아올 테니 다리를 바닥으로 향하게 하라는 신호다. 걱정과는 달리 몸이 천장에서 뚝 떨어지지는 않을 정도로 중력은 부드럽게 돌아오지만, 그럼에도 물구나무 자세로 내려오고 싶지는 않다. 중력이 두 배로 작용하는 동안 드러눕는 사람도 있다. 그렇게 하면 속이 메슥거릴

138

가능성이 적다는 말을 들었기 때문이다.

다시 중력이 사라지고 우리는 마치 무덤을 빠져나오는 귀신처럼 바닥에서 위로 올라간다. 마치 이곳에서는 30초마다 한 번씩 휴거*가 일어나는 것 같다. 무중력상태는 마치 헤로인 같다. 아니, 헤로인이 이런 식으로 작용하지 않을까 싶다. 일단 한번 접하고 나면, 약효가 떨어지는 순간부터 머릿속에는 또다시 해보고 싶은 생각으로 가득하다. 그러나 이 스릴감도 결국은 시들해진다. 우주비행사 마이클 콜린스는 청소년 책에다 이렇게 썼다.

> 처음에는 그저 둥둥 떠다니기만 해도 굉장히 재미있지만, 그 뒤 한동안은 그게 귀찮아진다. 그저 한 장소에 가만히 머물고 싶어진다.

우주비행사 앤디 토마스는 무슨 물건이든 아래에 절대 내려놓을 수 없다는 건 정말로 화나는 일이라고 말해주었다.

"두 손이 계속 몸 앞에 떠 있으니, 손을 넣을 주머니가 있으면 좋겠다는 생각이 들더라고요. 모든 물건에 벨크로가 붙어 있어야 해요. 안 그러면 물건들을 영원히 잃어버리게 될 거예요. 한번은 미르에 손톱을 다듬는 줄을 가져갔는데 굉장히 신중하게 사용해야 했어요. 임무가 끝나기 한 달 전쯤 그게 손에서 튕겨 나갔어요. 그

✕   휴거(攜擧): 그리스도가 세상을 심판하기 위하여 재림할 때 구원받을 사람들을 공중으로 끌어
     올려 천국으로 데리고 간다는 이야기-옮긴이

걸 잡으려고 고개를 돌렸지만 금세 어디론가 사라졌어요. 그건 미르와 함께 내려왔지요. 날카로운 것들을 보관하는 상자를 통째로 잃어버린 적도 있어요. 큰 물건이었는데 오간 데 없이 사라져버린 거예요. 그 뒤로 다시는 볼 수가 없었어요."

오늘도 성가신 일은 발생하고 있다. 한 팀의 컴퓨터가 계속 꺼지는 것이다. 이것은 갑작스러운 가속이나 충격이 탐지되면 자동으로 꺼져서 데이터를 보호하는 특수 노트북이다. 지상에서 가속이 발생한다는 것은 곧 떨어진다는 의미겠지만, 이곳에서는 조종사가 강하 상태에서 수평비행으로 옮기고 있다는 뜻이다.

무중력상태에서는 제대로 작동하는 게 하나도 없다.

"심지어 퓨즈처럼 간단한 것도 말이에요."

우주비행사 크리스 헤드필드는 내가 퓨즈에 대해 잘 알고 있다고 생각하는 모양이다. 하지만 나도 이제는 퓨즈에 대해 안다. 퓨즈는 전류가 갑자기 과도하게 흐르면 녹아버리는 금속 조각이다. 금속 조각이 녹아 아래로 똑똑 떨어져 흘러 전기가 끊기는 것이다. 무중력상태에서는 녹은 금속 방울이 떨어지지 않으므로, 장비가 튀겨질 때까지 전기가 계속해서 흐른다. NASA 사용 제품의 가격이 터무니없이 비싼 까닭도 무중력 때문인 경우가 많다. 비행 임무 때 올라가는 모든 장비(펌프, 팬, 계기판, 소규모 장치 등)들은 C-9 실험을 거치면서 무중력상태에서 제대로 작동하는지 확인받는다.

무중력상태에서 장비의 과열은 흔한 일이다. 공기가 대류하지 않기 때문에 열을 발생시키는 것은 뭐든지 과열되기 쉽다. 평상시 뜨거운 공기는 밀도가 작고 가벼워서 위로 올라간다. 그리고 높은 온도에서는 분자들이 더 활기차게 움직이기 때문에 차가운 온도일 때보다 더 멀리 퍼진다. 뜨거운 공기가 위로 올라가면 차가운 공기가 흘러들어와 진공을 채운다. 하지만 무중력상태에서는 덜 가벼운 것이 없다. 모두 무게가 없기 때문이다. 결국 가열된 공기는 제자리에서 점점 더 뜨거워지다가 장비에 손상을 입힌다.

사람도 마찬가지로 과열되기 쉽다. 환풍기가 없다면 우주비행사가 활동할 때 발생하는 열은 열대의 후덥지근한 공기처럼 몸 주변을 맴돈다. 내쉬는 숨도 마찬가지다. 환기가 잘 안 되는 곳에 침낭을 걸어두는 승무원들은 이산화탄소로 인한 두통에 시달리기도 한다.

우주 용접 팀의 경우, 가장 먼저 고장이 난 건 장비가 아니라 사람이라는 기계였다. 그리고 이건 환풍기를 단다고 해서 해결할 수 있는 문제가 아니다.

CHAPTER 6

우주비행사의 숨겨진 고통

우주 멀미

C-9의 천장에는 푸드 코트에서 몇 번 음식이 나오는지 알려주는 것처럼 생긴 붉은 숫자판이 있다. 이것은 이번 비행에서 그린 포물선의 수를 알려준다. 지금은 27을 표시하고 있다. 세 번만 더하면 끝이다. 우리는 '선실에서 슈퍼맨처럼 돌아다니지 마라'라는 주의를 받았지만, 나는 그 규칙을 깨고 싶었다. 스물여덟 번째 포물선에서 중력이 점차 약해지자, 나는 창문 옆에서 두 다리를 굽혀 웅크리듯 끌어안았다가 부드럽게 몸을 뻗으며 비행기 선실 맞은편으로 쭉 뛰어들었다. 이는 수영장에서 벽을 차면서 몸을 앞으로 밀어내는 것과 비슷하지만 이 수영장은 텅 비어 있고, 우리가 뚫고 나가는 것은 공기다. 내 평생 그렇게 신나는 순간은 처음이다. 그러나 팻 저켈Pat Zerkel은 그렇지 않은 모양이다.

미주리 공대의 우주 용접공 하나가 좌석 맨 앞줄에 몸을 단단히 묶고 있다. 무중력상태인데도 그는 짐을 잔뜩 지고 있는 사람처럼 오만상을 하고 있다. 하얀 봉지 하나가 그의 얼굴 근처에서 맴돈다. 봉지가 마치 길거리에서 팁을 받으려는 모자처럼 열린 채로 두 손에 잡힌다.

"우우우우우웩, 아아악, 켁켁켁."

팻은 네 번째 포물선 이후 쭉 멀미를 했다. 일곱 번째 포물선 때는 그를 안정시키기 위해(그리고 그가 힘없이 축 늘어져서 사방을 떠다니며 토하는 것을 방지하기 위해) 의무관이 오기도 했다. 열두 번째 포물선 때는 파란 비행복을 입은 사람들이 팻에게 주사를 한 방 놓아주고, 그가 비행기 뒤편에서 쉴 수 있도록 데리고 갔다. 그는 남은 비행 내내 그곳에 머물고 있다.

멀미의 가장 나쁜 점은 언제나 당신이 기분 좋을 때 무자비하게 찾아온다는 것이다. 샌프란시스코만에서 노을을 맞아 항해할 때나, 어린아이가 처음으로 롤러코스터를 탈 때, 신출내기 우주비행사가 처음으로 우주여행을 할 때처럼 말이다.✖ '야호' 외치며 기

✖ 톰 크루즈Tom Cruise가 운전하는 2인승 복엽비행기(동체의 아래위로 두 개의 날개가 있는 비행기)를 탄 어느 저널리스트의 이야기다. "톰 크루즈는 곡예비행을 했다. 특히 맨 마지막에 있었던 '해머헤드hammerhead(360도 회전과 역회전을 반복하는 고난이도의 곡예비행-옮긴이)'로 인해 나는 완전히 녹초가 되었다. 비행기는 개방형이어서, 앞좌석에 앉은 내 옆에서 바람에 펄럭이고 있는 '멀미 주머니'에서 빠져나간 것들이 홈 하나 없이 말끔하고 검게 그을린 크루즈의 얼굴에 붙게 마련이었다. 깔끔하기로 소문난 크루즈에게 갑작스런 재난이 닥쳤다. 나는 어떻게든 타코를 삼켜보려고 노력했지만 잘 되지 않았다."

뽐을 만끽하려는 순간, 갑자기 고통스러운 구역질이 올라온다.

'우-우-우-우-웩, 아아악, 켁켁켁.'

우주에서 멀미는 불쾌한 골칫거리 그 이상이다. 멀미 때문에 더 이상 비행을 할 수 없게 된 승무원이 생기면, 이는 곧 세상에서 가장 비싼 병가를 의미한다. 소유즈 10호라는 이름으로 시행된 소련의 비행 임무는 멀미 때문에 실패하고 말았다. 지금쯤은 멀미를 극복할 만큼 과학이 발달했을 거라고 생각할지도 모르지만, 사실은 그렇지 않다. 노력이 부족해서가 아니라 그만큼 어려운 문제이기 때문이다.

멀미를 예방하는 가장 좋은 방법을 알아내기 위해서는, 먼저 멀미를 유발하는 가장 좋은 방법을 알아내야만 한다. 항공우주학계는 멀미를 유발하는 방법을 알아내는 데 탁월했다. 특히 플로리다 펜서콜라에 위치한 미 해군 항공우주의학 연구소가 독보적이었다(그 연구소는 지남력장애✘ 장치를 처음 만든 곳이기도 하다).

1962년, NASA의 지원을 받아 시작한 한 연구에서, 사관생도 스무 명이 평평한 장대 위에 묶이는 데 동의했다. 이 생도들은 마치 꼬챙이에 꿰인 통닭처럼 1분에 최대 30회 회전했다. 참고로 전기구이 통닭은 보통 1분에 5회 정도 회전한다. 실험을 끝까지 마친

✘   지남력장애(disorientation): 시간, 장소, 환경 등을 정확하게 파악하는 능력이 없는 것-옮긴이

생도는 고작 여덟 명에 불과했다.

요즘엔 멀미를 일으키는 장비로 회전의자*를 사용한다. 실험 참가자는 마치 받아쓰기를 하는 사람처럼 의자에 똑바로 앉는다. 작은 모터가 의자 밑 부분을 회전시킨다. 이는 실험 참가자가 스스로 빙빙 돌고 있는 것처럼 느끼게 해서, 크리스마스 파티 같은 즐거운 분위기를 만든다. 그리고 연구자의 지시에 따라 실험 참가자들은 의자가 돌아가는 동안 눈을 감고 머리를 좌우로 기울인다. 나는 NASA 에임스 센터에 위치한 우주 멀미 연구자 팻 코윙스Pat Cowings의 실험실 안에 있는 회전의자에 앉아 잠깐 체험해 본 적이 있다. 처음 머리가 기울어지는 순간, 안에서 무언가가 갑작스럽게 요동쳤다.

"나는 돌조차 울렁이게 할 수 있어요."

코윙스가 말했다. 나는 그 말을 믿는다.

항공의학계는 멀미를 연구해서 무엇을 배웠을까? 우선, 우리는 이제 멀미가 생기는 이유를 알게 되었다. 바로, 눈과 전정기관이 상황을 제대로 인식하지 못하여 감각이 충돌하기 때문이다. 예를 들어 어떤 사람이 상하로 요동치는 배의 선실 안에 있다면, 몸

* 하지만 이 장비를 처음으로 발명한 것은 항공 의학계가 아니다. 19세기 정신병원들은 광포한 환자들을 종종 의자에 앉혀 빙글빙글 돌리라는 처방을 내렸다. 1834년, 한 내과의사는 새로운 정신병 치료법에 관한 한 보고서에 이렇게 썼다. '다소 비이성적이고 악의에 찬 행동을 저지르는 환자는 즉시 회전의자에 앉힌다. (…) 조용해지고 사죄하고 개선을 약속할 때까지, 혹은 구토를 할 때까지 계속해서 빙글빙글 돌린다.' 이것은 실성한 사람들에게는 견디기 어려운 시간이었다. 또 얼음장처럼 차가운 물속에 갑자기 집어넣는 것도 좋은 치료법 가운데 하나였다.

은 선실과 함께 움직이기 때문에 그의 눈은 몸이 선실에 가만히 앉아 있다고 뇌에 보고한다. 그러나 내이(內耳)는 상반되는 보고를 한다. 배가 몸을 상하좌우로 흔들면, 이석(耳石)들이 이러한 움직임을 기록한다. 이석이란, 내이의 연결통로를 따라 전정기관의 세포 위에 늘어서 있는 아주 작은 석회질 결석이다. 만약 배가 아래쪽으로 기울어지면 이석들이 올라간다. 반대로 배가 물마루를 탈 때는 이석들이 내려간다. 이런 상황이 발생하는 이유는 몸은 선실과 함께 움직이고 있지만, 눈은 그 변화를 알아차리지 못하기 때문이다. 뇌는 결국 혼란에 빠지고, 아직 밝혀지지 않은 이유들 때문에 메스꺼움을 느끼게 된다. 머지않아 몸도 요동치게 된다(갑판에 있을 때 멀미를 덜하는 까닭은 눈이 배의 운동을 인식할 수 있기 때문이다).

무중력상태에서는 굉장히 당혹스러운 감각 충돌이 일어난다. 지상에서는 서 있으면, 중력에 의해 이석들이 내이 바닥을 따라 아래쪽 털세포 위에 놓이게 된다. 또 옆으로 누워 있을 때는 이석들이 털세포 위에 옆으로 놓이게 된다. 그러나 무중력상태에서는 이석들이 그저 허공에 떠 있게 된다. 이런 상황에서 갑자기 머리를 돌리면, 이석들은 이리저리 튀면서 아무렇게나 날아다닌다.

"따라서 내이는 당신이 누웠다 일어났다를 반복하고 있다고 보고하게 되죠."

코윙스는 이렇게 설명한다. 뇌가 상황을 제대로 인식해서 그 신호들을 재해석할 수 있을 때까지는, 그런 모순 때문에 멀미가 일어날 수 있다고 한다.

멀미가 이석 때문에 발생하는 것이라면, 멀미 전문가들의 말처럼 머리를 갑자기 흔들어대는 것이 얼마나 도발적인 행동인지 알수 있다.

〈항공우주의학〉 학술지를 살펴보면, 험상궂어 보이는 제2차 세계대전 병사들이 병력 수송기 벽 위에 있는 푹신한 수직 판들 사이로 머리를 집어넣고 있는 모습을 볼 수 있다. 이건 분명 머리를 고정해 대규모 구토 사태를 막기 위한 누군가의 시도였을 것이다(게다가 좁은 곳에서 풍기는 타인의 배설물 냄새 역시 대단히 '도발적'이다. 코윙스는 '영감을 주는' 냄새라고 부르기도 한다). 비행기 멀미와 뱃멀미 문제는 전쟁이 한창이던 1944년, 미국 정부가 미국 멀미 소위원회United States Subcommittee on Motion Sickness를 소집했을 정도로 심각했다(미국 정부는 미국 가금家禽류 영양 소위원회와 미국 침전 소위원회도 소집했지만 말이다).

미국 국립 우주생화학 연구소에 상주하는 멀미 전문가 찰스 오먼은 우주비행사들이 착용하는 모자 뒤에 가속도계를 달아서 무리하게 머리를 돌리는 것이 얼마나 위험한지 확인했다. 습관적으로 머리를 많이 흔드는 사람들이 임무를 수행하는 동안 멀미로 고생할 가능성이 훨씬 높았다. 울퉁불퉁한 도로를 달리는 차 안에서도 우주에서와 같은 현상이 일어난다. 뒤차의 운전자가 아무리 웃긴 원시인처럼 생겼다고 해도, 그 사람을 보기 위해 고개를 휙휙 돌리지 마라. 1960년대에 멀미에 대해서 많은 연구를 했던 애슈턴 그레이빌Ashton Graybiel의 말에 따르면, 민감한 사람들은 머리를 한 번만 움직여도 땀 분비량이 눈에 띄게 증가하는 현상이 나타났다. 이는 멀미가 곧 시작된다는 신호다.✖

"우리는 사실 삑 하고 발신음이 울리는 비니를 만들자는 제안을 했어요. 만약 우주비행사들이 머리를 너무 빨리 움직이거나 많이 움직이게 되면, 경고음이 울리는 거죠."

오먼이 한 말이다. 오먼은 발신음 비니에 대한 우주비행사들의 반응을 기록하지는 않지만, 그들의 반응은 상당히 '격정적'이었을 것으로 짐작된다. 왜냐하면 우주비행용 비니를 쓴 사람이 아무도 없었기 때문이다. 오먼은 비행 임무를 수행하는 우주비행사들이 쓸데없이 머리를 움직이는 것을 방지하기 위해 푹신한 목 보호대를 만들어 실험해 보았는데, 그들은 비행이 시작되자마자 즉시 떼어버렸다.

"그건 그들에게 '성가신 물건'으로 여겨졌죠."

오먼이 참담한 표정으로 말했다.

우주비행사들은 모든 감각 충돌의 원천인 '방향 감각을 잃게 하는 착시'를 극복해야만 한다. 이것은 상하가 갑자기 뒤바뀌는 현

✖ 소화기계통의 활동도 그동안 멀미의 전조에 대한 경고음으로 조사되어 왔다. 우주왕복선에 탑승했던 한 우주비행사는 임무를 수행하는 동안 복부에 '장음 모니터'를 착용했다. 그를 불쌍히 여길 필요는 없다. 가엾게 여겨야 할 사람은 오히려 기밀 정보를 포함해서 어떠한 소리도 잘못 기록되지 않도록 2주 내내 장음을 귀 기울여 듣는 임무를 맡았던 공군의 안전 요원이다.

상이다.

"어떤 일에 열중하면서 (…) 아무 생각 없이 '아래'라 여기고 있었어요. 그러다 고개를 돌려보니 방 전체가 생각했던 것과 전혀 다르게 뒤죽박죽되어 있다는 걸 알게 됐어요."

오먼의 한 논문에 등장한 스페이스랩의 우주비행사는 이렇게 말했다(어쩌면 팻 저켈도 바로 이런 문제를 겪었을지도 모른다. 왜냐하면 '상하 감각을 잃어버린 것 같은 느낌'이 들었다고 내게 말한 적이 있기 때문이다). 이런 일은 바닥과 천장, 벽을 구분할 시각적 단서가 명확하지 않은 공간에서 쉽게 일어난다. 스페이스랩의 터널은 그러한 장소로 악명이 높다. 한 우주비행사는 그 터널을 지나가기만 해도 멀미가 심하게 난다는 것을 깨닫고, 때로는 '다 토해내는 게 차라리 더 편할 것 같은 경우' 일부러 그곳을 찾아가기도 했다고 고백했다. 심한 경우에는 동료 우주비행사가 다른 방향으로 있는 것을 보기만 해도 멀미가 날 수 있다.

"스페이스랩의 승무원 몇 명은 가까이 있는 다른 동료가 거꾸로 떠다니는 것을 보는 순간 갑자기 멀미가 났다고 이야기했어요(기분이 나빠서 그런 건 아니다. 정말 시각적 자극 때문이다)."✖

✖ 거꾸로 뒤집혀 돌아다니는 것은 또 다른 이유로도 동료 승무원들에 대한 배려심이 없는 행동이다. 거꾸로 뒤집힌 상태에서 이야기하는 사람의 말은 이해하기 어렵다. 우리는 대화를 하면서 상대의 입 모양을 보고 이해하는 독화에 생각보다 많이 의존하고 있다. 우주비행사 리 모린은 45도 이상 기울어져 있는 사람의 입 모양을 읽기가 매우 어렵다고 말했다. 게다가 "턱이 주의를 산만하게 한다"라고 덧붙였다. 거꾸로 뒤집혀 있을 때는 턱이 코처럼 보인다. 그리고 매우 거슬린다.

오먼과 같은 전문가는 멀미약이 과연 좋은 대응책인지 아닌지에 관해 상당히 고민한다. 바다에서도 마찬가지겠지만, 우주에서의 멀미 회복이란 환경 적응의 과정이라 할 수 있다(만약 그저 몸을 웅크리고만 있다면, 전정기관은 새로운 환경에 적응하는 것을 피할 것이다). 반면, 우주비행사들이 일을 과도하게 하면 아플 수도 있다. 이때 약을 복용하면, 침대에 머무는 시간은 줄이고 다시 업무에 복귀할 수 있을 것이다. 하지만 이것은 우주비행사의 면역 체계를 속이는 꼴이며, 다시 무리해서 일하게 하는 원인이 된다. 멀미약은 병을 막아주는 게 아니라, 병에 걸리는 한계점을 높여줄 뿐이다.

예를들어, 짧은 여행이나 해협을 횡단하거나, C-9를 타고 일시적인 무중력을 경험하는 사람에게는 멀미약이 상당한 도움이 된다. NASA는 우리에게 스콥덱스✖를 주었다. 그런데 그 약을 먹어도 비행사들이 병자들이라고 칭하는 '멀미 환자'가 비행 때마다 한두 명은 꼭 나타난다. 팻은 심지어 포물선 비행을 시작하기 전부터 불편해 보였다. 그는 과거에 비행기 멀미를 심하게 겪은 뒤로는 비행기를 보기만 해도 멀미가 난다고 했다. '그저 배를 보기만 해도 멀미가 난다'는 사람들의 말이 항상 과장된 것은 아니다(이런 경우에는 '긴장 완화와 반대 조건 부여 기법Relaxation and counterconditioning techniques'이

✖   스콥-덱스(Scop-Dex): 스코폴라민scopolamine은 가짓과 식물에 들어 있는 알칼로이드 계통의 약물로 동공 확대, 신경마비, 분비 억제와 같은 진정 작용을 한다. 멀미약으로 쓰이기도 한다. 덱스트로암페타민dextroamphetamine은 중추 신경계 자극제로 각성제 및 식욕 억제제로 쓰인다.

도움이 될 수 있다). 또한 토사물의 냄새만 맡아도 증상이 나타나는 사람들도 있다. 오먼은 "멀미가 전염되는 것처럼 보이는 것이 바로 이 때문이죠"라고 말한다.

펜서콜라에서의 연구로 입증된 한 가지 사실은, 다른 무언가에 정신을 집중하는 것이 멀미에 도움이 된다는 점이다. 인간 지남력 장애 장치에서 전기구이 통닭 신세가 되어 회전을 끝까지 버틴 여덟 명의 생도는 끊임없이 암산하거나 제한 시간 내에 버튼을 눌러야 하는 과제를 받은 사람들이었다. 정신적인 작업은 문자로 된 작업과는 전혀 다르다. 왜냐하면 멀미를 떨쳐내려고 안간힘을 쓰고 있을 때 가장 하고 싶지 않은 일이 바로 독서이기 때문이다. 특히 '구토와 위장관의 내용물 분석' 같은 논문을 읽는 것은 피해야 한다.

러스티 슈바이카르트Rusty Schweickart의 대응은 모든 면에서 잘못됐다. 슈바이카르트는 아폴로 9호에 탑승했던 우주비행사로서, 아폴로 11호의 승무원들이 달에서 역사적인 걸음을 내디딜 때 등에 짊어질 생명유지시스템※을 시험하는 임무를 맡았다. 슈바이카르트는 짐을 메고 감압된 달 착륙선 안으로 들어가게 되어 있었다. 포물선 비행 훈련 동안 계속해서 멀미를 했기 때문에 그는 우주유영을 앞둔 사흘 동안 매우 조심했다.

※ 　생명유지시스템(life-surpport backpack): 우주비행사가 등에 메는 부피가 큰 하얀색 배낭-편집자

"나의 비법은 가능한 한 머리를 움직이지 않는 것이었어요."

그는 NASA에 보관된 육성 기록에서 이렇게 말했다. 여기서 첫 번째 문제가 발생한다. 환경 적응을 미루었던 것이다. 세 번째 날, 슈바이카르트는 선외활동 우주복을 입어야 했다. 우주복을 입을 때 머리를 숙이고 몸을 굽히는 일을 몇 차례나 반복해야 한다. 슈바이카르트의 말에 따르면 '곡예사나 할 법한 굉장히 힘든 일'이다. 두 번째 문제는 머리 운동이었다.

"갑자기 구토가 시작됐어요. (…) 제 말은, 토하는 게 썩 기분 좋은 것은 아니지만. (…) 토하고 나면 기분이 한결 나아져요."

기분이 좀 나아진 그는 준비를 계속하면서 달 착륙선 쪽으로 걸어갔다. 세 번째 문제는 '방향 감각을 잃게 하는 착시'였다.

"위로 올라가는 게 익숙해질 만하면 다시 내려와야 하죠."

그가 거기에 도착했을 때, 자신의 임무를 수행하기 위해서 동료 승무원들을 기다려야만 했다.

"기본적으로 제가 할 수 있는 일은 아무것도 없었어요."

네 번째 문제가 생겼다.

"갑자기 멍해져서 중요한 일이 뭔지 판단할 수 없게 되었어요. 그 뒤에는 (…) 그저 막연한 불안감만이 찾아왔죠. 나는 갑작스럽게 다시 구토를 해야만 했어요."

우주 멀미의 가장 무서운 점은 구토를 하고 싶은 충동이 정말 예고 없이 밀려온다는 것이다. 오먼이 스페이스랩에서 인터뷰했던 사람들 가운데 하나는 동료와 함께 앉아 있던 일을 기억해낸다.

"그 친구는 사과를 한참 먹다가 갑자기 '우웩!' 하더니 먹던 사과를 공중으로 휙 던져버리고는 구토를 했어요."

발사대에서 일하는 사람들은 발사 전에 신출내기의 호주머니 속에 토사물을 담을 여분의 비닐봉지를 넣어준다. 그럼에도 토사물이 여기저기 흩어져 있는 건 흔한 일이다.✗ 자기 것을 스스로 청소하는 것이 NASA의 에티켓이다. 오먼이 인터뷰했던 사람 중 한 명은 이렇게 말했다.

"당신을 위해 그 일을 대신해 줄 사람은 아무도 없을 거예요. 자기의 토사물을 남이 치워주길 바라는 사람도 없을 거고요."

하지만 슈바이카르트의 동료 우주비행사들이 동정심이 없다고 비난할 수는 없다. 이 기회에 아폴로 9호 임무 필기록 1,200쪽 가운데 가장 감동적인 순간을 소개한다. 아폴로 사령관 데이비드 스콧David Scott과 슈바이카르트의 대화다.

> 스콧: 우주선 전력을 끄는 작업과 나머지 일들은 모두 우리한테 맡기고,
> 자네는 얼른 가서 우주복을 벗고, 몸을 닦은 다음, 뭐 좀 먹고, 잠자리에

✗ 포물선 비행을 할 때는 토사물을 피할 수 있도록 방향을 조종하는 것이 매우 중요하다. NASA의 우주 선외활동 관리소를 운영했던 조 맥만Joe MacMann은 아주 갑작스럽게 토하는 사람과 함께 비행한 적이 있다고 말했다. "나는 약 3초쯤 뒤에 그 토사물이 중력가속도의 두 배로 나한테 흘러내릴 거라는 것을 깨달았어요. 나는 토사물을 피하기 위해 비행기를 온갖 방법으로 조종했지요." 내가 만난 NASA 직원은 중력이 두 배가 되면 구토하기가 더 어려워진다고 진술한다.

드는 게 어떻겠나?

슈바이카르트: 알겠습니다. 몸을 닦다니 아주 기분 좋게 들리네요.

스콧: 저기서 수건 하나를 가져가서 씻도록 하게. (…) 그런 거 전부. 그러면 기분이 한결 나아질 거야.

슈바이카르트: 알겠습니다. 무전기 좀 맡아주시겠어요?

스콧: 좋아, 그건 내가 맡겠네.

우리가 곧 탐구하게 될 이유들 때문에, NASA는 사람들이 우주 유영을 하는 동안 헬멧 안에 구토하지 않게 하려고 온갖 노력을 기울인다. 슈바이카르트와 스콧은 이번 우주유영을 포기하고, NASA에는 그냥 했다고 보고해야 할지 진지한 대화를 나누었다.

아폴로 9호의 임무는 달에 인간을 누가 먼저 보내느냐는 경쟁에 있어 매우 중요한 단계였다. 1969년 7월, 닐 암스트롱과 버즈 올드린Buzz Aldrin이 착용할 선외활동 생명유지시스템을 시험해야만 했다. 이와 함께 우주 랑데부,✗ 도킹 장비, 절차들도 시험해야 했다. 슈바이카르트는 육성 기록에서 이렇게 말한다.

지금이 벌써 1969년 3월이에요. 60년대가 끝날 날도 얼마 남지 않았죠. (…) 그런데 내가 토하는 것 때문에 이 임무가 헛되이 되는 건 아닐까 걱정

✗ 우주 랑데부(space rendezvous): 두 개의 우주선 또는 인공위성이 같은 궤도에 도착하고 매우 가까운 거리. 우주 도킹 전제가 되는 조종 기술-편집자

됐어요. 당시 나는 60년대가 끝나기 전에 달에 갔다가 돌아와야 한다는 케네디 대통령의 목표가 나 때문에 실패할지도 모른다는 불안감에 휩싸여 있었지요.

만약 우주유영을 하는 동안 헬멧 안에 구토를 한다면 어떤 일이 벌어질까?

"죽지요."

슈바이카르트가 딱 잘라 말했다.

"끈적거리는 토사물을 입에서 떼어낼 수가 없거든요. (…) 토사물이 바로 앞에서 둥둥 떠다니는 데 그것을 입이나 코에서 치울 방법이 없어요. 숨을 쉴 수가 없으니 그래서 죽게 되는 거예요."

아니, 꼭 그렇지 않다. 아폴로 시대의 헬멧을 비롯하여 미국의 헬멧에는 공기를 얼굴 쪽으로 분당 0.16세제곱미터씩 흘러들어가게 하는 장치가 있다. 그래서 토사물은 얼굴이 아닌, 우주복의 몸통 속으로 들어가게 되어 있다. 역겨운 광경이기는 하지만 생명에 위험을 주지는 않는다. 나는 해밀턴 선드스트랜드 사의 우주복 선임 엔지니어인 톰 체이스Tom Chase에게 구토로 인한 사망 시나리오를 슬쩍 던져보았다.

"어떤 토사물이든 우주비행사의 등 뒤에 있는 산소 환기관으로 들어갈 가능성은 극히 적을 거예요. 환기관은 팔다리에 붙어 있는 네 개를 포함해서 총 다섯 개가 있으므로, 설사 하나가 막힌다고 해도 시스템이 완전히 멈출 가능성은 없어요. 그리고 만약 그렇게 된다고 해도, 승무원은 환풍기를 끄고 토사물을 '정화'시킬 수 있을 거예요. '표시 제어 장치'의 정화 밸브를 열어 신선한 산소가 여압 탱크에서 헬멧으로 계속 흘러들게 해서 말이죠."

체이스가 잠시 동안 자신의 환풍기를 끈다.

"우리가 이 문제를 얼마나 철저히 생각해 왔는지 아시겠죠?"

설령 토사물이 코와 입 앞을 왔다 갔다 한다고 해도, 그 때문에 사람이 죽을까? 그럴 것 같지는 않다. 만약 자신의 토사물이나 다른 사람의 토사물을 들이마신다면 기도 반사를 일으켜서 기침을 하게 될 것이다. 그럴 경우 토사물은 밖으로 나온다.

지미 헨드릭스Jimi Hendrix가 자신의 토사물(거의 적포도주)을 들이마셔서 사망한 까닭은, 그가 의식을 잃을 정도로 취해 있었기 때문이다. 그의 기침 반사는 무용지물이었다.

아무리 그렇다 하더라도 마시기에는 토사물이 연못물보다도 더 위험하다. 4분의 1모금의 양으로도 치명적인 피해를 입을 수 있다. 토사물의 주성분인 위산이 폐의 내벽을 녹일 수 있기 때문이다. 또한 연못물과는 달리 토사물에는 방금 전에 섭취한 소화된 음식 덩어리들이 아마도 들어 있을 것이다. 즉, 기도에 붙어서 질식시킬 수 있는 것들을 포함하고 있는 셈이다.

만약 위산이 폐를 녹일 수 있다면, 그게 눈으로 들어가는 경우는 어떠한가? 체이스는 "토사물이 헬멧에 부딪혀 눈으로 들어가는 경우, 정말로 큰 문제를 일으킬 수 있다"라고 말한다. 그것이 헬멧을 쓰고 토했을 때 가장 가능성이 높은 실제적인 위험이다. 그리고 토사물이 헬멧의 바이저에 튀어 시야를 가리는 경우 또한 위험하다.

헬멧 바이저에 토사물이 묻을 경우, 우주비행사의 움직임이 힘들어진다. 아폴로 16호 달 착륙선의 조종사 찰리 듀크Charlie Duke는 "정말이지. 헬멧이 오렌지주스(실은 탱 주스)✖로 가득 차면 사물을 보기가 힘듭니다"라고 말한다. 듀크의 우주복 안에 부착된 음료 주머니는 달 착륙선에 탑승해서 우주복 점검을 하는 동안 새기 시작했다(우주복 안의 음료 주머니는, 가방 안에 물주머니가 들어 있는 카멜백 가방Camelbak bag을 NASA에서 변형한 것이다).✖✖ 우주비행 지상관제 센터는 그 문제가 무중력과 관련되어 있으므로 달의 중력하에서는 '가라앉을' 것으로 추측했다. 그러나 해결되지 않았거나, 완벽히 해결된 것은 아니었다. 필기록에 따르면 찰리 듀크는 아폴로 16호 임

✖   탱(Tang): 탱 주스를 개발한 것이 NASA는 아니지만, 제미니호와 아폴로호의 우주비행사들 덕분에 유명해지게 되었다. 탱 주스는 1957년, 크래프트 푸드Kraft Foods가 만들었다. NASA는 잊을 만하면 떠도는 좋지 않은 평판에도 불구하고 계속해서 탱 주스를 이용했다. 2006년에는 테러리스트들이 대서양 항로 정기선에서 사용할 목적으로 직접 제조한 액체 폭발물에 탱 주스를 섞었다. 1970년대에는 재활 훈련 중인 헤로인 중독자들이 참지 못하고 주사를 맞을 경우를 막기 위해 메타돈(헤로인 중독 치료에 쓰이는 약물–편집자)에 탱 주스를 섞기도 했다. 중독자들은 어쨌든 주사를 맞았다. 탱 주스는 정맥으로 들어가면 관절통과 황달을 일으킨다. 물론 충치는 줄겠지만 말이다.
✖✖   성가시기는 했지만, 달에서 이륙하기 직전에 그의 소변을 모으는 장치인 콘돔 조각이 떨어져 나갔을 때보다는 내용물이 덜 새어나왔을 것이다. 듀크는 어깨를 으쓱하며 그 느낌을 이야기했다. "있잖아, 뜨끈한 게 왼쪽 다리 밑으로 흘러내리고 있어. (…) 부츠가 오줌으로 가득 채워지는 것 같군."

무를 수행하는 동안, 그러니까 달 표면을 월면차로 달리는 인생 최고의 순간에, 이상한 이름이 붙어 있는 달의 운석 구덩이(크레이터)✖두 개를 발견하고는 이렇게 외쳤다고 한다.

"렉Wreck과 트랩Trap 그리고 오렌지주스가 보입니다."

역사적으로 자신의 토사물을 들이마시는 것을 걱정해야 했던 사람은 우주비행사들이 아니라 초창기 외과 수술의 환자들이었다. 마취제 역시 와인을 3리터 이상 마셨을 때처럼 구토를 일으킬 수도 있고, 기침 반사를 둔화시킬 수도 있다. 수술 환자들에게 금식하게 하는 것도 바로 이 때문이다. 위에 음식물이 가득 찬 수술 환자가 수술실에 들어와 내용물을 토하는 일이 드물기는 하지만, 그럼에도 의사들은 흡입 장치를 준비한다. 헨드릭스 사건 때 구조 요원은 '45센티미터의 흡입관'을 사용했다.

사실 흡입관의 경우 지름이 큰 것이 좋다. 1996년, 워싱턴 포트루이스에 있는 매디건 육군병원 의사 네 명은 최초의 표준 흡입관과 지름을 키운 신형 모델을 이용해 모의 흡입한 토사물 한 모금(평균 양을 90밀리리터로 산정했다)을 흡출기로 빨아내는 데 걸리는 시간을 비교했다. 〈미국 응급의학 저널American Journal of Emergency Medicine〉에 보고된 것처럼 신형 모델이 열 배 더 빨랐고, 폐의 일부를 빨아들일 위험도 더 낮았다.

✖　크레이터(crater): 행성이나 위성의 표면에 보이는 움푹 파인 큰 구덩이 모양의 지형으로 화산 활동이나 운석의 충돌로 생긴다.-편집자

의사들이 '토사물 대용'으로 무엇을 사용했는지 궁금할지도 모르겠다. 그들은 유명 통조림 수프 브랜드인 프로그레소Progresso에서 나온 인스턴트 채소 수프를 사용했다. 프로그레소 사이트의 미디어 게재 목록에는 〈푸드&와인Food&Wine〉 〈쿡스 일러스트레이티드 Cook's Illustrated〉 〈소비자 리포트Consumer Reports〉 등이 적혀 있지만, 당연히 〈미국 응급의학 저널〉은 없다. 이 회사의 사이트를 통해 예상하건데, 프로그레소 사람들이 이 사실을 알게 된다면 충격을 받을 것이다. 그들은 당사의 제품과 잘 어울릴 와인을 추천할 정도로, 통조림 식품에 대한 자부심이 높다.

헬멧 안에 구토를 하는 일이 실제로 일어날 수 있을까? 나는 슈바이카르트를 통해 그런 일이 벌어졌었다는 이야기를 들었지만, 내 소식통은 그의 말을 부정했다. 찰스 오먼은 우주복에 구토한 사건을 딱 하나 알고 있지만 "아주 약간 토했을 뿐이다"라고 말했다. 그 일은 한 우주비행사가 우주정거장 감압실에서 우주유영을 준비하던 중에 발생했다. 오먼은 구토한 사람의 이름을 밝히지 않았다. 우주복을 입고 멀미를 한 일은 오늘날까지도 치욕으로 남아 있기 때문이다.

그만큼 강력하지는 않았지만 슈바이카르트가 활동하던 당시에도 그런 사고방식이 있었다. 아폴로 시대에는 '멀미라는 건 바보들이나 걸리는 병'이라는 사고방식이 팽배했다고 슈바이카르트는 회상한다. 서넌도 이 말에 동의했다.

"멀미한다는 사실을 인정하는 것은 대중과 다른 우주비행사들뿐만 아니라 의사들에게 약점을 고백하는 것과 같았어요."

우주비행사의 비행 근무 여부를 결정하는 사람이 과연 누구겠는가? 서넌은 자신의 회고록에다 제미니 9호 임무 동안 멀미를 했지만 동료들이 '여름 휴가철 크루즈 여행을 나온 꼴통'으로 생각할까 봐 솔직히 털어놓지 못했던 일을 고백한다.

아폴로 8호의 선장 프랭크 보먼도 멀미하는 걸 숨겼다. 이 일에 가장 먼저 돌을 던질 자격이 있는 사람은 슈바이카르트일 것이다.

"프랭크가 한 번 이상 구토했다는 사실이 우주비행사들 사이에 잘 알려져 있었지만 (…) 여러 가지 이유로, 그는 털어놓으려 하지 않았어요."

그렇게 해서 슈바이카르트는 본인의 표현대로 '우주에서 구토한 미국 유일의 우주비행사'라는 불명예스러운 타이틀을 갖게 되었다(머큐리와 제미니 우주 프로그램 동안에는 멀미가 발생하는 일이 드물었다. 아마 그 우주캡슐들이 굉장히 비좁아서 멀미를 일으킬 정도로 충분히 움직일 수 없었기 때문일 것이다). 보먼은 훨씬 시간이 흐르고 나서, 서넌이 자신의 회고록에 썼던 것처럼 자신도 '달로 날아가는 내내 개처럼 멀미를 했다'✖라고 고백했다.

✖ 그렇다면 그건 얼마나 심한 멀미일까? 그건 개에 따라, 그리고 어떻게 여행하느냐에 따라 다르다. 1940년대 맥길 대학교의 연구에 따르면, 개의 19퍼센트는 전혀 멀미를 하지 않는다. 한 실험에서는 날씨가 궂을 때 열여섯 마리의 개를 데리고 호수로 나갔다. 두 마리는 호수로 가는 트럭에서 토했고, 일곱 마리는 배에서 토했으며, 한 마리는 두 군데 전부에서 토했다. 선박 여행은

비행 이후 슈바이카르트는 우주 멀미에 관한 연구에 전념했다.

"나는 펜서콜라로 갔고, (…) 인간 기니피그가 되었어요. 사람들이 무언가를 알아보기 위해 여기저기 핀을 꽂아 넣었어요. 6개월간 제가 한 일은 멀미에 대해 가능한 한 많은 것을 알아내는 것이었어요. 그러나 솔직히 우리는 그렇게 많이 알아내지 못했고, 까놓고 말하면 지금까지도 멀미에 대해 그렇게 많이 알고 있지 못하죠."

그 일은 적어도, 슈바이카르트가 '우주 멀미'를 공론화시켰다는 점에서는 가치가 있었다.

서넌은 이렇게 썼다.

> 러스티 슈바이카르트는 우리 모두를 대신해 대가를 톡톡히 치렀다. 공식적으로 그를 비난한 사람은 아무도 없었지만, 그는 다시는 비행 임무를 맡지 못했다.

유타주 출신의 우주비행사 상원의원인 제이크 간Jake Gam에 대해서는 공공연히 회자되는 이야기들이 있었다. 전국에 배급되는

'이 개들의 기를 죽이고 비참하게' 만들었다(그래도 그 트럭과 배의 주인들만큼은 아니었을 것이다). 그러나 나중에 개들을 큰 그네에 태워 실험한 결과 구토를 더 많이 하기는 했지만, 개가 그 경험을 불쾌하게 생각한다는 본질적인 증거는 거의 이끌어내지 못했다. 사람의 멀미를 연구하는 데 개를 관찰하는 까닭은 둘 다 똑같이 민감하기 때문이다. 기니피그는 토끼와 함께 멀미에 면역을 갖고 있는 포유류로 여겨지기 때문에 사용하지 않는다.

한 만화에도 여러 사례들이 언급되었다. 대중 만화 시리즈 〈둔스베리Doonesbury〉의 작가인 게리 트뤼도Garry Trudeau는 1985년 제이크 간이 우주왕복선에 탑승한 것을 두고 쓸데없이 돈만 왕창 썼다고 계속해서 조롱했다. 트뤼도는 제이크 간이 임무 기간 중 대부분을 멀미로 고생했다는 소문을 듣고, 자기 만화 주인공이 우주 멀미를 측정하는 단위로 '간'이라는 단어를 사용했다(실제로는 그런 단위는 없고 '가벼운 불쾌감'에서 시작해 '전부 게워내는 상태'로 끝나는 등급은 있다).

팻 코윙스는 다른 사람들보다 더 큰 소리로 웃었다. 제이크 간이 훈련받고 있을 때, 코윙스는 우주 멀미를 억제하기 위해 개발했던 바이오피드백✖을 가르쳐 주겠다고 제안한 적이 있었다. 제이크 간은 그녀에게 손사래를 치면서 이렇게 말했다.

"그래요. 저도 캘리포니아 명상 같은 이야기는 들었어요. 하지만 그런 명상을 한다고 해서 빠져버린 내 머리카락이 다시 자라는 것도 아니잖아요(내게는 꽤 인상적인 결과들로 보이는데도 불구하고, 코윙스는 여전히 바이오피드백에 대한 부정적인 평판과 싸우고 있다. 심지어 그녀의 고용주조차도 그녀의 방법을 사용하지 않는다. "저는 NASA에게 말해요. '이렇게 큰 회사가 있냐고요? 해군이 있지요. 그리고 그들이 지금 그 방법을 쓰고 있고요.'라고요.")?"

✖　바이오피드백(Biofeedback): '바이올로지biology'와 '피드백feedback'의 합성어로, 일종의 생체 자기 제어법이다. 그간 불가능한 것으로 알고 있던 뇌파, 자율반응 등을 훈련을 통해 제어할 수 있다고 하는데, 이러한 자기 제어법을 바이오피드백이라고 한다. 미국에서는 이미 널리 알려져 있다.-옮긴이

우주 환경 적응을 위한 우주 멀미 저항성 테스트

제이크 간, 러스티 슈바이카르트, 그밖에 먹은 걸 모조리 게워 낸 사람 누구든, 우주에서 멀미했던 사실을 창피하게 생각해서는 안 된다. 우주비행사의 50~70퍼센트가 여러 우주 멀미 증세를 경험했다.

"발사 직후 하루나 이틀 동안 우리가 뉴스에서 우주왕복선을 보지 못하는 것은 바로 이 때문이에요. 우주비행사 모두가 한쪽 구석에 박혀 구토를 하고 있기 때문이죠."

NASA의 우주 먼지 큐레이터인 마이크 졸렌스키Mike Zolensky는 이렇게 말한다. 졸렌스키 역시, 포물선 비행 동안 오래도록 멀미를 했다. 우주비행사들이 무중력상태에서 피를 뽑는 연습을 도와주던 사람은 멀미가 더 심했다. 양팔이 묶여 있었기 때문에 다른 사람이 그의 얼굴에 구토 주머니를 갖다 대고 있어야만 했다.

엄밀히 말하면 멀미는 병이 아니다. 그저 비정상적인 상황에서의 정상적인 반응일 뿐이다. 멀미를 먼저 빠르게 느끼고 심하게 하는 사람이 있긴 하지만, 누구나 다 그렇게 될 수 있다. 심지어 물고기도 뱃멀미를 할 수 있다. 캐나다의 한 연구자는 대구 부화장 주인에게 들었던 이야기를 떠올린다. 그 사람은 양어장에서 키운 물고기를 바닷가로 수송하고 있었다.

"배가 출발하고 얼마 지나지 않아, 물고기들이 먹었던 먹이들이 수조 바닥에 흩어져 있는 것을 발견했어요."

그 연구자는 멀미에 민감한 것으로 알려진 종의 목록을 만들었다. 이를테면 원숭이, 침팬지, 바다표범, 양, 고양이 등 말이다. 말과 소도 멀미를 할 수는 있지만, 해부학적 이유로 구토는 못 한다. 조류에 대해서는 의견이 분분하다고 그는 말했다.✖ 저자는 펭귄 한 마리가 회전판 위에서 빙글빙글 돌려지는 동안 구토하는 것을 직접 목격한 적이 있다고 말했다. '그건 아주 보기 드문 희귀한 일'이라고 그는 덧붙였다. 내 생각도 그렇다.

짐작했겠지만, 멀미를 하지 않는 사람은 내이의 기능이 제대로 작동하지 않는 사람들뿐이다. 멀미와 전정기관의 상관관계를 처음으로 과학계에 알린 사람은, 1986년 끔찍한 항해 중에 멀미를 하지 않았던 다섯 명의 '청각장애인'들이었다. 그 항해를 경험했던 사람 중에 마이너라는 의사가 있었다. 그는 장기 항해 동안 멀미를 하지 않았던 두 청각장애인 그룹(첫 번째 그룹은 스물두 명이었고, 두 번째 그룹은 서른한 명이었다)에 대한 이야기를 자신의 논문에 실었다.

마이너의 논문이 나오기 전 의학계는 위장 속 내용물이 급히 한쪽으로 기울어지며 위장 내의 기압을 진동시키기 때문에 멀미가 생기는 것이라고 주장했다. 그 무렵 의학 저널 가운데 하나인 〈란

✖ 우연의 일치로, 내가 오늘 들은 강연의 주제가 바로 이것이었다. '칠면조독수리: 사실인가 허구인가?' 강연자는 자신의 애완동물인 프렌들리라는 이름의 칠면조독수리를 데려왔는데, 그 독수리는 보통 칠면조독수리보다 후각이 떨어져 있었다. 그는 차를 타고 오는 동안 프렌들리가 멀미 때문에 구토를 했기 때문이라고 설명했다. 앞서 그는 만약 칠면조독수리를 괴롭히면, 괴롭히는 사람에게 구토를 할 거라고도 말했다. 나는 두 번째 줄에 앉아 있었으므로, 칠면조독수리가 강력한 방해물을 만든다고 해도 전혀 문제될 게 없었다. 내가 코요테가 아닌 이상 말이다. 코요테는 칠면조독수리의 토사물을 진미로 여기고 있으므로, 단지 간식을 얻기 위해서 그 새들을 괴롭힐 것이다.

셋Lancet)은 멀미 치유법으로 다양한 거들과 벨트를 처방했다. 독자들은 위장을 안정시키는 나름의 전략을 사용했다. 이를 테면 노래를 부른다든가, 배가 큰 파도의 물마루를 탈 때 숨을 참는다든가, 절인 양파를 아주 많이 먹는다든가 하는 것들이었다. 마지막 전략에 대해서는 이론적 근거까지 제시되었는데, 양파를 많이 먹으면 가스가 생기고, 그 가스가 위장을 부풀려서 복부 압력을 일정하게 유지해 멀미를 막는다는 것이다. 어쩌면 그 시기의 많은 청각장애인들이 바닷길에서 보였던 이유는, 주변 소음이나 냄새에 덜 민감했기 때문인지도 모른다.

아이러니하게도 NASA 에임스 센터 멀미 연구자 빌 토스카노Bill Toscano는 전정기관에 결함이 있다. 그는 회전의자에 타기 전까지는 그 사실을 몰랐다. 토스카노의 동료 연구자인 팻 코윙스는 이렇게 말한다.

"우리는 의자에 뭔가 문제가 있다고 생각했어요. 나는 토스카노가 회전의자에 앉아 있는 동안 그와 대화를 나누었는데, 회전할 때마다 그의 목소리가 높아졌다 희미해졌다 했어요. 원인은 바로 그에게 있었던 거죠."

멀미는 복잡한 운동을 할 때, 감각적으로 새로운 운동을 할 때, 혹은 중력 환경이 바뀔 때 자연스럽게 나타나는 반응이기 때문에, 우주비행사들은 장기 비행 임무를 마치고 지구로 귀환할 때 그 모든 것을 또다시 겪어야만 한다. 몇 주에서 몇 달을 무중력상태에서 보내는 동안, 그들의 뇌는 모든 이석 신호를 특정한 방향으로 가속하고 있는 것으로 해석한다. 따라서 머리를 움직이면, 뇌는 몸이 움직이고 있는 것으로 인식한다. 우주비행사 페기 휘트슨은 국제 우주정거장에서 191일간 임무를 마치고 지상에 돌아온 직후를 이렇게 묘사했다.

"앉았다가 일어섰는데 제가 시속 2만 8,000킬로미터로 세상을 돌고 있는 게 아니라, 세상이 내 주위를 시속 2만 8,000킬로미터의 속도로 돌고 있었어요."

그것이 이른바 착륙 현기증, 즉 지구 멀미다(잘 알려지지 않은 다른 멀미로는 놀이기구 탑승 후 생기는 멀미를 비롯하여, 안경 멀미, 와이드스크린 영화 멀미, 낙타 멀미, 승무원 훈련용 가상 비행 장치 멀미, 그네 멀미 등이 있다).

비록 역겹기는 하지만 구토하는 행위는 존중받을 만하다. 그것은 복잡한 과정을 빈틈없이 조절한 위장의 오케스트라 연주이기 때문이다. 즉, '횡격막이 내려가고, 복근이 수축하며, 십이지장이 수축하고, 분문✱과 식도가 이완하고, 성대가 닫히고, 후두가 앞으로 끌어당겨지고, 구개가 올라가고, 입이 열리는 노력성 들숨^forced inspiration'인 강제 흡기가 발생한다. '토하게 하는 뇌(혹은 구토 센터)'가 이 과정에 전념하는 것은 당연하다. 나는 이전에 브론토사우루

✱   식도와 위를 잇는 개구부-옮긴이

스로 알려진 공룡이 하체 운동을 조절하기 위해 꼬리 밑 부분에 뇌를 갖고 있었다는 얘기를 어딘가에서 읽었던 기억이 난다. 나는 그 공룡의 골반에 뇌 모양의 회색빛 기관이 있을 것이라고 상상했다. 지금은 내가 틀렸다고 생각한다. '토하게 하는 뇌'는 실제 뇌가 아니기 때문이다. 그것은 그저 네 번째 뇌실에 존재하는 지름이 1밀리미터도 채 되지 않는 작은 핵 덩어리에 지나지 않는다.

운동성 멀미에서 구토라는 반응은 뚜렷한 이유도 없는 골칫거리라는 인상을 준다. 하지만 독이 들었거나 상한 음식을 섭취했을 때 구토하는 것은 당연한 반응으로 이해가 된다. 이것이 음식을 가능한 한 빨리 몸에서 내보내기 위한 행위로 이해되기 때문이다. 그러나 감각 충돌에 대한 반응으로서는 어떠한가? 오먼은 적절치 못한 반응이라고 이야기한다. 그는 균형을 감독하는 뇌 부분 바로 옆에서 토하게 하는 뇌가 진화한 것은, 그저 불운한 진화였을 뿐이라고 말한다. 멀미란 그 둘 사이에서 벌어지는 혼선의 문제일 가능성이 가장 크다.

"그저 신이 던진 농담 가운데 하나일 뿐이죠."

팻 코윙스는 이렇게 말한다.

1980년, 런던 연극 무대에 올려진 〈엘리펀트 맨The Elephant Man〉에서 주인공 조셉 메릭Joseph Merrick은 침대에 누운 뒤, 기괴하게 커진 머리를 침대 가장자리로 늘어뜨리고 자신의 기도를 눌러 자살

한다.✱ 그건 중력을 이용한 자살이었다. 그의 머리는 그의 목 근육이 들어올릴 수 없을 정도로 무거워져 있었다. 나는 그게 어떤 기분인지 한 번에 20초씩 느끼고 있다. C-9이 급강하하다 수평으로 비행하고 또다시 상승하기 시작할 때, 우리는 지구 중력의 두 배인 대략 2G의 힘으로 하향 가속된다. 내 머리 무게가 갑자기 5킬로그램이 아닌 10킬로그램이 된다. 나는 메릭처럼 등을 대고 누워 있다 (자살하기 위해서가 아니라, 이렇게 해야 그나마 멀미를 할 가능성이 줄어든다는 이야기를 들었기 때문이다). 정말 이상하다. 머리를 위로 들어올릴 수가 없다.

물으로 올라온 고래는 중력 과다로 죽는다는 글을 어디선가 읽은 적이 있다. 물 밖으로 나오면 폐와 몸의 무게가 너무 무거워서 고래들이 자기 무게에 눌려 짜부라지게 된다는 이야기다. 고래의 횡격막과 갈비뼈 근육은 훨씬 무거워진 지방과 뼈를 밀어올리며 폐를 팽창시킬 힘이 없다. 결국 숨이 막혀 죽는다는 것이다.

1940년대, 항공우주 연구자들은 지구상에서 고중력을 실험할 수 있는 방법을 알아냈다. 그들은 쥐와 토끼, 침팬지를 원심분리기의 회전 팔 끝에 올려놓기로 했다. 종내에는 머큐리호의 우주비행

✱ 메릭에 관해 연구하는 학자들 사이에서 자살이었는지 사고였는지에 대한 의견이 분분하지만, 그의 실제 이름이 존이 아니라 조셉이었다는 데는 동의한다. 내 기억에 따르면, 런던 프로덕션은 아마도 내가 지금 하고 있는 것처럼, 각주가 달려 있는 프로그램을 수정하는 것이 귀찮아서 더 널리 알려진 이름인 '존'을 사용했다. 나는 여기서 데이비드 보위David Bowie가 메릭 역을 맡아 열연했다는 사실을 밝힌다. 그는 메이크업도, 의치도 하지 않았고, 옷도 거의 걸치지 않았다. 그리고 그는 메릭처럼 생을 마감해서 우리의 가슴을 아프게 했다.

사 한 명도 실험 대상이 되었다. 원심력은 신체 기관들과 액체를 원심력 중심으로부터 바깥쪽으로 가속시킨다(4장에서 이야기했으니 아마 지금쯤은 잊어버렸을 가능성이 크지만). 중력은 가속도 정도를 나타 낼 뿐이다. 따라서 고중력 상태에서 똑바로 서 있는 상태를 재현하 기 위해, 연구자는 피실험 대상자들을 원심분리기 회전 팔 끝 쪽으 로 발을 놓고 눕게 했다. 원심분리기가 빨리 회전할수록 피실험 대 상자들의 내장과 뼈, 몸의 액체들은 점점 무거워졌다.

〈항공 의학〉 1953년 2월호 54쪽을 펼치면 10G와 19G에서 (지구에서의 가속도는 1G) 쥐의 내장이 어떻게 보이는지 알 수 있지 만 굳이 볼 것을 권하고 싶지는 않다. 항공 의학 가속 실험실Aviation Medical Acceleration Laboratory 해군 지휘관 팀은 마취시킨 쥐들을 액체 질소 속에 담아 원심분리기로 돌리는 독창적이고 무서운 '급속 냉 동법'을 알아냈다. 열아홉 배나 무거워진 심장 속 혈액은 심장 바 닥에서 울혈✗ 되어 심장을 내리누른다. 심장은 마치 실리 퍼티✗✗ 덩어리처럼 길게 늘어진다. 위장은 모래주머니처럼 골반 안에 채 워지고, 머리는 양쪽 어깨 안으로 푹 들어갔으며, 고환에 대해서는 말하고 싶지도 않다. 두 번째 사진은 반대 방향으로 돌려져 있다. 즉, 원심분리기의 팔 끝에 머리를 둔 쥐의 모습이다. 엄청나게 무

✗　　울혈(鬱血): 몸 안의 장기나 조직에 정맥의 피가 몰려 있는 증상-편집자
✗✗　실리 퍼티(Silly Putty): 아이들 장난감으로 실리콘으로 만들어졌다. 주물러서 마음대로 모양을 만들 수 있다.-옮긴이

거워진 내장들은 이제 흉곽 아래 겹겹이 쌓여서 폐를 짓누르고 있으며, 몸통의 나머지 부분은 기이하게도 텅 비어 있다.

지휘관들은 단순히 호기심만으로 이런 실험을 하는 것이 아니다. 초기 항공 의학자들이 인간의 중력 허용 한계에 대해 연구했던 까닭은, 전투기 조종사들과 우주비행사들을 보호할 방법을 알아내기 위해서였다. 제트기 조종사들은 급강하 자세에서 수평비행으로 옮긴 뒤, 다른 고속 조종술들을 실행할 때 8~10G의 중력을 견뎌야 한다. 우주비행사들은 이륙하는 동안 2~3G의 중력을 수초간 견뎌내며, 우주선이 지구 대기로 재진입할 때는 4G 혹은 그 이상의 중력이 발생한다.

공기가 없는 우주의 진공에서 공기 분자의 벽을 뚫고 들어오면 우주선 속도가 시속 2만 8,000킬로미터에서 수백 킬로미터로 감소한다. 자동차가 급정거할 때처럼, 탑승자들의 몸이 진행 방향으로 강하게 쏠린다. 자동차가 충돌할 때는 이러한 쏠림 시간이 1초도 채 되지 않는다. 그러나 우주선이 대기로 재진입할 때는 2~4G의 쏠림이 1분 가까이 지속된다. 이는 자동차 사고의 순간적인 충격과는 아주 큰 차이이다.

인체에 해가 가지 않는 선에서 견딜 수 있는 중력의 한계는 노출 시간에 따라 달라진다. 사람들은 대체로 어느 위치에 힘을 받고 있는가에 따라 15~45G 사이에서 0.1초 동안은 견딜 수 있다. 하지만 1분 이상 길어지면 허용 한계는 급격히 감소한다. 왜냐하면 무거워진 혈액이 다리와 발 쪽으로 쏠리면서, 뇌가 산소를 공급받지 못해 실신하게 되고 이 상태가 지속되면 사망에 이르기 때문이다. 존 글렌은 원심분리기를 이용한 NASA의 비행 훈련에 대해서 "16G에서 의식을 유지하기 위해 모든 힘과 방법을 총동원했다"라고 썼다. 우주비행사들이 재진입을 하는 동안 바닥에 드러눕는 것은 혈액이 하체에 쏠려 울혈이 발생하는 것을 막기 위함이다. 그러나 누워 있으면 해변의 고래와 같은 일이 벌어진다. 흉골 밑에 통증이 발생한다. 숨을 들이쉬는 것도 고역이다.

국제우주정거장 익스페디션 16호 선장 페기 휘트슨은 재진입 경로가 빗나간 소유즈 캡슐에 탑승했던 적이 있다. 그때 지나치게 가파르고 빠른 하강을 경험했다. 이때 보통의 중력보다 두 배나 되는 8G를 1분간 견뎌야 했다. 우주비행사들은 원심분리기 훈련을 통해 폐가 완전히 수축하지 않도록 빠르고 얕게 헐떡이듯 숨 쉬는 방법과, 늑골에 붙어 있는 작은 근육이 아니라 횡격막의 강한 근육을 이용하여 숨을 들이쉬는 법을 배웠다. 그러나 휘트슨은 그런 훈련을 거쳤음에도 불구하고 그 상황이 매우 힘들었다고 말했다.

사람 팔의 무게는 평균적으로 4킬로그램이다. 재진입하는 동안 페기 휘트슨의 팔 무게는 32킬로그램이 되었다. 항공우주 의학 분야 개척자인 오토 가우어는 "일반적으로, 8G를 넘으면 오직 팔목과 손가락 움직임만이 가능하다"고 말했다. 이 말은 우주비행사가 제어반으로 팔을 뻗지 못해서 죽을 수도 있다는 것을 의미한다. 휘트슨은 인터뷰 당시 이 위기를 대수롭지 않게 생각했다.

나는 그녀와 대화를 나누고 몇 주 뒤, 한 항공 의무관을 만났다. 그는 그 사고 직후에 찍은 사진 몇 장을 보여주었다. 그의 표현에 따르면 휘트슨은 '완전히 탈진한 상태처럼 보였다.' 그가 내게 보여준 다음 사진은 휘트슨이 탄 소유즈 캡슐이 지상에 닿는 순간 생겨난 먼지에 휩싸인 구덩이(크레이터)의 모습이었다. 사진 속 휘트슨은 마치 카자흐스탄 초원의 한가운데에 수영장을 만들려고 안간힘을 쓴 사람처럼 보였다.

지구로 내려오는 것도 올라가는 것만큼이나 무섭다.

CHAPTER 7

우주 캡슐 속 시신

안전한 귀환을 위한 충돌 실험

충돌 모의실험은 크게 금속과 사람으로 이뤄진 분야다. 모의실험 장치는 오하이오 교통 연구 센터Transportation Research Center의 격납고만 한 시끄러운 방에 놓여 있다. 거긴 앉을 자리도 마땅치 않고, 그나마 있는 것들도 편해 보이진 않는다. 실험실은 보안경을 쓴 채 커피잔을 들고 쉴 새 없이 왔다 갔다 하는 엔지니어 몇 명과 바닥 중앙 트랙 위에 놓인 충돌 슬레드✘ 말고는 거의 텅 비어 있다. 경고등과 위험 표지판에 사용된 붉은색과 오렌지색 이외에 다른 색을 찾아보기도 어렵다.

연구용 시체는 제집에 있는 듯 스스럼없어 보인다. 실험 대상인

✘   슬레드(sled): 영어에서의 의미는 '썰매'이며, 본문에서는 충돌 모의실험 시에 사용하는 차량을 의미-편집자

F는 웃통을 벗은 채 팬티 한 장만 달랑 걸치고 있다. 매우 편해 보인다. 죽은 사람들 특유의 모습이다. 만약 F가 살아있었다면 그렇게 편해 보이지는 않았을 것이다. 몇 시간 후면 미국 삼나무만큼이나 굵은 피스톤이 그가 묶여 있는 좌석을 향해 압축 공기를 쏠 것이기 때문이다.

연구자는 좌석 위치와 충돌하는 힘을 조종해서 원하는 사고 상황을 재현할 수 있다. 예컨대 벽에 시속 100킬로미터 속도로 정면 충돌하는 경우라든지, 한 차가 시속 60킬로미터로 달리는 중인 또 다른 차의 측면을 들이받는 경우라든지 말이다. 오늘 실험 대상은 우주에서 바다 위로 떨어지는 NASA의 신형 캡슐인 오리온이다. F는 우주비행사 역할을 맡았다.

우주캡슐은 언제나 조금씩 불시착한다. 비행기나 우주왕복선과는 달리, 캡슐에는 날개나 착륙 기어가 없다. 캡슐은 우주에서 비행해서 돌아오는 게 아니라 그냥 떨어진다. 오리온 우주캡슐은 경로를 수정하거나 천천히 궤도에서 떨어지게 하는 반동추진엔진을 갖고 있긴 하지만, 착륙 충격을 완화할 수준의 엔진은 없다.

캡슐의 넓은 부분은 대기권에 재진입할 때, 두꺼운 공기층과 맞닿는다. 이때 공기 저항은 점차 강해져, 낙하산을 안전하게 펼칠 수 있을 정도로 속도가 줄어든다. 캡슐이 바다로 천천히 내려오고, 모든 일이 순조롭게 진행된다면 경미한 자동차 접촉 사고 수준의 2~3G, 많아도 7G 정도의 충격만 받고 착수할 수 있을 것이다.

육지보다는 바다 위로 떨어지는 것이 충격이 덜 하다. 그러나 바다는 예측할 수 없다는 위험이 있다. 만약 떨어지는 동안 캡슐이 굽이치는 파도에 세게 부딪치면 어떻게 될까? 탑승자들은 수직 낙하할 때의 힘뿐만 아니라, 측면 착수나 뒤집힐 때의 충격에 대비해 몸을 보호할 필요가 있다.

바다에서 어떤 거친 상황이 발생하든, 오리온 탑승자들이 부상당하지 않도록 교통 연구 센터에서는 충돌 실험용 인체 모형을 실물 크기의 오리온 모형에 앉혀 실험을 진행하고 있다. 최근에는 인체 모형 대신 시체들을 사용하기도 한다. 착수 모의실험은 이 연구 센터를 비롯하여 NASA와 오하이오 주립대학교 부상 생체 역학 연구Injury Biomechanics Research Laboratory의 공조로 이루어진다.

F는 피스톤 트랙 옆에 놓인 높은 금속 의자 위에 앉아 있다. 강윤석이라는 대학원생이 그의 뒤에 서서 육각 볼트용 스패너를 이용해 손목시계 크기의 계측기를 노출된 등뼈에 고정시킨다. 이 기기들은 몸 앞쪽 뼈 여기저기에 부착된 스트레인 게이지✕와 함께 충격의 강도를 측정하게 될 것이다. 그리고 오늘 늦은 저녁쯤에는 정밀 촬영과 부검을 통해 충격으로 어떠한 손상이 나타났는지 알 수 있을 것이다.

강윤석은 시신 작업으로 어젯밤 늦게까지 남아 있었고, 오늘도

✕　스트레인 게이지(strain gauge): 기계나 구조물의 변형 정도를 측정하는 기구-옮긴이

이른 아침에 일찍 나왔지만 여전히 쌩쌩하고 눈빛이 또렷하다. 보기 드물게 밝고 열성적인 사람이다. 그는 긍정적이며 진취적인 성격이지만, 창의적인 사람은 아니다. 그는 사각형의 안경을 끼고, 양옆으로 길게 넘긴 앞머리를 가지고 있다. 그가 낀 장갑은 기름으로 번들거린다. 지방의 양이 상당히 많을 뿐만 아니라 미끄러워서 그의 일을 방해한다. 그는 30분 넘게 이 장치를 설치하는 중이다. 시체는 무한한 참을성을 갖고 있다.

F는 몸의 측면 축에 충격을 받게 될 것이다. 일명 테이블 축구라고 불리는 푸스볼✱ 게임기의 작은 인형을 상상해보면 된다. 그 긴 봉이 뚫고 지나가는 부분이 몸의 측면 축이다. 예컨대 푸스볼 인형이 드라이브를 하던 도중, 다른 차가 교차로에서 그의 차 옆구리를 T자형으로 박는다고 하자. 그의 몸과 내장들은(그에게 내장이 있다고 치면) 가로축을 따라 오른쪽이든 왼쪽이든 한쪽 방향으로 가속될 것이다. 정면충돌이나 후방충돌 시에는 내장들이 수평축을 따라 앞에서 뒤로, 혹은 뒤에서 앞으로 가속될 것이다. 연구자들이 고려하는 세 번째 축은 척추를 따라가는 세로축이다. 이 경우에 푸스볼 선수는 헬리콥터를 운전하고 있다. 헬리콥터가 멈춰 땅으로 떨어진다. 푸스볼 인형의 심장이 마치 번지점프를 하는 사람처럼

✱ 푸스볼(foosball): 실제 축구 경기의 모습을 본떠 만든 테이블 축구 게임기. 테이블 양 끝에는 골대가 있고 봉에 인형들이 매달려 꽂혀 있다. 봉을 조종하여 상대방의 골대에 공을 집어넣는 게임이다.-편집자

대동맥을 타고 아래로 늘어진다. 평소에 운동을 열심히 했다면 좋았을 텐데.

우주비행사들은 착수하는 동안 드러누워 있기 때문에 우주캡슐이 고요한 조건에서 바다로 입수하면 내구성이 가장 강한 수평축에 힘이 가해진다(안전벨트를 잘 채우고 드러누워 있으면, 앉거나 서 있을 때보다 서너 배 많은 중력가속도의 힘을 견딜 수 있다. 0.1초 동안 45G의 힘까지 견딘다).✘

충돌은 간혹 하나의 축뿐 아니라 두세 축에 힘을 가하기도 한다(하지만 모의실험에서는 한 번에 한 축만 연구한다). 캡슐이 착수하는 상황에 높은 파도까지 고려한다면, 여러 축에 적용되는 힘들을 생각해야만 한다. NASA가 꼭 연구해야 할 여러 종류의 충격(여러 축에 충격이 가해지고 예측이 어려운)을 관찰하는 데 유용한 사례는 경주용 자동차 충돌이다.

내가 오하이오를 방문했던 주에 열린 NASCAR✘✘에서 칼 에드

✘   따라서 엘리베이터가 추락할 땐, 등을 대고 눕는 것이 가장 좋다. 앉아 있는 건 좋은 방법은 아니지만 서 있는 것보다는 낫다. 엉덩이가 충격을 완화시켜 주는 안전판 역할을 하기 때문이다. 근육과 지방은 압축이 잘 되므로 고중력의 충격을 흡수할 수 있다. 엘리베이터가 바닥에 닿기 직전 공중에 뛰어오르는 것은 그저 피할 수 없는 일을 아주 잠시 미루는 것일 뿐이다. 1960년, 민간 항공 의학 연구소Civil Aeromedical Research Institute 연구 결과, 떨어지는 단 위에 쪼그리고 앉아 있는 것은 비교적 낮은 고중력에서도 '심각한 무릎 통증'을 유발하는 것으로 드러났다. 연구자들은 흥미롭게도 '관절을 움직이는 근육이 (…) 무릎 관절을 비집어 여는 지렛목 역할을 한 것 같다'라고 적었다.

✘✘   전미 스톡카 경주 협회The National Association for Stock Car Auto Racing로 미국 스톡카(일반 자동차를 경주용으로 개조한 것) 경주 대회를 주최하는 가장 큰 단체다. NASCAR가 주최하는 종합 스톡카 경주 대회를 일컬어 보통, NASCAR라 지칭한다.–옮긴이

워드$^{Carl\ Edward}$는 시속 320킬로미터 가까이 달리다가 다른 자동차를 세게 들이받았다. 그의 차는 공중으로 높이 날아올라 뒤집힌 동전처럼 빠르게 회전하다가 벽에 쿵 하고 떨어졌다. 에드워드는 부서진 차체에서 아무렇지도 않게 빠져나와 터벅터벅 걸어 나갔다. 어떻게 이런 일이 가능할까? 〈스태프 자동차 충돌 저널$^{Stapp\ Car}$ $^{Crash\ Journal}$〉에 실린 「지지가 매우 잘되고 몸에 꼭 맞는 조종석 패키지」 논문의 한 구절을 인용해 보겠다. '포장(패키지)'이라는 단어를 주의 깊게 봐주길 바란다.

> 여러 축에 충돌이 가해질 때 인간을 보호하는 방법은, 배에 꽃병을 싣기 위해 '포장'하는 것과 별반 다르지 않다. 택배 배달원이 소포를 어느 방향으로 떨어뜨릴지 전혀 알 수 없기 때문에 사방을 튼튼하게 고정시켜 '포장'해야만 한다. 경주용 자동차 운전자는 맞춤 제작된 의자에 단단히 고정된다. 여기엔 허리에 메는 안전벨트, 두 개의 어깨 벨트, 가랑이 사이로 끼워 고정시키는 크러치 벨트가 함께 사용된다. 또한 머리와 목 받침대는 머리가 앞으로 쏠리지 않게 해주며, 좌석 측면에 있는 수직 받침대는 머리와 척추가 좌우로 움직이지 않도록 도와준다.

NASA 승무원의 생존을 연구하는 더스틴 고머트$^{Dustin\ Gohmert}$는 경주용 자동차의 안전벨트 시스템을 디자인하는 사람들과 대화하는 데 많은 시간을 보냈다. 그는 두 명의 동료와 함께 모의실험을 감독하기 위해, 이번 주에 존슨 우주 센터에서 이곳으로 왔다. 고머트는 강윤석과 세 명의 학생이 F에 기기를 장착하는 동안 몇 가지 질문에 답하기로 했다.

고머트의 눈은 파랗고 머리카락은 검다. 그는 유머감각이 넘치는 사람이지만 녹음기가 돌아가고 있는 동안은 아주 진지한 태도로 일관했다. 마치 상체 안전벨트 시스템에 대해 이야기하는 것만으로도 몸이 의자에서 떨어지지 않는 것처럼, 그는 질문에 대답하는 동안 등을 꼿꼿이 편 채 움직이지 않았다.

일찍이 NASA는 오리온을 만드는 데 있어, 경주용 자동차 좌석을 모델로 삼을 계획이 없었다. 우선 경주용 자동차 운전자들은 눕지 않고 똑바로 앉는다. 따라서 일정 기간 우주에 있었던 우주비행사들에게는 적합하지 않다고 여겨졌다. 조종할 필요가 없는 경우, 눕는 것은 더 안전할 뿐 아니라 우주비행사의 의식 유지에도 좋다.

다리 근육의 정맥은 우리가 서 있을 땐 수축하여 발에 울혈이 발생하지 않게 한다. 무중력상태에서 몇 주를 보내게 되면 이런 기능은 활동을 멈춘다. 문제를 악화시키는 요인은 체내의 혈액량을 감지하는 센서가 상반신에 있다는 점이며, 무중력상태에서는 상반신에 울혈이 더 많이 생기는 경향도 있다. 이때 센서들은 이를 혈액 과다로 받아들여, 혈액 생산을 중지하라는 신호를 보낸다.

우주에 있는 우주비행사들은 지구상에 있을 때보다 10~15퍼센트 적은 양의 혈액으로 살아간다. 혈액량 부족과 정맥 기능 저하로 인해 우주에서 장기 체류하다 지구로 돌아온 우주비행사들은 어지럼증을 느낀다. 기립성 저혈압 orthostatic hypotension 이라고 하며 임무를 마치고 기자회견을 하는 동안 기절한 우주비행사가 있을 정도로 꽤 당황스러운 문제다.

그러나 우주복을 입은 채 매우 안전한 좌석에 드러누워 있는 데는 문제점이 있다. 고머트는 이렇게 회상한다.

"우리는 경주용 좌석을 뒤로 눕힌 다음, 우주복을 입은 사람을 거기에 눕혀 놓고 '나올 수 있겠나?'라고 물었지요. 그런데 마치 거북이를 뒤집어 놓은 것 같더라고요."

몇 달 전, 나는 존슨 우주 센터에서 어떤 우주복의 수평 탈출 실험(캡슐 안에서 빠져나가는 것)을 지켜보았다. 그때도 사실 '거북이처럼 기어나오다'라는 표현이 쓰였다.

신속한 탈출은 무언가가 잘못되었을 때의 관심사다. 이를테면 캡슐이 바다에 가라앉고 있거나 불길에 휩싸였을 때와 같이 말이다. 가장 최근의 우주캡슐 사고는 2008년 9월, 국제우주정거장 익스페디션 16호와 17호 승무원을 태우고 지구로 귀환하던 소유즈 캡슐✖에서 벌어졌다(당시 어떠한 우주왕복선도 사용할 수 없게 된 NASA는 러시아 연방 항공우주국에 비용을 지불하고 국제우주정거장 승무원들을 귀환시켰다). 소유즈 모듈은 대기로 진입할 때 정상 형태에서 벗어

✖ 소유즈 TMA-11호에는 한국 최초 우주비행에 성공한 이소연도 함께 탑승하고 있었다. 동승한 승무원은 선장 유리 말렌체코와 페기 휘트슨이다.-편집자

났다. 1969년, 보리스 볼리노프가 탑승했을 때와 비슷한 상황이 벌어진 것이다.

그 결과, 평평한 면을 밀어올려 재진입과 착륙이 부드럽게 되도록 도와주는 공기역학적 양력이 작용하지 않게 되었다. 따라서 승무원은 지구 재진입 시 통상적으로 최고 중력이라 생각되는 4G 보다 두 배나 큰 8G를 1분 동안 견뎌야 했다. 게다가 착륙 충격은 10G였다. 캡슐은 착륙 목표 지점을 한참 벗어나 카자흐스탄 초원의 텅 빈 벌판에 착륙했다. 충돌의 충격으로 발생한 불꽃 때문에 들판엔 불이 붙었다.

경주용 자동차처럼 소유즈의 좌석에도 머리를 따라 몸통을 고정하는 측면 고정 장치가 있다. 이 장치는 평상시엔 더 안전하지만, 급히 탈출해야 하는 경우에는 오히려 방해가 된다. 익스페디션 16호의 선장 페기 휘트슨은 전화 인터뷰에서 내게 이렇게 말했다.

"전 탈출하기 위해 모든 계획을 세웠어요. '안전벨트를 풀고 이곳을 한 손으로 짚고 버티면서 한쪽 발을 내려야겠다' 하고 말이에요. 물론 계획대로 된 건 하나도 없었어요. 머리와 어깨는 소연의 좌석에 걸쳐 있고, 두 다리는 해치에 올라간 채 넘어지고 말았어요."

문제는 중력이 도와주지 않았다는 점이다.

"6개월쯤 무중력상태에서 지내다 보면 물건의 무게가 어느 정도 나가는지 잊어버려요. 이를테면 내 몸무게가 얼마쯤 나가는지 같은 거요."

또한 무중력에 익숙해진 다리 역시 제대로 움직이지 않는다.

"근육은 자신의 역할을 잊게 되죠."

게다가 급히 달려와 승무원이 부서진 잔해에서 빠져나오는 걸 도와줄 피트 크루✖도 없다.✖✖ 다행히 바람이 그들의 반대 방향으로 불기 시작했고, 불은 이내 사그라들었다.

고머트와 동료들은 경주용 자동차의 좌석처럼 어깨 받침대를 만들면, 우주비행사가 캡슐에서 탈출하는 시간이 위험할 정도로 늘어날 것이라고 우려했다. 그래서 오직 머리 받침대만 가지고 모의실험 일부를 시행했다. 그들은 충돌 실험용 인체 모형을 사용했다(고머트는 이것을 마네킹이라고 불러 백화점의 옷이 벗겨진 마네킹을 떠오르게 했다). 그러나 실험은 실패했다. 고머트는 슬로모션 비디오로 촬영한 장면을 설명해 주었다.

✖   피트 크루(pit crew): 자동차 경주에서 급유나 수리를 하는 곳을 피트라고 한다. 자동차가 이 지역에 들어오면 대기하고 있다가 빠른 속도로 급유, 타이어 교체, 간단한 점검을 해주는 사람을 피트 크루라고 한다.-옮긴이

✖✖ 휘트슨과 이소연, 유리 말렌첸코가 도움을 받은 건 기적과도 같았다. 착륙한 지 얼마 되지 않아 그녀는 누군가가 자신을 캡슐 밖으로 끌어내고 있다는 것을 느꼈다. "저는 뭣도 모르고 '대단한데, 벌써 구조대원들이 도착했나봐'라고 생각하고 있었어요. 그런데 그들은 나를 끌어내 세슘 고도계 옆쪽에 뉘었어요. 이상한 느낌이 들었어요. 왜냐하면 우리는 항상 세슘 고도계에서 떨어지라고 지시받았거든요. 그래서 구조대원들을 하나하나 쳐다봤어요. (…) 그들 중 한 명은 글자 그대로, 삼베 자루를 꿰매 만든 것으로 보이는 바지를 입고 있었어요. 구조대원이 아니라 카자흐스탄 주민이었던 거죠." 그중 한 사람이 러시아어를 조금 할 수 있었다. 그는 유리 말렌첸코에게 물었다. "이 배가 어디서 왔지요?" (낙하산들은 모두 불에 타버리고 없었다.) "유리는 이렇게 대답했어요. '이건 우주선이에요. 우리는 저 위 우주에 있었어요'라고. 그러자 그 남자가 '누, 라드나Nu, ladna'라고 하는 거예요. 대충 해석하자면 '아무래도 좋아요'라는 뜻이었어요."

"머리는 제자리에 고정되어 있지만 몸은 계속 움직였어요. 마네킹이 괜찮은지 걱정 될 정도였죠."

결국, 타협안으로 어깨 받침을 사용하기는 했지만 규모는 축소되었다. 경주용 자동차의 좌석은 운전자 개개인에게 맞추지만, 각 좌석을 우주비행사에게 일일이 맞추기에는 너무 많은 비용이 든다. 그래서 소유즈는 좌석마다 우주비행사의 몸에 맞춘 틀을 넣는 절충안을 냈다. 하지만 그 틀 역시 좌석 안에 꼭 들어가야만 하므로 우주비행사의 체격이 제한된다.

"러시아 우주비행사들의 몸집은 차이가 별로 크지 않아요."

고머트가 부럽다는 표정으로 말한다. 우리가 대화를 나누던 시기의 좌석과 우주복은 키가 아주 작은 하위 1퍼센트의 여성부터 키가 아주 큰 상위 99퍼센트까지의 남성 누구에게나 맞도록 제작되어 있었다. 그렇다 보니 키의 범위가 145~198센티미터나 된다. 고려해야 할 점은 이것만이 아니다. 좌석에 앉아 있는 몸 전체를 지탱하고 고정하는 장치는 모든 사람들의 허벅지 길이에도 맞아야 하고 앉은키, 발 사이즈, 엉덩이 폭 등 열일곱 가지의 해부학적 변수에도 맞아야 했다.✖

✖ 음경의 크기를 기준으로 하면 어느 누구도 제외되지 않는다. 음경은 선외활동 우주복 안에 호스로 연결되어 있는 콘돔 형태의 소변 수집 장치 중 하나에는 맞게 되어 있다. 우주비행사가 실제 자신의 사이즈는 S인데 L 사이즈를 골랐을 때 발생하는 재난을 피하기 위해서 S 사이즈는 만들지 않는다. "L와 XL, XXL가 있지요." 해밀턴 선드스트랜드 사의 우주복 엔지니어인 톰 체이스의 말이다. 아폴로 시대에는 이런 일이 없었다. 닐 암스트롱과 버즈 올드린이 달 표면에 남기고 온 106가지 물품들 가운데 소변 수집 장치는 네 개다. 두 개는 크고 두 개는 작다. 누가 어느 것을 착용했는지는 여전히 미스터리다.

항상 그랬던 것은 아니었다. 아폴로호 우주비행사들은 키가 165센티미터 이상, 178센티미터 이하여야만 했다. 그것은 놀이기구 탑승 시 '이것을 타기 위해서는 키가 이만해야 합니다'라고 쓰여 있는 표지판과 마찬가지로 엄수해야 할 사항이었다. 이는 다른 모든 면에서 자격을 갖춘 지원자들이 단지 키 때문에 우주 프로그램에서 제외되었다는 것을 의미한다. 오늘날 인권 사상으로 따지면 차별에 속하는 일이다.

그러나 우주비행사의 생존을 고민해야 하는 더스틴 고머트에게 이러한 제한은 상식과도 같다. 현재로서 좌석을 충분히 조절할 수 있게 만들려면 NASA가 수백만 달러와 노동력을 들여야만 한다. 그리고 상식적으로 조절 범위가 커질수록 좌석은 더 약해지고 무거워질 수밖에 없다.

카레이서와는 달리, 우주비행사에게는 복잡한 문제가 하나 더 있다. 우주복에는 진공청소기의 부속 같은 호스와 노즐, 연결부, 스위치가 부착되어 있다는 점이다.✖

착륙 과정이 험난할 때 우주복의 딱딱한 부분들이 우주비행사

✖ 그리고 기저귀에도 부착되어 있다. 하지만 카레이서들이 기저귀를 차지 않는다고 해서 그들이 옷에 오줌을 싸지 않는다는 뜻은 아니다. "모두가 그렇게 하곤 하죠." 역대 카레이서 10위 안에 드는 대니카 패트릭Danica Patrick은 〈여성 건강Women's Health〉과의 인터뷰에서 이렇게 말했다. 단, 그녀는 예외다. "저도 작년에 한번 시도해 보았어요." 그녀는 이 일이 상당히 적절하게도 황색 깃발이 올라가는 동안이었다고 설명한다(황색 깃발은 속도를 늦추고 선도 차를 따라가라는 신호로, 대개 사고가 발생할 때 올라간다). "저는 뭐랄까 '음, 한번 해보는 거야. Just do it!' 하는 생각이었죠." 나이키가 대니카를 후원한 것은 아니다(나이키의 유명한 광고 문구인 'Just do it'을 사용한 데서 한 말이다).

의 부드러운 부분에 상처를 입히지 않는지 확인하기 위해서, F는 모의실험 우주복을 입을 예정이다. 이 우주복은 목, 어깨, 허벅지 주변에 감압성 접착테이프로 칭칭 감아 고정한 고리들로 만들어졌다. 그 고리들은 우주복의 연결부들을 재현한 것이다(지금 해동✖시키고 있는 내일 사용하게 될 실험용 시체는 생명유지 호스와 연결부를 재현한 '생명줄'들이 부착된 조끼를 입을 것이다). 오늘 특히 중점적으로 관찰할 사항은 측면 착륙 시 우주복 관절 부위가 좌석의 어깨 받침대와 충돌할 경우, 팔뼈가 부러질 정도의 충격이 가해지는지 여부다.✖✖

고머트는 금속 관절이 어떻게 작동해서 우주비행사의 팔을 들어올리는지 설명한다. 여압복은 마치 튼튼한 인체 모형 풍선과 같다(옷이라기보다 공기로 부풀린 작은 공간이라고 하는 것이 더 맞을 것이다). 여압복에 연결 부위 같은 게 없다면 압력이 완전히 채워져 있을 때는 전혀 구부릴 수가 없다. 현재 우주복 어깨 부위에는 금속으로 된 관절 링이 있는데, 서로 맞물려 앞뒤로 비틀 수 있다.

✖   시체가 해동된 것은 어떻게 알까? 기도 밑에 감온소자(온도를 전기량으로 바꾸는 장치-편집자)를 고정하여 온도를 측정한다. 시체 내부 온도가 15도 이상 올라가면 준비가 된 것이다. 감온소자가 없을 때는 관절이 자유자재로 움직이는지 확인하기 위해 팔다리를 움직여보거나, 검시할 때 쓰는 직장 체온계를 이용하기도 한다. 2~3일쯤 지나면(부디 냉장고 안에서) 해동되는 것이 보통이다.

✖✖ 〈트라우마 저널Journal of Trauma〉 1995년 4월호에는 BMW의 에어백이 펼쳐질 때, 에어백과 얼굴 사이에 담배 파이프가 있었던 사람의 사례가 실려 있다. 파이프가 그의 눈으로 들어가 안구가 파열되었다. 세부 묘사에 예리한 눈을 가진 스위스 내과의사인 필자는 '바닥엔 온통 담배 가루가 있었으며' 부상의 형태는 '날카로운 소뿔에 찔렸을 때'와 유사했다고 썼다. 그 논문은 '적절하게 행동하라. 운전 중에 컵에 담긴 음료를 마시거나, 무릎 위에 물건을 올려놓거나, 안경을 착용하지 마라'라는 권고로 끝을 맺는다. 다만 날카로운 소뿔처럼 말하긴 싫지만, 운전하는 동안 안경을 끼는 것이 더 많은 부상을 예방한다는 건 누구나 아는 사실일 것이다.

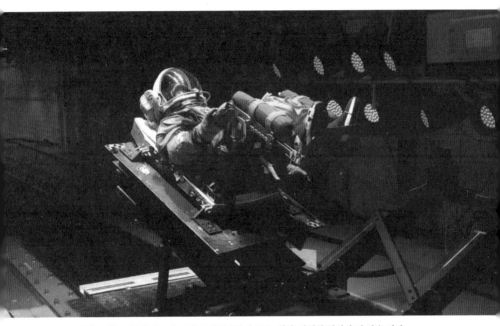

슬레드 테스트를 통해 고속 가속도 환경에서 우주복, 헬멧, 좌석의 안정성 및 반응 평가

이를 통해 우주비행사들은 옛날 구체관절 인형처럼 팔 전체를 위아래로 회전시킬 수 있다(이건 내가 비유한 것이지 고머트가 한 말은 아니다). 그 대화가 있기 전 나는 최근 유행하는 상하의를 따로 고르는 수영복에 비유해, 우주복의 여러 부분을 다양한 사이즈로 만들고 선택해서 입히면 어떻겠느냐고 물었다.

"나는 그런 수영복을 사본 적은 없지만 좋은 생각 같네요."

고머트는 신중하게 대답했다.

존 볼트John Bolte는 상위 1퍼센트까지는 아니지만, 상당히 키가 크다. 내가 빌린 작은 렌터카를 운전하기 위해 차에 타면서 핸들 위로 몸을 숙여야 할 정도였다. 그는 운전 중에도 휴대전화 메시지를 읽고, 큰 아들의 야구 경기 점수를 보고 있었다. 그런 식으로 계속 운전을 하다가 사고가 나서 자동차가 완전히 구겨진다 한들, 그는 전혀 당황하지 않은 기색으로 걸어 나와 '8회 말, 9대 3!'이라고 외칠 것만 같았다.

볼트는 오하이오 주립대학교에서 부상 생체 역학 연구소를 운영하고 있다. 그는 학생들의 연구를 점검하고, 피스톤에 압축 공기를 넣기 전 마무리 작업을 돕기 위해 이곳에 왔다. 그는 수술복 차림에 야구 모자를 거꾸로 쓰고서 F에게 옷을 입히는 것을 돕는다. 그는 시체의 주먹을 긴팔 셔츠의 소매 속으로 밀어 넣고 있다. 그러면서 이 일이 다섯 살배기 아이에게 옷을 입히는 것과 비슷하다고 말한다.

이제 F를 슬레드 위에 있는 의자에 앉힐 차례다. 만취 상태의 취객을 택시 안에 힘껏 밀어 넣는 상황을 떠올리면 된다. 두 명의 학생이 F의 엉덩이를 받치고, 볼트는 손으로 등을 받친 채 힘을 준다. F는 마치 의자에 앉은 채 뒤로 넘어간 것처럼 구부린 두 다리를 들어올린 상태에서 등을 대고 누워 있다.

피스톤은 F의 오른쪽에 있다. 그는 측면 축을 따라 충격을 받을 것이다.

"측면충돌은 매우 치명적이에요."

고머트가 말을 멈춘다.

"충돌이라는 말을 쓰면 안 되겠군요."

NASA는 '착륙 진동landing pulse'이라는 말을 선호한다(참고로 NASCAR는 '접촉'이라는 표현을 좋아한다).

볼트가 갑자기 놀랍다는 듯 말한다.

"NASA가 이 사람들을 훈련시킨 게 틀림없어요. 그들에게 뭔가 질문을 하면 답변을 고민하는 모습을 볼 수 있을 거예요."

그러나 볼트는 이들과 다르다. 내가 지금까지도 기억하는 그날의 명대사는 바로 볼트의 말이다.

"그의 중요 부위가 지금 싸고 있는 건가요?"

'측면 충돌'은 왜 치명적일까? 바로 미만성 축삭손상diffuse axonal injury 때문이다. 무방비 상태의 머리를 이쪽저쪽으로 흔들면 뇌가 두개골 측면에 이리저리 세게 부딪힌다. 뇌가 부서질 수 있으며, 이 경우 뇌는 압축되기도 하고 늘어나기도 한다. 정면충돌과는 달리 측면충돌은 뉴런에서 길게 뻗어 나온 신경돌기를 잡아당긴다. 신경돌기는 뇌의 회로와 두개의 뇌엽을 연결하는데, 너무 심하게 늘어나면 혼수상태에 빠지거나 사망에 이를 수 있다.

심장에도 유사한 일이 일어난다. 심장이 혈액으로 가득 차면 무게가 330그램은 족히 나간다. 정면충돌과 달리 측면충돌에서는 대동맥에서 심장이 튀어나올 수 있는 공간이 많아진다.✖ 만약 대동맥이 늘어날 대로 늘어나고, 그 순간 심장이 혈액으로 가득 차 무거워진다면 대동맥과 심장이 분리될 수도 있다. 고머트의 표현을 빌리자면 '대동맥 절단aortal severation' 현상이 일어나는 것이다. 이러한 현상은 정면충돌할 때는 자주 일어나지 않는다. 가슴이 비교적 평평하기 때문이다. 대신 심장은 제자리에서 납작한 샌드위치 모양이 된다. 헬리콥터 추락과 같이 세로축으로 충돌할 경우에도 심장이 대동맥과 분리된다. 이는 심장이 아래쪽으로 잡아 당겨져 대동맥이 견딜 수 있는 한계를 넘어서기 때문이다.

F는 마침내 준비를 마쳤다. 우리는 실험을 지켜보기 위해 2층으로 자리를 옮겼다. '쾅' 하는 극적인 소리와 함께 머리 위 불빛들

✖   심장은 얼마나 많이 움직일까? 때로는 본인이 느낄 수 있을 정도까지도 움직인다. 속도 급감에 대한 아폴로 시대의 한 연구에서는 실험 참가자 스물네 명 중 다섯 명이 연구자들이 흔히 말하는 '복부 내장 변위 지각abdominal visceral displacement sensation' 현상을 불평했다.

이 일제히 켜진다. 실제 충돌은 다소 실망스럽다. 실험 시 공기✖가 충돌을 일으키는데, 막상 충돌 실험이 시작되면 의외로 조용하게 이루어지기 때문이다. 그리고 그 충돌은 눈으로는 판단할 수 없을 정도로 빠르다. 나중에 슬로모션으로 관찰할 수 있도록 초고속 카메라로 이 장면을 촬영한다.

우리는 스크린을 보기 위해 몸을 숙인다. F의 한쪽 팔이 어깨 받침대 아래 공간으로 꺾이며 들어간다. 갈비뼈 받침대가 제거된 공간이다. 팔에는 마치 추가 관절이 있는 것처럼, 팔이 구부러지지 않아야 할 곳에서 꺾이는 것 같다.

"저렇게 될 리가 없어요."

누군가가 말한다. 이것은 계속 반복되던 문제다. 고머트는 "좌석의 틈새가 신체 부위들로 채워지는 경향이 있죠"라고 이야기한다(팔은 부러지지 않았을 것이다).

F는 부상이 생겨나는 시점인 12~15G의 최대 충격을 견뎠다. 사고 희생자의 부상 정도는 G의 힘이 얼마나 발생했는지 뿐만 아니라, 자동차가 정지할 때까지 얼마만큼의 시간이 걸리는지에 따라 달라질 거라고 고머트는 설명한다. 예컨대 벽에 부딪히기 직전

✖   이 소리가 부드러울까? 그렇지 않다. 〈노인을 위한 나라는 없다No Country for Old Men〉라는 영화에 나오는 하비에르 바르뎀Javier Bardem을 떠올려보라. 만약 그 영화를 보지 못했다면, 미국의 의학 뉴스 〈메드페이지 투데이MedPage Today〉의 한 기사에서 묘사한 '노동자들이 압축된 공기로 충격을 가해서 돼지의 머리에서 뇌를 꺼내는 장면'을 상상해보자. 그 소식통은 '이것이 뇌 조직을 유화乳化시킨다'라고 말했다.

에 자동차가 멈춘다면, 운전자는 불과 0.01초 안에 100G의 강한 충격을 받을 것이다. 요즘 안전장치로 주로 사용하는 안전 보닛이 자동차에 설치되어 있다면, 똑같은 100G의 에너지라도 서서히 방출되기 때문에 최대 충격을 10G까지 감소시킨다. 생존 가능성이 매우 높아지는 것이다.

자동차가 정지하기까지 걸리는 시간은 이례적인 상황을 제외하고는 길수록 좋다. 이를 이해하기 위해서는 충돌 시 몸에 무슨 일이 벌어지는지 알아야 한다. 조직마다 질량이 다르기 때문에 가속도에도 차이가 생긴다. 뼈는 살보다 더 빠르게 가속된다. 측면충돌 시, 두개골은 양 볼과 코끝보다 먼저 튀어나간다. 권투 선수가 머리 측면을 맞았을 때의 슬로모션을 보면 이해가 쉽다.✘

정면충돌 시에는 뼈대가 먼저 움직인다. 뼈는(안전벨트나 자동차 핸들에 의해) 계속 앞으로 쏠리다가 멈춰지면 뒤로 튕겨 나온다. 뼈대가 앞으로 움직이기 시작한 직후, 심장과 다른 내장들이 출발한다. 즉 심장이 앞으로 튕겨 나가다가, 반대 방향으로 튕기며 돌아오는 흉곽과 충돌할 수 있다. 모든 장기들은 서로 다른 속도로 앞

✘   그리고 「머리 가속 충돌 시 인간의 임의적 내성Voluntary Tolerance of the Human to Impact Accelerations of the Head」이라는 논문을 봐도 알 수 있다. 열한 명의 피험자(적어도 한 명은 정장 차림을 한)는 4킬로그램과 6킬로그램의 추로 머리를 맞았다. 저자들이 쓴 대로, 가속이 발생하자 얼굴의 부드러운 부분부터 상당한 정도로 뒤틀렸다. 이들에게 감사의 말씀을 전한다. 머리의 충격을 조사할 때는 시체가 그리 큰 도움이 되지 않기 때문이다. 시체에게 7부터 거꾸로 세라고 부탁할 수도, 대통령의 이름을 말하라고 요청할 수도 없기 때문에 시체가 어떤 종류의 두통을 겪는지는 절대로 알아낼 수 없을 것이다.

뒤로 움직이다가 흉곽과 충돌해 튕겨 나온다. 이 모든 일은 눈 깜짝할 사이에 일어난다. 어찌나 빠른지 '튕기고 반동한다'는 말이 잘못된 표현이 될 정도다. 몸속에서 진동이 일어나는 것이다.

고머트의 설명에 따르면, 하나 혹은 여러 개의 장기들이 공명 주파수로 진동하고 있다면 위험은 더욱 커진다. 진동을 증폭시키기 때문이다. 가수가 와인잔의 공명 진동수와 일치하는 음을 내면 와인잔은 점점 세게 진동하기 시작한다. 그 소리가 충분히 크고 오랜 시간 지속되면 와인잔은 산산조각 난다. 재즈 가수 엘라 피츠제럴드Ella Jane Fitzgerald가 폭발하는 와인잔과 함께 등장한 옛 광고를 기억하는가. 충돌 시 공명 주파수가 발생한다면 내장에도 똑같은 일이 일어날 수 있다. 내장이 흉곽에서 떨어져 나가거나 더욱 나쁜 상황이 벌어질 수도 있다.

"간단해요. 내장이 곤죽이 되는 거죠."

고머트는 특정한 예로 솔깃하게 말하고는 이렇게 결론지었다.

혹시 엘라 피츠제럴드가 사람의 간도 폭파시킬 수 있는지 궁금해 할지도 모르겠다. 결론부터 말하면 그럴 수 없다. 와인잔은 사람들이 들을 수 있는 가청음파 범위 내의 비교적 높은 공명 주파수를 갖고 있고, 몸의 공명 주파수는 사람들 귀에 들리지 않는 낮은 초저주파 불가청음의 범위 안에 있기 때문이다.

반면 로켓은 하늘로 발사될 때 강력한 초저주파 진동을 발생시키는 데 이것이 사람의 내장을 터트릴 수 있을까? 실제로 1960년대, NASA는 이 실험을 했다. 로켓이 낸 진동 때문에 인간의 장기가 '잼jam'처럼 되어버리는 건 아닌지 확인하기 위해서였다. 한 초저주파 전문가는 "달에 잼을 보내는 일이 생기면 안 되니까요"라고 말했다.

한편 볼트의 제자들이 F를 들것에 옮긴 뒤 흰색 밴의 트렁크에 싣고 있다. F는 오하이오 주립대학교 메디컬 센터로 옮겨져 체내 정밀 촬영을 받게 될 것이다. 이 모든 과정은 살아있는 환자의 절차와 똑같다. 병원비를 내느냐 안 내느냐는 문제를 제외하고 말이다.

고머트는 F에게서 눈을 떼지 않는다. 그가 무슨 생각을 하고 있는지 알 수가 없다. 시체에게 충격을 가해야 했던 게 마음에 걸리는 걸까? 그의 시선이 볼트에게로 옮겨간다. 그의 입에서 이런 말이 나오리라고는 상상도 하지 못했다.

"혹시 시체를 앞 좌석에 앉힌 채 고속도로를 달려본 적 있으세요?"

오늘 이른 아침에 본 한 장면이 떠오른다. 볼트의 제자인 한나와 마이크가 F 옆에 서서, 그의 뼈에 설치된 스트레인 게이지에서 뻗어 나온 길고 가는 전선들을 풀며 즐겁게 이야기를 나누고 있었다. 이 장면은 섬뜩하다기보다 마치 한 가족이 크리스마스 트리를 장식하고 있는 것처럼 편안하게 느껴졌다. 나는 너무나 편안해 보이는 그들의 모습에 충격을 받았다. 그들에게 시체란 사람보다는 못하고 신체 조직 일부보다는 나은 중간 영역에 존재하는 듯했다. F는 여전히 '그'로 불리지만 상처가 날까 봐 걱정해야 할 존재는 아닌 것이다. 특히 한나는 F에게 정말 다정했다. 늦은 밤, F가 CT 촬영기 안에 누워 있는 동안 '숨을 참으세요'라는 목소리가 자동으로 재생됐다. 그러자 그녀가 말했다.

"정말 잘하지 않아요?"

그 말은 우습기도 했지만, 시체의 남다른 재능과 능력을 간접적으로 인정한 말이기도 했다.

NASA 팀은 시체를 이 정도로 편하게 생각하지는 않았다. 실험의 목적 이외에(고속도로 이야기 빼고) 그들은 F에 대한 언급을 거의 하지 않았고, '그'보다는 '그것'이라는 대명사를 사용했다. 나는 이곳의 방문 허가증을 받기 위해 몇 달 동안 NASA 홍보부 직원과 이메일을 주고받아야 했고, 오늘 아침엔 도착하자마자 바짝 긴장되는 전화 몇 통을 잇달아 받아야 했다. NASA는 시체들을 불편하게 생각한다. 그들은 자신들의 문서와 출판물에 '시체'라는 단어를 사용하지 않고, 새로운 완곡어인 '사후 피험자postmortem human subject'라는 말을(혹은 훨씬 조심성 있게, PMHS) 선호한다.

NASA가 시체라는 단어 사용을 이토록 조심스러워하는 이유는, 시체라는 말이 무언가를 연상시키기 때문이 아닐까 추측해본다. 우주선 안의 시체들이라 하면 챌린저호(발사 약 73초 만에 공중 폭발), 컬럼비아호(플로리다 착륙 예정 시간을 불과 16분 앞두고 공중 폭발),

아폴로 1호(시험 도중 화재 발생) 같은 불행한 과거를 떠오르게 한다. 또한 NASA는 시체라는 말에 익숙하지도 않다. 내가 확인한 바로는, 지난 25년간 항공 의학 연구 가운데 시체를 이용한 프로젝트는 단 하나 뿐이었다.

1990년, 방사선 양을 측정하는 기계가 부착된 사람의 두개골이 우주왕복선 아틀란티스에 실렸다. 낮은 지구 궤도에서 얼마나 많은 방사선이 우주비행사들의 머리를 통과하는지 측정하기 위해서였다. 연구자들은 우주비행사들이 몸통이 없는 동료 승무원을 보고 기겁할까 봐 걱정되어, 머리 모양으로 만든 분홍색 비닐을 두개골에 덮었다. 마이크 멀레인은 '그건 두개골만 있을 때보다 훨씬 더 위협적이었다'라고 적었다.✖

과거 아폴로 시대의 항공우주국은 우주캡슐 충돌 연구에 시체를 사용하는 것을 산 사람을 이용하는 것보다 더 불편해한 것 같다. 1965년, NASA는 오늘날 하는 것과 매우 유사한 실험들을 공군과 공동으로 연구했다. 하지만 실험 대상은 살아있는 인간들이었다. 홀로먼 공군기지의 직원 79명은 우주복에 헬멧까지 착용하

✖   NASA가 시체 연구를 피하는 또 다른 이유는 바로 우주비행사 때문이다. 멀레인은 이렇게 적었다. '나는 둥둥 떠서 부유 방지 장치가 있는 침낭으로 다가가 팔을 집어넣고 머리를 숙여 그 안으로 완전히 들어갔다. (…) 페페와 데이비드가 테이프로 침낭 꼭대기에 두개골을 붙였다. (…) 두 사람은 내가 들어 있는 침낭을 둥둥 띄워서 계기반에서 열심히 일하고 있는 존 캐스퍼 뒤쪽으로 밀었다. 그는 고개를 돌렸고 괴물이 두 팔을 흔들고 있는 것을 보곤 소스라치게 놀랐다. 나중에 우리는 '그걸' 화장실에 고정해 두었다.' 만약 평생 동안 우주비행사 회고록을 단 한 권 읽어야 한다면 반드시 멀레인이 쓴 책을 읽어보시길.

고 충돌 슬레드 위에 놓인 가상 아폴로 우주캡슐에 탔다. 이후 이들은 거꾸로 뒤집히고, 한쪽으로 기울고, 전후방 45도 각도를 유지하는 등 가상 우주선 착수 모의실험을 288번이나 견뎌냈다. 최대 힘은 오늘 실험 대상 F가 받았던 12~15G보다 두 배 이상 강력한 36G나 되었다.

인간 충돌 허용도 연구 개척자인 존 폴 스태프John Paul Stapp 대령은 한 보도자료에서 그 프로젝트를 유쾌하게 요약했다.

"몇 번 목이 뻐근해지고, 등이 비틀리고, 팔꿈치가 멍들고, 욕설을 수시로 내뱉은 덕분에, 최초의 달 착륙 비행 시 세 명의 우주비행사가 맞닥뜨릴 절박한 상황 외에는 더 이상 위험이 없도록 안전한 아폴로 우주캡슐이 만들어졌습니다."

나는 홀로먼 공군기지에 있는 데이지 슬레드에 아폴로 헬멧을 착용한 채 다양한 방향으로 여섯 차례나 충돌 실험을 경험했던 사람과 대화를 나누었다. 66세의 얼 클라인Earl Cline이다. 그는 1966년에 마지막으로 슬레드를 탔으며, 그때 가해진 힘은 25G였다. 나는 만성적인 통증으로 고통을 받고 있는지 물었다. 그는 아무 문제도 없었노라고 대답했지만, 대화를 하는 동안 문제들이 발견되기 시작했다. 그는 지금까지도 측면충돌 실험 시 부딪혔던 어깨에 통증을 느끼고 있었다. 제대할 때 그는 심장 판막 하나가 찢어졌으며 한쪽 눈에 '약간 이상이 있는' 것을 알게 되었다.

클라인은 고막이 파열된 남자와 '엉덩이를 하늘로 향해 쳐든 채' 거꾸로 아폴로 좌석에 앉았다가 위장이 파열된 남자에게 안타까운 마음을 갖고 있다.

클라인은 원망하거나 후회하지 않았고, 장애 보상금 지급을 요청하지도 않았다.

"저는 제가 기여했다는 사실에 자부심을 갖고 있어요. 아폴로 비행 임무를 수행하며 우주로 올라갔을 때, 헬멧이 부서지는 등 사고가 발생하지 않았던 건 제가 그 헬멧을 먼저 실험했기 때문이라고 생각하고 싶어요."

스태프 대령의 '몇 번 목이 뻐근해지고'가 언론에 보도된 시기에, 다른 피험자인 투어빌도 한 신문 인터뷰에서 비슷한 이야기를 했다.

"등이 뻐근해서 며칠 잠을 이루지 못했던 것쯤은 별로 개의치 않아요. 아폴로 우주비행사들이 무사히 돌아올 수 있었던 것은 바로 제가 참가한 실험 덕분이라는 사실을 알고 있으니까요."

투어빌은 25G의 힘을 받았다. 그 결과 세 개의 척추골을 에워싸고 있는 연조직이 눌리는 압박 손상을 입었다.

위험 수당을 듬뿍 얹어준 것도 실험 참가를 고취시켰다. 홀로먼 공군기지 수의사인 빌 브리즈Bill Britz는 매달 100달러씩 더 받았다고 기억한다. 클라인은 일주일에 최대 세 차례 슬레드를 타는 대가로 매달 60~65달러를 더 받았다. 당시 그의 기본급이 72달러였던 것을 고려하면 꽤 의미 있는 액수다.

"나는 장교처럼 살았어요."

클라인은 이렇게 말하면서 데이지 슬레드 피험자가 되기 위한 대기자 명단도 있었다고 덧붙였다. 그러나 NASA가 일부 착륙 충격 연구를 위해 계약을 체결했던 덴버에 위치한 스탠리 항공사 Stanley Aviation의 상황은 달랐다. 우주캡슐이 경로를 이탈해 바다가 아닌 흙이나 자갈밭 또는 슈퍼마켓 주차장에 착륙할 경우 우주비행사가 어떤 부상을 입을 수 있는지 알아보기 위해 캡슐 모형을 높이 올렸다가 압축 정도가 다른 여러 표면 위로 떨어뜨렸다. 그 실험에서는 단돈 25달러만 지급됐다고 브리츠가 귀뜸해 주었다.

"그들은 빈민굴에서 부랑자들을 구했던 거예요!"

NASA에게는 가난한 사람들과 관련된 스캔들이 시체와 관련된 뉴스보다 더 난처하지 않을까 생각되지만, 그 당시에는 그렇지 않았다. 노숙자들은 '사회의 낙오자'이자 '집도 절도 없는 부랑자'였다. 반면 시체들은 비단 베개를 베고 영면에 든 사람들이었으니 말이다.

불시착한 우주캡슐 속에서 살아남은 최초의 미국인은 비행 임무 기획자들의 예상보다 3G의 힘을 더 견뎌냈다. 그가 탄 캡슐은 예상보다 70킬로미터 더 높이 날아가, 경로에서 700킬로미터나 떨어진 곳에 착륙했다. 두 시간 반쯤 뒤 구조 선박들이 도착했을 무렵, 캡슐에 380리터가량의 물이 들어와 일부가 침수된 상태였다.

불안감이 팽배한 순간 해치가 열렸다. 우주여행자는 살아있었다! 그는 기지로 귀환하자마자 초조하게 기다리고 있던 공군, 에드워드 디트머Edward Dittmer 상사의 품으로 뛰어들었다.

그 우주비행사는 햄Ham이라는 세 살배기 침팬지였다(디트머는 햄의 훈련사였다). 햄의 생존은 불시착한 우주캡슐에서 최초로 살아남은 생명체 였으며, 캡슐을 타고 우주로 나갔다가 살아서 돌아온 최초의 미국 우주비행사이기도 했다. 햄의 비행은 대대적으로 보도되었고, 머큐리호 우주비행사들의 찬란한 빛을 퇴색시키기에 충분했다. '우주비행사가 캡슐을 조종하는 것이 아니라, 캡슐에 실려 가는 존재'라는 사실을 모두에게 인식시켰다. 존 글렌보다 3개월 먼저 지구 궤도를 돌았던 동료 침팬지 에노스Enos와 함께 햄은 오늘날까지도 논란의 중심에 있다.

'우주비행사는 정말 필요한 존재인가?'

CHAPTER 8

인류를 위해 누가 먼저 우주에 갈 것인가

햄과 이노스, 최초 우주여행자의 기묘한 여정

존 스태프 항공우주 공원John P. Supp Air and Space Park 한가운데는 역사
적인 미사일 열한 대가 전시되어 있다. 이 공원에는 가시로 뒤덮인
선인장들이 심어져 있고, 그 사이사이에 우주 관련 장비가 배치되
어 있다. 자갈길을 따라 걸으며 '가시 배Prickly Pear' '리틀 조Little Joe'
'진분홍 고슴도치Crimson Hedgehog'라는 이름표를 읽는다. 이름만으
로는 뭐가 뭔지 알기 어려운 것들도 있다. 대체 '터키인의 머리Turks
Head'는 선인장일까, 폭발하는 탄약일까?

　언덕 밑으로 20미터쯤 떨어진 곳에 뉴멕시코 우주 역사박물관
New Mexico Museum of Space History, 국제 우주 명예의 전당International Space
Hall of Fame이라는 공원 입구 안내 표지판이 있다.

　여기서도 비슷한 혼란에 빠진다. 평평한 길바닥에 '세계 최초

의 우주비행사 햄'※이라고 쓰인 청동 묘비 하나가 눈에 띈다. 우주 침팬지들은 키메라※※처럼 복잡한 존재였다. 사람들은 그 동물들을 뭐라고 불러야 할지 혼란스러워했다. 침팬지일까, 우주비행사일까? 실험용 동물일까, 국민 영웅일까? 사람들은 아직도 고민하고 있다. 무덤에 꽃바구니를 놓는 사람이 있는가 하면 플라스틱 바나나를 놓는 이도 있었다.

혼란스러워하는 사람들을 탓할 수는 없다. 1961년, 미국 최초의 탄도 비행(1월)과 궤도 비행(11월)을 앞두고 최종 연습 비행에 참가한 햄과 에노스는 앨런 셰퍼드, 존 글렌의 경력과 크게 다르지 않다. 이 침팬지 두 마리와 뒤이어 우주로 갔던 두 명의 우주비행사는 함께 훈련을 받지는 않았지만, 함께 훈련했어도 어색하지 않았을 것이다. 그들은 동일한 고도의 감압실에서 시간을 보냈고, 똑같이 포물선 비행을 하면서 무중력상태를 경험했다. 이륙 시 발생하는 소음과 진동, 중력가속도에 익숙해지기 위해 같은 원심분리기와 진동 테이블에 올랐다.

그리고 대망의 그날이 되면, 우주 침팬지와 우주비행사는 똑같은 우주복을 입고 똑같은 에어스트림 트레일러Airstream Trailer에 실

※   쉼표가 하나 있었다면 좋았을 것이다. '우주비행사 햄'이라는 단어는 죽은 동물 고기를 연구용으로 가공한 것을 떠올리게 할 위험이 있기 때문이다. 처음 있는 일은 아니다. 한번은 '프로젝트 바비큐'가 실수로 잘못 홍보된 적이 있었다. 바로, 1952년에 있던 공군의 슬레드 충돌 실험에서 죽은 돼지들이 그날 밤 늦게 군 식당에 배식된 적이 있다는 식으로 말이다.
※※   키메라(chimera): 머리는 사자, 몸통은 양, 꼬리는 뱀의 모양을 하고 있는 그리스 신화에 나오는 기이한 짐승-편집자

려 이동식 로켓 발사 정비 탑으로 나갈 것이다.

침팬지나 인간이나 로켓을 조종할 일은 거의 없거나 아예 없었다. 햄의 수의사 빌 브리츠는 머큐리 캡슐들은 "비행하는 기계라기보다 탄알이었다"라고 말한다. 그들이 쏘아 올려지고, 낙하산에 신호가 보내지고, 다시 내려오는 모습을 지켜본다.✖ 인간과 침팬지를 묶어 말하자면 "그들은 그저 캡슐에 탄 생명체에 불과했다"라고 브리츠는 말했다. 머큐리 프로그램은 V-2와 에어로비, 포물선 비행의 연장선에 있었다. 항공우주 생물학자들은 사람이 무중력상태에서 몇 초간 기능할 수 있다는 것을 입증한 바 있다. 하지만 한 시간이나 하루나 일주일은 어떨까?

브리츠는 우주여행을 하는 침팬지 시대에 대해 "사람들은 '왜?' 그랬느냐고 묻는다"라고 했다.

"메리, 그때 우리는 정말 아무것도 몰랐어요."

우주에 장기간 머문다면 어떤 현상이 일어날까? 무중력상태와 우주방사능은 어떤 영향을 미칠까(고에너지 원자들은 빅뱅 이후 계속해서 굉장한 속도로 우주를 쌩쌩 날아다니고 있다. 지구의 자기장은 우주에서 대기권으로 끊임없이 날아드는 우주의 미립자와 방사능으로 이뤄진 우주방사선을 굴절시켜 지구에 사는 우리를 보호하지만, 우주로 가면 이러한 보이지 않는

✖   우주비행사들이 지향성 반동추진엔진을 조종해 항공기의 진로 방향을 정할 수는 있었지만, 반드시 그럴 필요는 없었다. 마이클 콜린스의 말에 따르면 이 캡슐은 자동으로 비행하며, 지상관제 센터에서 '침팬지 모드'로 작동시킬 수 있었다.

탄환들이 세포를 파괴시켜 돌연변이가 일어난다. 우주비행사들이 방사선 노동자로 분류될 정도로 심각한 문제다)?

앨버트가 머큐리 비행자들을 위한 초석을 마련했듯이, 햄과 셰퍼드도 제미니 우주비행사들을 위한 길을 닦았다. 그런 일은 반복되어 제미니는 아폴로를 위한 길이 되었고, 6개월의 우주정거장 임무들은 결국 장기 화성 비행의 토대가 되었다. 그동안 있었던 각각의 우주 프로그램은 행성학 발전에 많은 기회를 열어주었지만, 우주 탐험이라는 원대한 계획으로 보면 모든 프로그램이 앞으로 있을 더 길고 먼 여행을 위한 연습이자 준비였다.

NASA는 여전히 무중력을 두려워했다. 1967년, 존 글렌은 AP통신과의 인터뷰에서 이렇게 말했다.

"무중력은 큰 골칫거리였어요. 안과 의사들은 우주로 가면 눈 모양이 변형되고, 그로 인해 시력도 바뀌어서 앞을 못 보게 될 것으로 생각했지요."

만약 제미니 캡슐 내부를 들여다보게 된다면 계기반에 테이프로 붙여놓은 소형 시력 검사판이 눈에 띌 것이다. 글렌은 20분마다 시력 검사를 하도록 지시받았다. 우주선 안에는 색맹 테스트 자료와 난시 측정 장치도 있었다. 나는 글렌의 역사적 비행에 대해 처음 듣고는 '지구 궤도를 최초로 돈 NASA의 우주비행사가 된다는 건 어떤 걸까?' 생각하곤 했다. 지금은 어떤지 알고 있다. 그건 마치 안과 진료를 받는 기분이었을 것이다.

NASA는 발사할 때나 재진입할 때의 과도한 중력도 불안해했다. 우주비행사는 무언가 문제가 발생할 때 계기반에 손을 뻗을 수 있어야 한다. 그러나 만약 팔의 무게가 4킬로그램이 아니라 30킬로그램이 나간다면 그 팔을 들어올릴 힘이 있을까? 햄이, 그리고 나중에는 에노스가 비행하는 동안 계기반에 손을 뻗어 레버를 잡아당기는 기계적인 행동을 습득하면서 몇 주를 보낸 것도 바로 이 때문이다.

레버를 잡아당기는 일은 비행 동안 인지 기능 변화를 추적하는 요소가 되기도 했다. 연구자들은 레버 조작 훈련을 통해 무중력상태에서 방향 감각의 혼란을 겪거나 반응 시간이 느려지지 않는지 확인하기도 했다.

머큐리 비행사들이 군 최고의 시험비행 조종사들이라는 점을 감안하면 그런 걱정은 기우처럼 보였다. 이들은 우주에 가본 적은 없지만 우주 부근에서 많은 시간을 보냈기 때문에 자신감이 넘쳤다. 시험비행 조종사로서 머큐리 비행 시보다 더 지속적인 상승과 급강하를 통해 중력가속도의 힘을 견뎌냈으며 더 높은 고도를 경험했다. 그들은 자신들의 능력에 대해서는 걱정하지 않았다.

오히려 자신이 탈 우주선을 걱정했다. 발사 2개월 전, 셰퍼드의 캡슐을 싣고 우주로 갈 레드스톤 로켓 유도 시스템의 상태는 좋지 않았고, 비행에 앞서 수정된 하드웨어는 무려 일곱 가지나 되었다. 하지만 그중 어떤 것도 실제 비행에서 테스트가 이루어지지 않은 상태였다. 그것이 NASA가 침팬지들부터 우주로 보냈던 또 하나의 이유이기도 했다(그들은 그런 신중함을 후회하게 된다. 왜냐하면 앨런 셰퍼드가 비행하기 3주 전, 소련의 우주비행사 유리 가가린이 최초의 우주인이 되기 때문이다).

햄의 비행은 결국 미국의 영웅인 우주비행사가 고작 미화된 침팬지라는 사실을 널리 알린 꼴이 되고 말았다.

"침팬지를 먼저 우주로 보낸 것은 그들의 자존심에 타격을 주었을 뿐이었어요."

빌 브리츠는 내게 이렇게 말했다.

우주비행사들은 분명히 아무런 사건 없이 조용한 인체 모형 dummy 발사를 더 선호했을 것이다. 햄의 비행보다 몇 개월 앞서 선실의 센서들을 테스트하기 위해 '숨을 쉬어서' 산소를 소비하고 이산화탄소를 내뿜는 '승무원 모형'✖을 실은 캡슐 하나가 발사되었다. 모형에게 일을 시킨 것도 똑같은 의미를 내포할 수 있었지만,

---

✖ 모형 우주비행사는 스푸트니크(소련이 발사한 최초의 인공위성-편집자) 시대까지 거슬러 올라가는 전통이다. 그때 소련은 이반 이바노비치Ivan Ivanovich라는 이름의 마네킹으로, 때로는 음성 전송을 테스트하기 위해 녹음테이프로 시험비행을 했다. 미국 정보기관에 그것이 스파이가 아니라는 것을 명백히 보여주기 위해, 처음에는 한 사람이 부른 노래 테이프를 전송하자고 제안했다. 그러나 러시아 우주비행사 스파이가 미쳤다는 소문이 돌 거라고 누군가가 지적했다. 그 녹음테이프는 결국 합창 소리로 바뀌었다. 미 정보부 사람이 아무리 멍청하다고 해도 스푸트니크 5호에 합창단이 탈 수 없다는 것쯤은 알 거라는 게 그 이유였다. 덤으로 러시아식 수프 조리법을 읽는 목소리도 들어갔다. 미국의 '에노스'라는 이름의 시험 비행사는 음성 점검 녹음테이프를 가지고 궤도에 올랐다. 그 테이프는 "캠컴, 여긴 아스트로. 창가에 있고 경치가 멋집니다…"라고 말했는데, 이를 들은 케네디 대통령은 전 세계에 이렇게 발표했다. "침팬지가 10시 8분에 이륙했습니다. 모든 것이 완벽하며 잘 작동한다고 보고했습니다." 아마도 KGB(국가보안위원회)에 미국의 대통령이 미쳤다는 소문이 나돌았을 게 틀림없다.

언론은 인체 모형의 비행을 침팬지의 비행처럼 대대적으로 다루지는 않았다. 셰퍼드와 글렌이 캡슐에 올랐을 때 고형 바나나 사료 지급 장치는 사라지고 없었지만, 오명은 그대로 남아 있었다. 세계 최초로 초음속 비행에 성공한 전투기 조종사 척 예거Chuck Yeager는 이런 유명한 말을 남겼다.

"침팬지 똥을 치운 다음에 캡슐에 타고 싶진 않아."

햄과 에노스를 비롯한 다른 침팬지들은 케네디 우주 센터 Kennedy Space Center의 격납고 S에 있는 우주비행사 숙소와 나란히 놓인 트레일러에 살면서 훈련을 받았다. 그렇지만 브리츠는 앨런 셰퍼드와 대화를 나눈 적이 별로 없다고 기억한다.

"우리는 별로 어울리지 않았어요."

에노스의 수의사 제리 피네그Jerry Fineg도 동의한다.

"그들은 우리가 거기 있다는 사실을 인정하고 싶어 하지 않았거든요."

침팬지와 관련된 농담들도 탐탁지 않게 받아들여졌다. 브리츠는 내게 우주 침팬지와 우주비행사들이 발사대까지 타고 가는 밴의 벽에 붙어 있던 플래카드에 대한 이야기를 들려주었다.

"우주비행사들이 플래카드 위에 앨런 셰퍼드의 궤적을 그려 넣었더라고요. 우리는 더 높고 더 먼 햄의 궤적을 아주 조심스럽게 그렸어요(기계 장치가 제대로 작동하지 않아, 햄은 계획보다 70킬로미터나 더 높이 비행했다). 그건 몇몇 사람들을 짜증나게 하는 일이었어요.

그 플래카드는 순식간에 모습을 감추었지요."

머큐리호 발사대의 대장 귄터 벤트Guenter Wendt는 언젠가 앨런 셰퍼드를 꾸짖으면서 그를 빼고 바나나를 먹기 위해 일하는 침팬지 중 하나로 대체하겠다고 으름장을 놓았다. 이건 사실이 아닐 수도 있지만, 셰퍼드가 그의 머리에 재떨이를 던졌다는 말이 있다.

침팬지 유머는 존 글렌보다는 앨런 셰퍼드에게 더 짜증나는 일이었다. 왜냐하면 에노스는 햄만큼 매스컴에서 큰 화제를 일으키지 않았기 때문이다. 햄이 비행했을 당시, 벨카Belka와 스트렐카Strelka라는 소련의 개 한 쌍이 이미 지구 궤도를 돌다 살아 돌아왔으므로, 언론은 어서 미국도 우주 분야에서 획기적인 사건을 이루어내기를 바랐다. 햄이 살아서 지구에 착수하자 언론은 그 침팬지를 연구용 동물이라기보다는 키 작고, 털 많은 우주비행사로 보이게끔 만들었다. 그 침팬지는 '자신감 넘치는 햄, 우주에서 돌아오다'라는 헤드라인 옆에 망사 비행복✖을 입은 모습으로 〈라이프Life〉지의 표지에 실렸다. 대중은 그 모습에 흠뻑 빠졌다.

햄이 돌아온 홀로먼 공군기지의 침팬지 숙소에는 햄 앞으로 도

✖   햄과 에노스는 여압실에서 여행했으므로 여압 우주복과 헬멧은 필요하지 않았다. 그럼에도 불구하고, 동물 학대 방지 협회Society fo the Prevention of Cruelty to Animals(SPCA)가 자비롭게 인증한 'SPCA 우주복'을 비롯해서 침팬지용 우주복 포로토타입prototype(정보시스템의 미완성 버전 또는 중요한 기능이 포함된 시스템의 초기 모델-편집자)이 몇 가지 개발되었다. "우리는 우주복이 인간에게 안전하다는 것을 입증하기 위해서 침팬지에게 테스트하려고 했었지만, 침팬지에게 안전하다는 것을 입증하기 위해서 인간에게 테스트해야만 했어요. 『미국의 우주복U.S.Spacesuits』의 공동 저자인 조맥만Joe McMann은 이메일에 이렇게 덧붙였다. "정말로 기절초풍할 일이었지요."

착한 편지와 꽃, 선물이 쌓이기 시작했다. 사람들은 자신의 〈라이프〉지와 함께 햄의 '사인'을 부탁하는 편지를 보내왔다. 홀로먼 기지의 직원은 끈기 있게 인주로 햄의 손도장을 찍어 계속해서 보내주었다. 얼마나 많이 찍었는지 햄의 '사인'이 있는 〈라이프〉 한 부가 이베이에서 고작 4달러에 팔렸을 정도였다. 그중에는 아마 가짜도 있었을 것이다. 왜냐하면 직원이었던 브리츠가 "그들은 햄이 닳아 없어질까 봐 걱정되어 한동안은 아무 침팬지의 손을 마구 찍어주었다"라고 내게 털어놓았기 때문이다.

신문에는 햄의 기사가 에노스의 기사보다 다섯 배는 더 많다.

"에노스는 카리스마가 없었고, 최초도 아니었어요."

에노스의 수의사였던 피네그는 이렇게 말한다. 따라서 존 글렌의 영광도 자신보다 먼저 우주에 간 유인원 때문에 조금 약화되었다. 또한 글렌은 그 일에 대해서 스스로 농담을 함으로써 고약한 비교들을 그럭저럭 비껴 나갔다. 그는 의회의 청중들 앞에서 본인을 가장 겸손하게 만든 경험으로, 케네디 대통령의 어린 딸 캐롤라인이 아빠에게 "원숭이는 어딨어요?"라고 질문했을 때를 꼽았다.✘

✘ 어린 캐롤라인에게는 오래도록 마음에 남을 집착이었다. 3개월 전 에노스의 비행 무렵, 재키 케네디Jackie Kennedy는 딸의 첫 번째 생일파티를 위해 원숭이를 빌려왔다. 이것은 당시 뉴스 통신사들이 대대적으로 보도했던 사건이다. 살아있는 원숭이뿐만 아니라, 파티에서는 젤리 샌드위치, 호루라기, 백악관의 1층을 이쪽저쪽 휘젓고 다니는 세발자전거, 그리고 아마도 재키를 위한 진정제도 함께였을 것이다. 캐롤라인은 자신만의 우주 침팬지를 갖고 싶어 했다. 당시 소련의 총리 니키타 흐루쇼프Nikita Khrushchev가 캐롤라인의 엄마인 재키에게 우주 개 스트렐카Strelka의 새끼 한 마리를 선물했기 때문이다. 그 강아지는 선물이었지만, 동시에 조롱 섞인 것이었다. 왜냐하면 스트렐카가 에노스보다 1년이나 먼저 궤도에 올랐기 때문이다. 『우주에 간 동물들』

214

에노스는 햄만큼 사랑받지 못했다. 당시 기사를 보면, 피네그가 에노스를 긍정적으로 설명하기 위해 애썼다는 것을 알 수 있다. 최근에는 피네그가 에노스에 대해 말할 때 '고집이 세다'든가 '성질이 더럽다'는 표현을 쓰지만, 당시에는 '조용하고 말이 없는, 사회의 기둥이 될 타입'으로 표현했다.

"그 녀석은 쌍놈이었어요."

피네그는 대화를 나누는 동안 과거의 기억을 되짚었다. 한 직원은 '좆같은 에노스'라는 별명을 지어주었다.

"왜냐하면 녀석이 그저 병신 같았으니까요."

"쓸모없는 녀석이라는 뜻이군요."

"맞아요."

'좆같은 에노스'라는 별명은 『우주에 간 동물들』이라는 책에도 언급되어 있다. 그러나 저자들은 그런 별명이 생기게 된 계기를 전혀 다르게 설명한다. 그들은 에노스가 자위하는 것을 좋아해서 '좆같은 에노스'라는 별명이 붙은 것이며, NASA가 그런 습관적인 행동을 저지하기 위해 궤도에 머무는 동안 그의 성기에 풍선 카테터▼를 삽입했었다고 한다(햄과 에노스 둘 다 비행하는 장면을 촬영하기로 되어 있었다). 제대로 작동시켰음에도 레버 시스템이 작동하지 않아서

책에 따르면, 백악관 참모진은 '도청기나 혹은 비상사태를 일으키는 장치가 숨겨져 있지 않은지' 그 강아지를 수색하고 엑스레이를 찍었다고 한다.

▼   카테터(catheter): 체강 또는 구멍이 있는 장기로부터 액체를 빼내거나 액체를 넣기 위한 의료용 기구-편집자

고형 바나나 사료는 나오지 않고 전기 충격만 받게 되자, 에노스는 실망해서 그 카테터를 확 잡아 빼고는 '카메라 앞에서 자신의 성기를 만지작거리기 시작했다.' 아니, 소문에는 그랬다고 한다.

나는 에노스의 19세 미만 관람 불가 등급의 촬영 영상을 찾기 위해 정부 기록 보관소들을 샅샅이 뒤지며 며칠간을 숨 가쁘게 보냈다. 나는 햄의 비행 장면과 에노스가 비행을 준비하는 장면은 찾았지만, 캡슐 안에서 에노스가 레버를 당기는 장면(NASA의 레버든 그의 아랫도리에 달린 레버든)은 하나도 찾지 못했다. 나는 피네그에게 다시 연락을 취했다.

"대체 그런 말이 어디서 나왔는지 모르겠군요."

그가 어이없다는 듯이 말했다.

"수년 동안 에노스와 함께 일했지만, 녀석이 그런 짓을 하는 건 한 번도 못 봤어요. 녀석이 그런 별명을 갖게 된 건 순전히 녀석의 행실 때문이었어요."

"그러니까 카테터는 녀석이 거기를 못 만지게 하는 것과는 아무 상관이 없었다는 건가요?"

나는 보통, 완곡하게 말하는 것을 좋아하지 않지만, 피네그는 '엉덩이butt' 같은 단어 대신에 '뒤behind'라고 돌려 말하는 사람이기에 조심스러웠다.

카테터는 사실 요도가 아니라 혈압을 모니터하기 위해 대퇴부 동맥에 끼워져 있었던 것으로 밝혀졌다.

나는 여전히 의심스러워서, 피네그의 동료인 빌 브리츠에게 전화를 걸었다. 그는 햄의 수의사였지만 에노스를 돌보기도 했다.

"전혀 아니에요. 수컷 침팬지들은 거의가 수음을 하긴 하지만 녀석은 거기에 손을 댈 수도 없었어요."

브리츠가 펄쩍 뛰며 말했다. 브리츠는 캡슐 안의 좌석은 비행하는 동안 침팬지가 허리 아래로 손을 뻗어 동맥의 카테터를 잡아 빼지 못하도록 디자인되어 있었다고 설명했다. 브리츠 역시 피네그의 말에 동의한 것이다.

나는 그런 이야기가 도대체 어디서 나왔는지 알아내기 위해서 『우주에 간 동물들』의 공동 저자 중 하나인 크리스 덥스Chris Dubbs에게 연락을 취했다. 그는 자신과 함께 책을 쓴 모하메드 알 우바이디Mohammad Al-Ubaydii 박사의 웹사이트에서 발견했다는 기사를 보내주었다. 알 우바이디의 번역에는 눈길을 끄는 새로운 정보가 포함되어 있었다.

> 그 후 기자회견을 하는 도중, 에노스는 차고 있던 기저귀를 잡아 내리기 시작했다. NASA 사람들은 그 뒤에 벌어질지도 모를 일에 몸서리를 쳤다. 다행히 에노스는 그 짓을 할 정도로 천박하지는 않았고, 자제할 줄 알았다.

알 우바이디 박사는 이메일에 답장하며, 자신은 2007년 출간된 『우주 경쟁Space Race』이라는 책에서 우연히 그 이야기를 발견했다고 말했다. 이 책에는 에노스가 그리 자제하지 않은 것으로 나와 있다.

그가 바지를 내리자, 카메라들이 마치 다이아몬드 광채처럼 밝은 플래시를 터뜨리면서 찰카닥거렸다. 에노스의 이름은 그의 항공우주적 업적만큼이나 그의 취미 덕에 오래도록 기억에 남았다.

그 저자에게 보낸 질문에 대해서는 아무런 답변도 받지 못했지만, 구글에서 도서 검색을 하던 중 2006년에 출간된 『달의 어두운 면Dark Side of the Moon』에 실린 또 다른 참고 자료를 발견했다.

비행 후 기자회견 다음 날, 그는 차고 있던 기저귀를 벗어버리고 수음을 해서 NASA 관계자들을 경악하게 만들었다.

『달의 어두운 면』은 아폴로 경쟁을 다룬 또 다른 책을 인용했다. 제임스 셰프터James Schefter가 쓴 1999년 출간된 『경쟁The Race』이라는 책이다.

에노스는 훈련 도중 갑자기 차고 있던 기저귀를 내리고 수음하기 시작했다. 그의 교관들과 담당 의사들은 튜브가 부착된 콘돔형 장치보다는 요도에 카테터를 삽입하는 것이 수음을 저지하는 데 효과적일 거라고 생각했다. 그러나 별 효과가 없었다. 그들은 쉽게 빼내지 못하도록 작은 풍선이 달린 선진적인 카테터를 고안했다.

한 평론가의 표현을 빌리자면, 셰프터는 저 몇 줄의 글로 '사실을 아름답지 못한 이야기로 왜곡시키는 작가'로 전락하고 만다.

튜브가 붙은 콘돔형 장치는 머큐리 우주비행사들이 우주비행을 하는 동안 사용하기 위해 디자인된 소변 수집 장치다. 실제로 그 장치는 침팬지들에게는 한 번도 사용된 적이 없다. 게다가 침팬지가 훈련 기간 자신의 성기를 만지작거리지 못하게 하려고, 누군가가 위험을 무릅쓰고 침팬지에게 카테터를 삽입하는 번거로운 일을 했을 거라고는 상상하기 힘들다.

사실 풍선형 카테터는 침팬지의 수음을 막기 위한 도구가 아니다. 혈전을 제거하기 위한 도구로, 에노스의 비행이 있고 2년 뒤인 1963년에 특허를 받았다. 『경쟁』에는 출처도 참고문헌도 없으며, 셰프터는 2001년에 사망했다.

흥미로운 점이 있다면, 셰프터는 에노스가 '우주비행을 하는 동안' 수음을 했다는 말을 절대로 하지 않았다는 사실이다. 그는 그저 에노스가 자신의 카테터를 잡아 뺐다고만 서술하고 있다. 그는 또 비행 직후 에노스가 자신의 성기를 가지고 놀았다고 주장하지도 않는다(그 기자회견은 에노스의 캡슐이 회수된 곳에서 멀지 않은 버뮤다의 킨들리 공군 기지에서 아무 사건 없이 열렸다).

셰프터가 에노스에 대해서 얘기하는 장면은 기자회견장이 아니라, 에노스가 버뮤다에서 돌아온 뒤 케네디 우주 센터에서 비행기의 계단을 내려올 때 일어났다. 몇몇 기자들과 NASA 직원들이 보는 앞에서 말이다. 그리고 에노스는 단지 자신이 차고 있던 기저귀를 내렸던 것뿐이다.

모든 이야기가 그렇듯이, 이 이야기 역시 말이 옮겨질 때마다 점점 더 확대되고 변질되었다. 마침내 에노스는 세계 최초로 궤도에서 오르가슴을 느끼고 돌아온 다음, 찰칵거리는 수많은 카메라와 폭발하듯 터지는 플래시 앞에서 뻔뻔스럽게 수음을 한 것으로 와전되고 말았다.

에노스의 악명 높은 스플래시다운(해상 착수) 이후, 버뮤다에서 열린 기자회견에 참석한 AP통신 기자가 작성한 기사의 서두는 다음과 같다.

우주에서 돌아온 이후 처음으로 대중 앞에 섰지만, 홀로먼 공군기지에서 훈련받은 이 우주 침팬지는, 목요일 기자회견장에 온 취재 기자들을 위해 재주넘기조차도 보여주려고 하지 않았다. "녀석은 정말로 멋진 녀석이지만 재주를 부리는 타입은 아니에요." 제리 피네그 대위는 이렇게 말했다.

에노스, 너의 명예는 회복되었다.

헤어드라이어같이 뜨거운 바람이 불어와 햄의 무덤에 있는 꽃들이 쓰러졌다. 나는 에어컨 바람이 강하게 나오는 박물관의 기록 보관소에서 오전을 보낸 뒤, 정오의 햇살 아래서 눈을 찡그리고 샌드위치를 먹으며 얼었던 몸을 녹이고 있다. 이제 나는 명패 이면의 이야기를 안다. 햄이 살아있는 동안 그를 에워쌌던 혼란은 그가 죽었을 때도 계속되었다.

'국제 우주 명예의 전당'은 햄의 잔해를 어떻게 처리할지를 놓고 매스컴과 대중의 질문 폭격을 받았다. 그것은 일종의 난제였다. 죽은 우주 침팬지에게 적절한 절차는 무엇일까? 추모식일까, 아니면 화장터일까?

이 우주 침팬지가 지니는 공군으로서의 위상은 윌리엄 코언 William Cowan 대령의 편지 초안에 드러난다. 그는 여기서 '햄은 역사적 유물이었다'라고 명시했다. 또한 햄의 잔해를 반복적으로 '동물 시체'로 표현하면서, 동물에게 하는 방식의 부검을 권고했다. 이는 몸통에서 뼈를 분리하고, 남은 살을 스미스소니언 Smithsonian 의 수시렁잇과 딱정벌레 떼들로 하여금 깨끗이 파먹게 한 뒤, 미 육군 병리학 연구소 Armed Forces Institutes of Pathology 의 기록 보관소로 보내는 것을 뜻한다. 햄의 가죽은 스미스소니언 박물관 직원들이 박제 표본을 만들고 싶어 할 경우를 대비해서 이미 벗겨져 있었다.

내가 보기엔 별로 바람직한 생각은 아닌 것 같다. 나는 비행 후 10년이 지난 뒤에 찍은 햄의 사진을 보았다. 은퇴할 즈음에 체중은

45킬로그램이 넘었고, 이빨도 몇 개 빠지고 없었다. 그리고 남아 있는 이빨들도 아주 보기 흉한 각도로 튀어나와 있었다. 〈라이프〉 표지에 실린 비행복을 입고 핑크빛 얼굴을 한 젊은 모습은 전혀 찾아볼 수가 없었다.

그러나 나의 의견을 묻는 사람은 아무도 없었다. 스미스소니언 박물관은 햄을 박제하여 '국제 우주 명예의 전당'에 있는 '햄 실내 전시관'에 전시할 계획이라고 발표했다. 당시 그 전시 공간에는 달랑 '햄 사진 한 장'밖에 없었다. 대중의 분노가 폭발했다. 그 당시 사람들이 보낸 항의 편지 중 일부가 기록 보관소에 보관되어 있다. '여러분, 햄은 국가의 영웅이지 물건이 아닙니다. 존 글렌도 박제하겠다고 할 겁니까?' '침팬지는 박제 동물이 아니에요.' 등이었다. 〈워싱턴 포스트Washington Post〉는 '잘못된 박제'라는 제목으로, 스미스소니언의 공산주의적 경향을 암시하는 내용의 특집 사설을 실어 국민의 분노를 부채질했다.

박제되어 영구 전시된 국민 영웅이라 하면, 우리는 오로지 레닌V. I. Lenin 과 마오쩌둥 외에는 생각할 수가 없다(영웅을 박제하는 공산주의적 경향에 걸맞 게, 모스크바의 우주비행사 기념박물관Memorial Museum of Cosmonautics의 유리 진 열장 안에는 소련의 우주 개 벨카와 스트렐카가 마치 하늘을 응시하거나 먹이를 기대 하는 듯한 표정으로 나란히 서 있다).

후속 발표문 원고가 신속히 작성되었다. 햄은 박제되지 않을 것이다. 그리고 '스모키 더 베어의 무덤'✖과 유사한 명예의 전당 깃대들이 꽂혀 있는 작은 부지에서 '영웅의 장례식'이 치러지게 될 것이다.

이미 부검을 마치고 뼈를 분리하고 가죽을 제거한 햄에게 과연 무엇이 더 남아 있을지 상상하기 어렵지만, 뭐가 얼마나 남았든 우리는 추모객들이 남긴 꽃 아래에 그가 있다고 생각해야만 한다.

박물관은 이제 적당한 추모식을 생각해내야만 했다. 그들은 미국의 유인 우주탐사에 햄이 얼마나 기여했는지를 짤막하게 말해 줄 존경받는 대중적 인물을 찾아야 했다. 발등에 불이 떨어진 홍보부 직원이 하필이면 항상 햄을 비난하고 다녔던 앨런 셰퍼드에게 편지를 보냈다. 그 편지는 셰퍼드가 '모든 매스컴으로부터 국민적 관심'을 받게 될 것임을 강조했다. 미국 최초의 우주인 앨런 셰퍼드가 마치 매스컴의 관심을 바라기라도 한 것처럼 말이다. 특히나 또 한 번 셰퍼드가 침팬지와 함께 스포트라이트를 받게 될 행사에서 말이다. 편지를 작성한 사람은 이 상황에 얽힌 농담과 재미없는

✖　스모키 더 베어Smokey the Bear란 미국에서 산불 방지용 캠페인 마스코트로, 사람 모습을 한 진회색 곰이다. 이상하게도 스모키 더 베어의 무덤은 뉴멕시코에 자리 잡고 있다. 게다가 만화에 나오는 미국 산림청의 마스코트가 아니라, 뉴멕시코주에서 발생한 산불로 불에 타서 죽은 뒤 그 마스코트의 이름이 붙여진 새끼 흑곰의 잔해가 묻혀 있다. 마스코트의 공식 이름은 스모키 더 베어가 아니라 스모키 베어지만, 사람들은 혼동을 하고 있다. 뉴멕시코의 공식 슬로건이 '마법의 땅Land of Enchantment'인데, 사람들이 '바지를 입고 있는 동물 기념물의 땅Land of Pants-Wearing-Animal-Memorials'으로 혼동하고 있는 것처럼 말이다.

유머에 대해서도 언급했다. 편지 속 인용부호로 표시된 부분은 현명하지 못한 선택이었다. 자기가 쓴 농담이 웃기다고 생각하는 것처럼 비칠 수 있었기 때문이다.

셰퍼드가 사장으로 있던 텍사스의 쿠어스Coors 맥주 독점 판매사로부터 답장이 도착했다. '사려 깊은 초청'을 해준 박물관에 감사하는 동시에 유감을 표하는 내용이었다. 그 편지는 이니셜이 JC인 셰퍼드의 비서가 타자기로 친 것이었다. 셰퍼드의 직접 서명은 없었다. 실망한 명예의 전당 홍보부 직원은 다음으로 존 글렌을 섭외하려고 노력했다. 그 무렵 그는 단순히 우주비행사가 아니라 상원의원이자 대통령 후보였다. 글렌은 자신이 이전에 한 헌신들을 열거하면서 정중히 거절했다.

장례식을 다룬 간략한 기사가 〈앨버커키 저널The Albuquerque Journal〉이라는 신문에 실렸다. 이 기사 옆에는 바닥에 꽂힌 깃발 주위로 40명 정도의 사람들이 띄엄띄엄 서 있는 사진이 실렸다.

> 스태프 대령이 짤막하게 연설을 했으며 앨라모고도 걸스카우트 34분대 대원들이 작은 명패 위에 화환을 바쳤다.

스태프는 홀로먼 공군기지에서 슬레드 충돌 연구 프로그램을 관장했다. 홀로먼의 침팬지들은 우주항공과 자동차 안전 연구 시, 비행사들이 수행하기에는 너무 위험한 충돌 실험에 정기적으로 투입되었다. 그 덕에 그는 이 추모식에 가장 적합하면서도 동시에 부적절한 인물이었다. 그는 인간과 가장 가까운 친척인 이 영장류들의 영웅적인 희생에 대해 마음 깊이 통감하고 있었지만, 그들의 희생을 승인하는 서류에 직접 서명했으니 말이다. 비록 추도사는 존중을 담고 있었지만, 감정적으로는 다소 건조했다.✖ G 힘의 숫자들까지 언급한 보기 드문 애도였다.

에노스의 경우엔 기념행사도 없었다. 홀로먼 침팬지 인수 기록부✖✖에는 '스미스소니언의 유해'라는 메모가 있지만, 어느 누구도 그 침팬지가 결국 어디서 죽었는지 기억하지 못하는 것 같았다. 『우주에 간 동물들』의 저자인 크리스 덥스는 우주방사선의 영향을 연구하기 위해서 에노스의 눈을 해부했다는 여성의 아들과 이야기를 나누었지만, 그는 에노스의 나머지 부분에 대해서는 전혀 아는 게 없었다. 이는 에노스의 사체가 연구용으로 분배되었음을 암시한다. 이는 실험용 동물에게는 흔히 일어나는 일이며 적절한 운명이다.

✖ 그렇다고 스태프가 감상적이지 않았다는 말은 아니다. 스태프 대령은 미국의 국립발레단인 아메리카발레 시어터 소속 발레리나인 아내 릴리안을 위해 소네트와 사랑의 시를 쓰곤 했다. 그 시는 스태프의 시집에 실려 있으며, 뉴멕시코 우주 역사박물관 선물 가게에서 5달러에 판매되고 있다. 스태프는 햄의 추모식에서 자작시를 낭송하지는 않았지만, 특히 한 시구는 그 행사에 잘 어울렸을 것 같다. '만약 침팬지들이 말할 수 있다면, 우리는 곧 그들이 말하지 않기를 바랄 것이다.'

✖✖ 햄은 처음에는 '챙Chang'으로, 그리고 나중에는 '햄Ham'(홀로먼 항공 의학Holloman Aeromedical의 머리글자)으로 기록에 두 번 등장한다. 비행에 가장 적합한 동물로 선택되자, 정부 관리들은 침팬지 이름이 챙이라면 중국인들이 기분 나빠할지도 모른다고 걱정하면서 이름을 새로 붙였다. 그 후로는 안전을 기하기 위해서 침팬지의 이름을 지을 때 홀로먼 직원의 이름을 따거나 혹은 생김새나 성격에 따라, '못난이Double Ugly' '깐깐이Miss Priss' '나쁜 놈Big Mean' '귀돌이Big Ears' 등으로 이름 지었다.

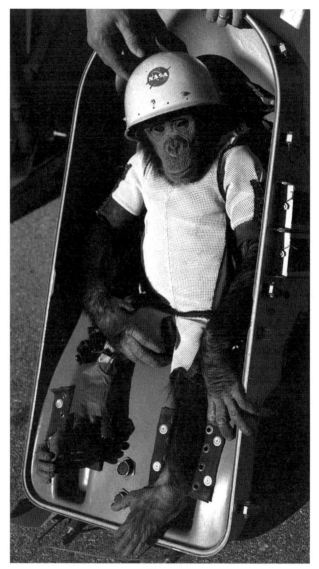

침팬지 햄Ham(1956년 7월~1983년 1월 19일)
1961년 1월 31일, 머큐리-레드스톤 2호에 탑승하여 우주로 나간 최초의 유인원

좋든 싫든 햄과 에노스는 그런 존재였다. 그들은 미국의 우주 연구에 지극히 중요한 역할을 했지만, 나는 '영웅'이라는 말은 사용하지 않으려고 한다. 그들의 행동에는 용감함이 결여되어 있었기 때문이다. 용감한 위업이란 위험이 수반된다는 것을 아는 상태에서도 일에 착수할 때 사용하는 말이다. 햄에게 1961년 1월 31일은 그저 또 하나의 이상한 날, 금속으로 만들어진 작은 방에서 보낸 평범한 하루였을 뿐이다.

앨런 셰퍼드가 시험비행 조종사의 전문 지식을 활용하지 않았을지는 모르지만, 그는 확실히 용기를 보여주었다. 그는 자신의 몸이 미사일 앞부분에 있는 금속 통 속에 묶인 채 우주로 발사되는 데 동의했다. 당시 이런 일은 인간만이 할 수 있는 무모할 정도로 위험한 위업이었다.

우주비행사를 보내기 전에 침팬지부터 우주에 보낸다는 결정 역시 쉽지 않은 것이었다. NASA는 소련을 이겨야 한다는 중압감 속에서 머큐리호 승무원들에 대한 걱정과 하드웨어에 대한 자신감 부족을 저울질해야만 했다. 초창기 아폴로 프로그램 때도 지금처럼 긴박함과 신중함이 뒤죽박죽된 채로 괴로워하고 있었다. 소련이 우주 최초의 인공위성, 최초의 살아있는 동물(라이카Laika)의 궤도 진입, 최초의 살아있는 동물의 궤도 회수(벨카와 스트렐카), 최초의 우주인, 최초의 우주유영 등 '우주 최초'의 기록을 달성하는 모습을 지켜보면서, 미국은 달에 최초로 도달해야 한다는 결의가 그 어느 때보다도 팽배했다. NASA는 케네디 대통령이 공표한 스케줄, 1960년대가 끝나기 전까지 미국이 최초로 인간을 달에 보낸다는 계획하에 맹렬하게 일하고 있었다. 혹은 달에 '거의 간 것처럼 보이게라도' 만들기 위해서.

'달에 최초로 미국 국기를 꽂는 것은 침팬지가 될 것이다.'

1962년 5월과 1963년 11월 사이, AP통신의 베테랑 통신원 해럴드 윌리엄스Harold R. Williams는 홀로먼 항공 의학 연구소의 새로운 침팬지 시설을 몇 차례 방문한 경험을 기사 네 개로 정리하여 남겨두었다. 그가 '침팬지 대학'이라고 이름 붙인 이 시설은 햄과 에노스를 비롯한 여러 침팬지들이 머큐리 비행 임무를 위해 훈련받던 더럽고 초라한 시설들을 100만 달러를 투입해 확장한 것이었다.

그 시설에는 스물여섯 명의 직원들, 외부 방목장과 각각의 우리가 연결된 신식 '기숙사들', 개별 외과 수술실, 주방, '새롭고도 복잡한 비밀' 임무에 대한 교육 과정 등이 갖춰져 있었다. 윌리엄의 연재 기사는 앞에 언급한 것과 유사한 내용으로 미국 십여 개의 신문에 실렸다. 그리고 거의 모든 기사가 달 착륙 가능성을 강조하는 '미국, 최초로 달에 갈까? 침팬지 비행사들✖ 비밀 우주 프로그

✖   침팬지 비행사(chimponaut): 홀로먼은 이 용어를 사용하다가 흥분한 어원학자들로부터 항의 편지를 받은 뒤 이 용어 사용을 철회했다. 접미사 'naut'는 선박과 항해를 뜻하는 그리스어와 라틴어에서 유래한다. 우주비행사astronaut는 '우주의 항해자'를 의미한다. 'chimponaut'는 '항해 바지를 입고 있는 침팬지'라는 뜻이다.

램에 열중하다' '홀로먼 유인원 최초로 달에 갈지도' '우주 침팬지 대학 졸업생, 달에 가다'와 같은 제목이었다.

윌리엄스는 계기반 모형 앞에 앉아서 십자선線이 원 중심에서 벗어나지 않도록 조종간joystick을 손쉽게 조종하고 있는 '침팬지 대학 박사' 침팬지 바비 조Bobby Joe에 대해 다뤘다.

"녀석은 잘 해낼 거예요. 그는 아마 우주선을 우주로 끌고 갔다가 다시 돌아올 수도 있어요."

윌리엄스를 안내한 허버트 레이놀즈Herbert Reynolds 소령이 말했다. 레이놀즈 소령은 후에 베일러 의과대학의 학장이 된다.

또다시 방문했을 때, 윌리엄스는 '모형 우주선'의 창문을 통해 글렌다Glenda라는 이름의 침팬지를 관찰했다. 글렌다는 다른 우주비행사들이 하는 것처럼 이 모형 우주선 내부에서 자고 일하면서 사흘째 교대 근무를 하는 중이었다. 이 암컷 침팬지는 그곳에 이틀 더 머물러야 했다.

아폴로 11호의 우주비행사들이 달에 도착해서 미국 국기를 꽂는 데 걸린 시간은 5일이었다. 그 소문은 사실이었을까? NASA와 공군은 소련보다 먼저 달에 가기 위해, 훈련된 침팬지를 편도로 여행 보내려는 계획을 세웠을까? 왕복 비행이 불가능하단 건 확실했다. 달에서 이륙해서 궤도선에 도킹하는 것은 유인원의 능력을 넘어서는 일이었다. 그러나 오늘날 무인 탐사선을 원격으로 착륙시키는 것처럼, 달로 곧장 쏘아 올린 뒤 캡슐을 착륙시키는 정도는 지상에서도 조종할 수 있었다.

가장 까다로운 부분은 '죽은 침팬지 영웅'에 관해 어떻게 대중에게 공표할 것인가 하는 문제였다. 이 점에서 소련의 사례는 교훈이 됐다. 1957년 11월, 차분하고 참을성 있는 모스크바의 떠돌이 개[*] 라이카는 우주복이 없어도 압력이 유지되는 여압 캡슐을 타고 우주를 여행했다. 라이카는 지구 궤도에 진입한 최초의 살아있는 생물체가 되었다. 하지만 안타깝게도 그 개를 지구로 무사히 귀환시킬 계획도, 방법도 없었다. 소련의 관리자들은 일주일 넘도록 입을 꾹 다문 채 라이카의 생존 여부에 관해 언급하기를 거부했다. 그들은 매스컴과 동물 권리 단체들의 질문을 무시했다. 결국 여론의 빗발치는 항의와 분노로 인해 그들이 이룬 업적은 빛을 잃고야 말았다. 마침내 발사 9일 만에 모스크바 방송은 라이카의 사망을 공식 발표했다. 그러나 구체적인 사망 경위는 밝히지 않았다.

1993년, 라이카를 훈련시킨 올레그 가젠코Oleg Gazenko는 『우주에 간 동물들』의 저자 가운데 한 명에게 라이카는 비행에 들어간 지 네 시간 만에 기계 고장으로 인해 캡슐이 과열되어 죽었다고 털어놓았다.

---

[*] 우주 역사가 아시프 시디키Iasif Siddiqi의 말에 따르면, 소련인들이 우주여행을 위해 개를 훈련시킨 까닭은 유인원은 너무 흥분하기 쉽고, 감기에 잘 걸리며, '옷을 입히기 더 어렵기' 때문이었다. 그리고 소련 우주 프로그램의 핵심 인물인 세르게이 코롤료프Sergei Korolev가 개를 좋아했기 때문이기도 했다. 무명용사의 묘Tomb of the Unknown Soldier는 미국과 소련 모두가 만들었지만, 무명 개의 묘Tomb of the Unknown Dog를 상트페테르부르크 거리 외곽에 마련해 개들의 과학 연구 기여에 경의를 표하고 있는 것은 러시아뿐이다.

어쩌면 그 일을 기꺼이 떠맡겠노라고 자원한 사람을 보내는 것이 물의를 덜 일으켰을지도 모른다. 1962년, 윌리엄스가 침팬지 대학 기사들을 기록에 남겼던 바로 그 해, 일요일 신문 '금주의 화제' 면에 소련이 편도 달 착륙 임무에 우주비행사를 보낼 것을 고려하고 있다는 기사 하나가 실렸다. 우주 역사가 데이브 둘링Dave Dooling에 따르면, 같은 해에 〈미사일과 로켓Missiles and Rockets〉〈항공 위크&우주 공학Aviation Week&Space Technology〉〈항공우주공학Aerospace Engineering〉 같은 잡지도 NASA에서 돌고 있는 유사한 비행 임무 안에 대해 상세히 다뤘다. '편도, 1인' 달 탐사는 벨 에어로시스템스 Bell Aerosystems의 엔지니어인 존 코드John M. Cord와 레너드 실Leonard M. Seale의 아이디어였다.

"그것이 러시아인들을 이길 수 있는 더 싸고, 더 빠른, 그리고 어쩌면 유일한 방법일 것입니다."

코드는 이렇게 말했다.

둘링은 그 당시 정보부가 수집한 데이터에 의하면, 소련인들이 1965년 초에는 달에 우주선을 착륙시킬 수 있을 것으로 추정했다고 언급했다(미국이 달에 착륙했을 때는 1969년이었다).

소련도 미국도 가엾은 우주비행사를 달에서 죽게 내버려둘 생각은 아니었다. 1년, 늦어도 3년 안에 해결책을 찾고 장비를 만들어 다시 그 우주비행사를 데려올 계획이었다. 그가 발사된 이후, 총 아홉 차례의 발사가 더 진행될 예정이었다. 여기에는 거주 모듈, 통신 모듈 및 장비, 그리고 그가 귀환을 기다리는 동안 소비할 4,500킬로그램의 식량과 물, 산소가 함께 보내질 예정이었다.

그렇다면 누가 가겠다고 나설까?

"비록 귀환 가능성이 아주 없다고 해도 그 비행 임무를 자원할, 능력 있고 자격을 갖춘 사람들을 찾을 수 있을 것이라 확신한다."

코드와 실의 의견에 나 역시 동의한다. 오늘날에는 편도로 화성에 가는 임무에 기꺼이 동의할 우주비행사들이 있다. 이 시나리오에는 귀환 계획이 전혀 없다. 정확히는, 승무원들은 무인 재공급 착륙선의 도움으로 여생을 살아가게 될 것이다.

우주비행사 보니 던바Bonnie Dunbar는 〈뉴요커New Yorker〉의 기자 제롬 그르푸먼Jerome Groopman에게 이렇게 말했다.

"나는 평생을 우주로 나가는 훈련을 받으며 보냈어요. 설령 내 삶이 화성 임무로 끝난다고 해도, 거기 가는 게 그리 나쁜 선택은 아니에요."

최초의 여성 우주비행사 발렌티나 테레시코바는 2007년 인터뷰에서 화성에 가는 것이 초기 러시아 우주비행사들의 꿈이었으며, 72세가 된 지금이라도 그 꿈을 실현시키고 싶다고 말했다.

"설령 돌아오지 못한다고 해도 비행할 준비가 되어 있어요."

하지만 수년 혹은 수십 년간 재공급을 위해 무인 착륙선을 발사한다면, 거기에 들어가는 연료 값은 실로 어마어마하다. 차라리 화성에서 귀환하기 위한 연료를 직접 만드는 것이 더 싸게 먹힐지도 모르겠다. 아니면 귀환용 연료와 장비를 무인 착륙선에 실어 보내는 것이, 지속적으로 물품을 보내는 것보다 차라리 저렴할 수도 있다.

둘링은 코드와 실이 생각한 편도 달 비행 임무를 진지하게 고려한 사람은 NASA 내에는 없었을 거라고 생각한다. 그러나 항공우주 학계가 아주 잠깐이라도 편도 비행 임무에 침팬지를 탑승시키는 것을 고려했을 가능성은 충분하다.

나는 돌아와서 윌리엄스가 쓴 AP통신 기사들을 다시 읽었다. 헤드라인 이외에, 달 착륙 임무에 대한 특별한 언급은 없었다. 그 신문의 기자들이 기사를 더 자극적으로 만들기 위해 제멋대로 고쳤던 걸까?✖

나는 또 다른 출처를 찾고자 했다. 레이놀즈 소령은 사망했다. 제리 피네그는 1962년에 홀로먼을 떠났다. 피네그와 브리츠는 그에 대한 어떠한 이야기도 들은 기억이 없다고 말했다. 하지만 브리츠는 샌안토니오 근처에 있는 브룩스 공군기지에서 붉은털원숭이들이 조종간 작동법을 배우는 모습을 본 적은 있다고 이메일을 통

✖　이것들은 대단한 뉴스 기사들이 아니었다. 헤드라인들은 '블랙 라벨이 우수한 맥주로 선정되다'와 '과학이 치질을 치료하다!'처럼 뉴스같이 보였지만 실은 오해를 일으키는 광고들이었다. '도둑들이 햄을 훔치다'라는 헤드라인도 혼동을 일으키기는 마찬가지다. 나는 처음에 우주 침팬지 햄의 납치 사건일 거라고 생각하고 읽었지만, 실제로는 두 남자가 어떤 슈퍼마켓의 뒷문을 억지로 열고 들어가 라스 블랙호크Rath Blackhawk라는 브랜드의 1.3킬로그램짜리 통조림 햄 열두 개와 윌슨Wilson이라는 브랜드(확실히 더 질이 좋지 않은 햄)의 200그램짜리 통조림 여섯 개를 훔쳐 달아났다는 내용이 실려 있었다.

233

해 말했다.

'그들은 원숭이들이 실제로 비행할 수 있는지 알아보려고 애쓰고 있었어요. 그 원숭이들은 잘했어요!'

브리츠는 그 프로젝트의 궁극적인 목적이 무엇이었는지는 알지 못했다. 나는 침팬지들이 1964년까지도 브룩스에서 우주와 관련된 임무를 위해 훈련받고 있었다는 사실을 확인할 수 있었다. 모형 우주선에서 페달이 오작동하는 바람에, 통상적으로 흘려보내던 '작지만 성가신' 전기 충격보다 큰 충격을 받은 침팬지가 부상을 입었다는 논문 하나를 발견했기 때문이다.

공군 역사가인 루디 퓨어리피케이토Rudy Purificato는 1960년대 항공우주의학 연구의 온상 중 하나였던 라이트-패터슨 공군기지의 역사를 정리하는 작업을 하고 있다. 나는 그에게 짧은 메일 한 통을 보냈다.

'침팬지를 달에 보낼 계획이 실제로 있었을 가능성은 충분합니다.'

그는 이렇게 답변했다. 그는 영장류 연구의 대부분이 여전히 기밀로 취급되고 있으며, 그럴 경우 피네그와 브리츠(그리고 퓨어리피케이토 역시)는 자신이 알고 있는 내용에 대해 말할 수 없다고 덧붙였다. 그렇다면 AP통신원에게 말했던 사람은 과연 누구였을까? 퓨어리피케이토는 그 AP통신원조차 누군가의 '실수'로 덕분에 이득을 봤을 거라고 말했다.

홀로먼 공군기지는 뉴멕시코 우주 역사박물관에서 차로 10분 거리에 있다. 어쩌면 그 기지의 기록 보관소에서 해답을 찾을지도 모른다. 뉴멕시코 박물관의 큐레이터인 조지 하우스^{George House}는 이 문제를 문의해 볼 만한 곳의 전화번호를 가르쳐 주었다. 그러나 전화를 받은 사람은 '언론에 거짓말하는 것을 담당하는 사람'이 전화를 받을 때까지 난감한 내 전화를 계속 이리저리로 연결해 주었다. 끝끝내 연결된 사람은 주요 기록들이 보관된 방이 잠겨 있으며, 열쇠를 갖고 있는 사람은 오직 큐레이터뿐이지만 홀로먼에는 현재 큐레이터가 없다고 말했다. 분명 새로운 큐레이터의 첫 임무는 기록 보관소를 열 방법을 찾는 일일 것이다.

그 순간 나는, 침팬지를 달로 보낸다는 계획이 담긴 파일, 에노스의 비행 중 수음 영상, 발레용 스커트를 입은 스태프 대령의 사진이 저 안 깊숙이 보관되어 있다고 확신했다.

최초의 원자폭탄 실험이 이루어진 곳이자, 비밀 공군 실험 항공기 시험장이자, UFO 관련 중심지이기도 한 로스웰과 51구역 근처에 위치한 이곳, 앨라모고도에서 삶의 방식은 음모론이다. 하우스는 내가 보낸 이메일을 포함하여 '영장류'라는 단어가 들어 있는 메일들이 이상하게도 중간에 사라져 전송되지 않았다고 했다.

그러나 하우스는 그것이 침팬지 달 비행 기밀 임무와 관련이 있다고는 생각하지 않았다. 그는 그것이 PETA^{People for the Ethical Treatment of Animals}(동물을 인도적으로 사랑하는 사람들의 모임)가 제기한 소송과 연관된 게 틀림없다고 말했다. 그러나 이 소송의 대상은 공군이 아니다. 1970년대에 공군이 더 이상 침팬지 서식지가 필요하지 않게 되자, 이 침팬지 서식지를 관리하기 위해('관리'라는 말은 다소 과장된 표현이다) 계약했던 시설에 제기한 것이었다.

나는 미사일 기지로 돌아가 다시 복사본들을 훑어보았다. 그리고 미처 보지 못했던 글을 발견했다. 그 기사 중 하나에는 캡슐에서 나오기 전에 글렌다라는 침팬지가 '지구 대기의 저항력을 뚫고 재진입해야만 했다'라고 적혀 있었다. 그것은 글렌다의 가상 비행 임무가 편도가 아니라 왕복이었음을 의미한다.

나는 글렌다가 제미니 우주비행사의 시뮬레이션 모델이었을거라 추측한다(1965부터 1966년까지 진행된 제미니 우주 프로그램은, 달 비행 임무를 수행하는 아폴로 계획의 전 단계였다). 1964부터 1966년 초까지, '만약 우주비행사가 캡슐 바깥에 있는 동안 여압복이 찢어진다면 무슨 일이 일어날까?' 같은 궁금증을 해결하기 위해 '침팬지 대학'은 유인원들을 계속해서 모집했다.

침팬지를 대상으로 하는 선외활동 모의실험을 집중으로 파헤친 한 AP통신원은 "과거에 과학자들은 사람이 우주의 진공상태에 직접 노출되면, 피가 끓고 기압 부족으로 몸이 팽창하여 파열되며, 심지어 폭발하게 되어서 결국 죽을 거라고 믿었다"라고 말했다.✖

✖　널리 알려져 있는 속설과 반대로, 우주비행사의 피는 우주복이 찢어지거나 우주선의 압력이 줄어든다고 해도 끓지 않는다. 그리고 몸이 팽창하기는 하지만 파열되지는 않는다. 몸은 혈액에

바로 이런 이유 때문에 홀로먼 기록 보관소 문이 아직도 열리지 않는 것이다.

침팬지가 조종하는 달 비행 임무의 성공 전망이 신문 기사로 진지하게 다뤄졌다는 사실은, 아폴로 우주 프로그램이 얼마나 정치적이었는지를 증명한다. 목적은 단순명료했다. '소련보다 먼저 무언가를 착륙시키는 것' 그뿐이었다. 달 표면 연구라는 목적은 나중에야 추가된 것이다. 우주 최초의 지질학자는 아폴로 11호 이후, 여섯 차례의 비행 임무가 있고 나서야, 아폴로 17호를 타고 달에 갈 수 있었다.

냉전은 끝났고, 우주 탐험은 표면상으로는 과학에 목적을 두고 있다. 일각에서는 로봇 착륙선들을 사용하여 더 효율적으로, 적어도 비용 대비 효율이라도 따져야 한다고 주장한다. 그들은 우주 탐험과 행성 과학에 인간을 투입하는 주요 이유는 대중의 관심과 지지를 유지하기 위한 것이라고 말한다. 흔히 말하듯이, '대중 없이는 자금도 없다.'

그러나 이에 반대하는 견해도 있다. 그동안 달 탐사 연구 계획

대해 일종의 여압복 같은 기능을 해서 용해된 가스들을 계속 액체 상태로 유지시킨다. 실제로 끓는 것은 오직 진공에 직접 노출된 체액뿐이다(감압실에서 구멍이 난 우주복을 입고 있던 1965년의 NASA 실험 참가자에게 일어났던 일처럼 말이다. 그가 의식을 잃기 전에 기억했던 마지막 일은 침이 혀에서 거품을 내며 끓던 느낌이었다). 또한, 현재의 선외활동 우주복은 훨씬 더 큰 압력 상태에 있는 공기를 재빨리 빨아들여서 찢어지거나 새는 것을 보충할 수 있도록 디자인되었다. 결론은 이렇다. 만약 산소통이 있다면, 감압 우주선 안의 우주비행사에게는 무엇이 잘못되었는지 알아내어 바로잡을 시간이 약 2분 정도 주어진다. 그 시간을 넘긴다면 그는 곤경에 처하게 된다. 이 사실은 피도 끓게 할 진공 실험을 통해 밝혀진 것이다.

에 도움을 준 행성 지질학자 랄프 하비는 이렇게 말한다.

"'화성 표면에 있는 암석들은 얼마나 단단할까?' 같은 매우 명확한 궁금증을 해결하고자 한다면 로봇이 이상적이죠. 그런데 만약 '화성의 역사는 얼마나 오래됐을까?' 같은 커다란 문제를 해결하려면, 어마어마하게 많은 로봇이 필요합니다. 하지만 사람이 그일을 한다면 한두 명이면 가능할 겁니다. 인간에게는 직관이라는 놀라운 도구가 있기 때문이죠. 사람들은 경험을 통해 직관적인 능력을 키우고, 그것을 활용하여 화성이든 범죄 현장이든 1분만 살펴보면 무슨 일이 일어났는지 파악할 수 있습니다."

하비는 지난 23년 동안 남극 운석 탐사를 감독했기 때문에 혹독한 조건 속에서 이뤄지는 지질학 연구에 대해 통달했다. 우리가 대화를 나누었을 때, 그는 NASA의 고다드 우주비행 센터^{Goddard Space Fight Center}에서 돌아온 지 얼마 되지 않은 시점이었다. 그는 그곳에서 2025년경으로✖ 예정된 달 탐사 계획을 돕고 있었다.

그렇다면 달 탐사를 계획하는 데 왜 15년이나 걸리는 걸까? 이제 곧 알게 될 것이다.

✖   2010년 NASA의 예산이 그대로 통과된다면 불가능할 수도 있지만 말이다.

CHAPTER 9

지구에서 펼쳐진 달 탐사 여정

실제 탐사보다 멀고 어려운 모의 탐사

과거 우주비행사들은 2인승 전기 카트를 끌고 달을 돌아다녔다. 사람들이 골프장에서 라운드를 돌 때 사용하는 버기카와 비슷하다. 그로 인해 1970년대의 달 탐사는 안락한 실버타운 같은 분위기를 풍겼다. 그러나 이제 그런 느낌은 사라졌다. NASA가 새로 만든 월면차※의 프로토타입※※은 미래형 캠핑카처럼 생겼다. 이 최신형 월면차는 기압이 일정하게 유지되기 때문에 다행히도 우주비행사들은 더 이상 부피가 크고 불편한 둥근 헬멧까지 달린 선외활동 우주복을 입지 않아도 된다. NASA는 내부가 여압구조로 되어

※　월면차: 달의 표면을 다닐 수 있도록 만든 차-편집자

※※　프로토타입(prototype): 원래의 형태 또는 전형적인 예로 기초 또는 표준이다. 정보시스템의 미완성 버전 또는 중요한 기능이 포함되어 있는 시스템의 초기모델로 사용자의 모든 요구사항이 정확하게 반영될 때까지 계속해서 개선 및 보완한다.-편집자

있다는 것을 '셔츠 환경a shirtsleeve enviroment'이라고 줄여서 부르는데, 바지는 입지 않고 폴로셔츠만 걸친 우주비행사들의 모습을 떠올리게 한다. 만약 NASA가 달에 전초기지를 건설하게 된다면,✱ 우주비행사들은 전례 없이 길고 복잡한 월면차 횡단을 하게 될 것이다. 탐사대는 두 대의 차량에 나눠 타고 매일 지정 장소에서 집결하다가 2주 후에는 기지로 돌아올 것이다. 새 월면차에는 두 명이 잘 수 있는 공간이 있으며, 식품보온기, 커튼이 쳐져 있는 화장실, 두 개의 컵 홀더까지 갖춰져 있다.

여압 월면차의 프로토타입을 달 표면과 비슷한 지구 지형에서 테스트하기 전에, NASA는 몇 가지 초기 작업을 진행한다. 이는 월면차와 비슷한 크기의 지구 탐사선(지구 차량)을 사용하여, 총 14일 주행 임무를 요약한 이틀짜리 시뮬레이션 주행을 먼저 테스트한다. NASA는 이런 가상 횡단을 통해 실제로 몇 번이나 횡단해야 하는지, 횡단하는 데 얼마나 오랜 시간이 걸리는지, 무엇이 작동하고 무엇이 작동하지 않는지 같은 '수행과 생산성'에 관한 실전 감각을 익힐 수 있다. 올 여름, '소형여압월면차'✱✱의 모의실험 장치는 캐

✱　2010년 2월 오바마가 처음 NASA 예산을 결정하기 전까지는, 2020년에 달 기지가 완공될 것으로 예상하고 있었다. 그러나 '콘스텔레이션Constellation'이라는 이 프로그램은 중단되었고, 이제 우리의 목표는 지구 근처의 소행성near-Earth asteroid과 화성으로 바뀌었다. 그러나 의회가 아직 그 예산안을 승인하지 않았으므로, 이 글을 쓰고 있는 시점에서 우리의 월면차들을 어디로 끌고 가야 할지 확실히 알기 어려운 상태다.

✱✱　이 횡단 이후 6개월이 지나면, NASA는 홍보 기회를 인지하고 '소형여압월면차'라는 이름을 '월면 전기차Lunar Electric Rover'로 바꿀 것이다. 처음에는 이것을 '유연하게 움직이는 탐험 장치Flexible Roving Expedition Device'라는 뜻의 'FRED'로 불렀지만, NASA가 제지했다. 그 까닭

나다의 북극권, 데번섬에 위치한 HMP[✖] 연구 기지에 있는 오렌지
색 험비^{✖✖}다.

요컨대, 데번섬은 로켓을 타지 않고도 갈 수 있는 곳 중에서 달
과 가장 비슷하다. 이 섬에 있는 20킬로미터 폭의 호튼^{Haughton} 크
레이터는 달의 섀클턴^{Shackleton} 크레이터와 꼭 빼닮아서, NASA는
2004년 이후 쭉 이 크레이터 가장자리에 기지를 건립할 계획을 세
워왔다. 크레이터는 우주 어딘가로부터 시속 16만 킬로미터로 질
주하는 유성체^{✖✖✖}들의 충돌로 형성된다. 지구와 달리 달에서는 유
성체의 속도를 늦추고 연소시킬 대기 마찰이 발생하지 않기 때문
에, 아주 작은 유성체라도 달 표면에 쉽게 구멍을 낸다. 자갈 하나
가 지름 수 미터짜리 크레이터를 만들 수 있다. 행성 과학자들은 운
석을 좋아한다. 발굴 비용도 많이 들고 접근하기 어려운 과거의 지

은 아폴로 월면활동 모듈에서 '활동'이라는 단어를 사용했던 것과 같아서 시시하게 들린다
는 것이다. 어떤 지형에든 걸맞은 육각 다리 외계인 탐험가All-Terrain Hex-legged Extra-Terrestrial
Explorer(ATHLETE)라고 불리는 커다란 달 거주 장치 프로토타입은 최근 NASA의 '재미 탐지기'
를 간신히 통과했다. 누구인지는 모르지만 대단히 철두철미한 사람임이 분명하다. 나는 NASA
의 53쪽짜리 약어 목록을 다 훑어보았지만 재미있거나 웃긴 건 눈을 씻고 찾아봐도 없었다(비
즈니스 매니저Business Manager가 그나마 가장 웃겼다).

✖　호튼-화성 프로젝트Haughton-Mars Project를 나타낸다. 데번섬은 화성과도 많이 닮아서 화성의 가
　상 횡단도 여기서 이루어졌다.

✖✖　고기동성 다목적 차량(HMMWV): 고기동 다목적 차량High Mobility Multipurpose Wheeled Vehicle의
　약자로, 지프와 경트럭의 특성을 합쳐 만든 군용 차량이다. '험비Humvee'라고도 불린다.-옮긴이

✖✖✖　유성체는 태양계를 고속으로 돌진하는 작은 행성 조각이다. 지름이 30센티미터 이상이면 소행
　성이다. 만약 유성체의 일부분이 대기를 통과할 때 타버리지 않고 본래 모습 그대로 지구에 도
　달한다면, 그것은 운석이다. 유성체 여러 개가 대기를 통과할 때 눈에 보이도록 길들이 만들어
　지는 것이 유성우다. 우주비행사가 유성체에 맞는다면 죽게 된다. 토마토 씨 크기만 한 유성체
　라도 우주복을 뚫을 수 있다.

질학적 물질을 발굴하는 데 자연 굴착기 역할을 해주기 때문이다.

데번섬의 환경 역시 달이나 화성처럼 극도로 열악하다. 그곳은 지질학 탐사에 필요한 장비들로부터 수천 킬로미터나 떨어져 있다. 게다가 사람이 거주할 수 없는 무인도다. 전기도 없고, 휴대전화도 터지지 않고, 항구나 공항은 물론 보급품도 없기 때문이다. 하지만 이런 점이 이곳의 매력이기도 하다. 이곳에서 과학을 하는 것은 극한 상황에서 계획 능력을 배우는 일이다. 달이나 화성과 유사한 곳에서 먼저 탐사 전략을 시험해볼 수 있다. 예를 들어, 탐험대가 두 사람보다는 세 사람이 더 적합하다는 것을 알아낼 수 있다. 또 월면차를 몰고 한 블록을 가는 데 임무 계획자들이 생각했던 것보다 두 배나 많은 시간이 걸린다든지, 바닥이 단단하지 않은 크레이터 경사면을 올라갈 때는 산소가 두 배 소모된다는 사실도 몸소 깨닫게 된다. 어제 탐사를 떠나기에 앞서 상세 계획을 세우는 회의에서 누군가가 말했듯이, '실수를 할 거라면 바로 이곳에서 해야 한다.'

데번섬도 달과 마찬가지로, 가까이 가기 전까지는 전혀 흥미를 끌지 못한다. 저공비행하는 소형 비행기의 창밖으로 보이는 풍경은 일직선으로 뻗은 진흙처럼 보였던 위성사진 속 땅과는 전혀 달랐다. 황갈색, 잿빛, 황금빛, 크림색, 적갈색이 어우러져 구불구불 굽이치는 강기슭으로 위용을 드러낸다. 북극의 눈과 얼음이 녹아서 만들어진 물이, 땅을 조각하고 씻어내 엷은 빛으로 물들여 놓았다. 마치 넓디넓은 이탈리아산 대리석 문양의 종이 위를 날고 있는 것 같은 착각이 든다.

걷기 시작한 지 얼마 지나지 않아, 행성 지질학자들이 왜 이 지구 끝자락까지 찾아오는지 알게 된다. 호튼 크레이터만 한 크기의 크레이터들은 다른 데도 여럿 있지만, 대부분은 숲이나 쇼핑몰 아래에 묻혀 있다. 캐나다 북극권은 가장 원초적인 풍경, 땅과 하늘뿐이다. 호튼 크레이터에는 달 크레이터 주변에서 발견되는 것과 똑같은 종류의 '분출물 덮개'✖가 방사형으로 뻗어나가고 있다. 유성체가 동료 천체에 세게 부딪히면, 충격 에너지 때문에 그 밑에 있는 암석이 깨지는 동시에 녹아내린다. 그 결과 마그마 같은 암석 스튜는 충격으로 흩어진다. 이는 충돌 지역에서 뿜어지고 땅에 떨어져 식으면서 일종의 누가✖✖처럼 되는데 이것을 각력암impact breccia이라고 부른다(충돌 각력암의 영어 발음은 임팩트 브레찌아로, 마치 이탈리아 음식 같은 느낌이 든다). 그리고 그 암석은 하이킹 부츠를 신고 우주 헬멧을 쓴 사람이 찾아와 집어들 때까지 3,900만 년 동안 움직이지 않고 그 자리에 머물러 있다.

오늘은 헬멧을 쓴 사람이 두 명 있다. 소형여압월면차의 모의실험 장치인 험비의 운전석에는 행성 과학자이자 호튼-화성 프로젝트 팀장인 파스칼 리Pascal Lee가 앉아 있다. 그는 NASA와

✖ 분출물 덮개(ejecta blanket): 크레이터 테두리 주변을 둘러싸고 있는 폭발 분출물-편집자
✖✖ 누가(nougat): 흔히 견과류, 버찌 등을 넣어 만든 씹어 먹는 사탕-편집자

SETI^{Search for Extraterrestrial Intelligence}(외계문명탐사 연구소), 화성 연구소 Mars Institute를 비롯한 다른 여러 연구 협력체들의 지원으로, 1997년에 호튼 분화구에 호튼-화성 프로젝트 연구소를 세웠다. 조수석에는 NASA의 선외활동 생리 시스템과 성능 프로젝트를 맡고 있는 앤드류 애버크롬비^{Andrew Abercromby}가 타고 있다.

애버크롬비는 금발에 주근깨가 있는 미남이다. 은화만 한 크기로 동그랗게 난 기묘한 흰머리와 스코틀랜드 억양만 아니라면, 마치 미국 청년의 전형인 버즈 라이트이어✶ 같은 인상을 풍긴다. 리와 애버크롬비 사이에는 호튼-화성 프로젝트의 인턴인 조너선 넬슨^{Jonathan Nelson}과 그들을 어디든 따라다니는 리의 애완견 핑퐁이 끼어 앉아 있다.

전지형 차량인 ATV✶✶ 세 대가 기계 정비공 제시 위버^{Jesse Weaver}와 우주복 엔지니어 톰 체이스, 그리고 나를 싣고 험비 뒤를 따른다. 총 여섯 명으로 이루어진 우리 팀의 이름은 '소형여압월면차 알파'지만, '지상관제 센터'는 우리를 그냥 'SPR-알파'라고 부른다. 다른 경로로 출발했다가 하루를 마무리할 무렵에 만나기로 되어 있는 또 다른 팀은 남자와 여자로 이루어진 'SPR-브라보'다.

✶　버즈 라이트이어(Buzz Lightyear): 애니메이션 〈토이 스토리^{Toy Story}〉에 등장하는 캐릭터다. 카우보이 인형 우디와 함께 시리즈를 이끌어가는 주인공으로 강한 정의감과 의지를 가지고 있다.-편집자

✶✶　전지형 차량(All-Terrain Vehicle): 다양하고 고르지 않은 지형을 달릴 수 있도록 설계된 소형 오픈카-편집자

우리는 실제 월면차의 평균 속도인 시속 10킬로미터를 유지하면서 천천히 가고 있다. 자갈이 많고 낮은 언덕들이 즐비한 이곳은 이 섬의 다른 곳보다 더 고른 잿빛을 띤다. 1972년, 아폴로 17호 우주비행사들이 월면차를 타고 탐험했던 토러스-리트로 계곡Taurus-Liltrow Valley과 매우 유사해 보인다. 바이저가 달린 ATV용 헬멧을 쓰고 이 메마른 지형을 따라가는 동안, 나는 좀 쑥스럽기는 해도 달에 있는 척하기가 어렵지 않다는 사실을 깨닫게 된다. 소풍이라도 나온 듯 유난스레 즐거워하며 "내가 이런 일을 하면서 돈도 받는다는 게 믿어지세요?"라고 흥분하는 리의 모습을 이제는 충분히 이해할 수 있다. 이곳에 오면 누구나, 나조차도 '우주 덕후'가 되는 듯하다.

우리의 기계 정비공만 빼고 말이다. 위버는 결코 주위를 두리번거리며 풍경에 감탄하지 않는다. 나는 거의 끊임없이 감탄사를 연발한다. 어제는 앞서가는 ATV의 뒤꽁무니에 세게 부딪힐 뻔했다. 아폴로 착륙 당시 달의 풍경은 잠재적으로 주의를 산만하게 할 수 있는 위험한 요소였다. 불안한 비행 임무 계획자들은 아예 넋을 잃고 멍하니 풍경을 감상하는 시간을 일정에 포함시켰다.

"창밖은 재빨리 두 번만 바라보게 되어 있어요."

진 서넌은 아폴로 17호에서 달 표면으로 내려갈 준비를 하면서 해리슨 슈미트Harrison Schmitt에게 이렇게 상기시켰다.

리가 험비를 멈추고 GPS를 본다. 우리는 첫 번째 '중간 지점'에

도달했다. 지질학을 위한 정차 장소다. 여기서는 우주복을 입고 절벽을 올라가 표본을 수집한다. 리와 애버크롬비는 차량 밖에 서서, 호튼-화성 프로젝트 기지에 있는 '지상관제 센터'와 교신하기 위한 장치이자 서로의 대화 장치인 헤드셋을 조작하고 있다.

차량 뒤에 깔린 두 개의 매트 위에는 체이스가 늘어놓은 가상 우주복 구성 요소들이 있다. 만약 이것이 진짜 월면차라면, 그 우주복들은 월면차 뒤 칸에 있는 한 쌍의 수트 포트*에 걸려 있을 것이다. 우주비행사들은 월면차 내부에서 우주복이 걸린 채로 착용한 후, 허리를 비틀어 포트에서 우주복을 떼고 걸어 나온다. 그리고 돌아와서는 그 과정을 거슬러 올라가 마치 허물을 벗듯 다시 매달아 놓는다. 이렇게 하면 옷이 비좁은 내부에서 흐트러지지 않을 뿐더러 먼지도 안으로 들어오지 않는다.

먼지는 달을 탐사하는 우주비행사의 숙적이다. 물이나 바람이 없어서 풍화작용이 일어나지 않기 때문에, 작고 딱딱한 월석 입자들은 날카롭고 거칠다. 그 입자들은 아폴로호의 탐사 동안 헬멧 바이저와 카메라 렌즈들에 흠집을 내고 베어링을 파괴시켰으며 장비의 연결부들을 막아버렸다. 달에서는 먼지를 털어내 봤자 아무 소용이 없다.

지구에서는 태양풍으로 인한 미립자들이 직접 대기에 도달하

---

*   수트 포트(suit ports): 우주복을 걸어두는 일종의 옷걸이-옮긴이

지 않도록 자기장이 막아주지만, 달에는 자기장이 없기 때문에 이 미립자들이 달 표면으로 쏟아져 정전기를 일으킨다. 따라서 달의 먼지는 마치 건조기의 양말들처럼 착 들러붙는다. 마시멜로처럼 하얗게 빛나는 우주복을 입고 달 착륙선에서 내린 우주비행사들은 몇 시간 뒤 마치 광부 같은 모습으로 복귀했다. 아폴로 12호의 우주복과 속옷이 어찌나 더러워졌던지, 어느 순간 승무원들은 "집으로 돌아오는 절반은 속옷까지 다 벗고 벌거숭이로 있어야 할 정도였다"라고 우주비행사 짐 러벨이 내게 말했다.

달의 먼지가 월면차 안으로 들어오지 못하도록 해야 하는 이유는 또 있다. 달에서는 중력이 매우 약하기 때문에 숨을 쉴 때 들이마신 입자들이 더 천천히 내려앉는다. 따라서 입자들이 폐를 더 깊숙이 뚫고 들어가 약한 조직에 침투한다. NASA가 먼지와 먼지 완화 연구에 얼마나 많은 돈을 투자했는지, 실제로 달 먼지 모조품 산업이 존재할 정도다(원석은 '국보로 분류되어 있어서 판매할 수 없지만, 달의 먼지는 실제든 모조품이든 그런 규제가 적용되지 않는다. 먼지로 뒤덮인 아폴로 15호의 비행 임무 패치 하나가 1999년 크리스티에서 30만 달러에 낙찰될 수 있었던 이유를 잘 설명해 준다).✖

✖   NASA는 먼지 모조품을 톤으로 사지만, 원한다면 킬로그램당 28달러에 살 수 있다. 이나스코 eNasco 교육 상품 판매 웹사이트에 들어가 보라. 하지만 만약 비위가 약하다면 하지 않는 게 좋다. '실험 시간을 절약하세요!' 가죽을 벗긴 고양이 판매 촉진 광고 문구다. 이나스코 해부 표본 섹션에는 가죽 벗긴 고양이 상품이 열 가지나 된다. 이는 가죽을 벗기는 방법이 한 가지 이상 있음을 입증하는 것이다.

리는 험비 뒤쪽에 구멍을 내어 이번 주의 모의실험에 사용할 가짜 수트 포트 한 쌍을 만들어 보려고 했다. 위버는 기겁을 했다.

"나는 그에게 험비를 자르면 절대로 안 된다고 엄포를 놓았어요."

이 호튼-화성 프로젝트의 기계 정비공 위버는 테네시의 고등학생이다. 면도도 거의 하지 않거니와 성격은 까칠하고 고집불통에 냉정하기까지 하다. 위버의 어머니와 알고 지내던 리는, 위버가 더러운 자전거 모터를 재조립하는 것을 보고 그에게 역사상 최고의 여름방학 아르바이트 자리를 제안했다.

리는 한쪽 매트 위에 무릎을 꿇고 앉아 있고, 체이스는 가상 휴대용 생명유지시스템을 리의 몸 위로 내릴 준비를 한다. 이 장비는 우주비행사가 등에 메는 둥근 흰색 백팩이다. 리는 마치 기도를 올리거나 브로드웨이 뮤지컬에 나오는 노래를 부르는 것처럼 팔을 앞으로 쭉 뻗고 있다. 체이스의 고용주인 해밀턴 선드스트랜드 사에서는 진짜 우주복과 가상 우주복을 모두 만드는데, 이 옷들을 입을 때는 옆에서 거들어 줄 사람이 필요하다(우주유영 시, 영웅답지 않은 모습 중 하나는 바지를 입을 때 누군가가 꼭 도와줘야 한다는 점이다).✖

✖ 그리고 기저귀를 찬다는 점이다. 요즘에는 그것을 '최대 흡수 의복Maximum Absorbent Garment(MAG)'이라고 부른다. 최대 흡수 의복을 입기 전에는 용량이 더 적어서 충분하지 않았던 '일회용 흡수 봉쇄 트렁크Disposable Absorbent Containment Trunk(DACT)'를 사용했다. 아폴로 시대에는 우주비행사들이 '대변 봉쇄 장치Fecal Containment Device(FCD)'와 콘돔형 '소변 봉쇄 장치Urine Containment Device(UCD)'를 함께 착용했다. NASA의 〈아폴로 16호 달 표면 저널Apollo 16 Lunar Surface Journal〉에 논평을 쓰고 있는 우주비행사 찰리 듀크에게 그 시스템에 대한 설명을

체이스와 리가 가상 휴대용 생명유지시스템을 가지고 씨름을 하고 있는 동안, 위버가 호주머니에서 카멜 담배 한 갑을 꺼낸다. 그에게 선외활동이란 짬짬이 담배를 피우는 것이다. 위버는 비행 분야에서 경력을 쌓으려고 하는데, 그의 꿈은 우주비행사가 아니라 변방을 나는 비행사다.

캐나다에는 산소가 있으니, 가상 생명유지시스템 안에 대체 무엇이 들어 있을지 궁금할지도 모르겠다. 주로 헬멧 바이저에 김이 서릴 때 사용하는 선풍기(팬)가 들어 있다. 우주비행사가 무거운 짐을 져서 행동에 제약을 받는 것처럼, 모의실험 참가자에게도 짐을 잔뜩 지게 해서 움직임과 시야에 제약을 주기 위한 것이기 때문에 배낭 안에 무엇이 들어 있는지는 그렇게 중요하지 않다. 그저 약간의 도구와 일감을 준 뒤 어떤 종류의 문제들이 발생하는지 관찰하기 위한 조치다.

아폴로에서처럼 우주복 소매에는 임무들이 적힌 판이 벨크로로 고정되어 있다. 우주 공간은 목록으로 된 세계다. 소매에 달린 점검 목록과 달 표면 점검 목록, 임무 규칙 및 '사전 작업' 목록 등을 보면 알 수 있다. 궤도에서의 아침은 최종 업데이트된 그날의 일정과 임무를 알려주는 팩스나 이메일로 시작된다. 사소한 일탈

들어보자. "대변 봉쇄 장치는 여자들이 입는 거들처럼 생겼는데, 성기를 밖으로 빼서 소변 봉쇄 장치를 착용할 수 있도록 앞부분에 트임이 있었어요. (…) 내 기억엔 남성의 국부 보호대도 있었던 것 같아요. 거기에도 역시 성기를 뺄 수 있는 구멍이 있었어요. 그러니까 소변 봉쇄 장치를 착용한 다음 단추를 채우거나 똑딱단추로 고정했어요."

이라도 우주비행 지상관제 센터에 반드시 보고해야 한다. 잠자리에 들기 전인 한두 시간 이외에는 모든 시간이 철저하게 계획되어 있다. 마치 유명 작가의 북 투어book tour 같다.

애버크롬비가 자신의 소매에 부착된 점검 목록을 훑어보고 있다. 그는 그것을 투명 비닐로 씌워 두었다. 데번섬이 비가 많이 오는 지역이기도 하지만, 그가 계획을 철저히 세우는 꼼꼼한 성격이기 때문이기도 하다. 나는 애버크롬비에 대해 잘 모르고, NASA 역시도 그럴 테지만, 내가 그동안 지켜본 바에 의하면 그가 먼 훗날 이곳을 관리하고 있을 것만 같다.

그는 이 모의실험을 매우 진지하게 받아들이고 있다. 그가 갖고 있는 66쪽짜리 현장 실험 계획에는 일정표와 목표, 4쪽 분량의 위험 분석, 목록에 없는 돌발 상황 해결법, 개별 가상 횡단에 대한 과학적 우선순위, 기획 목적, 사전 작업, 임무 규칙 등이 포함되어 있다. 그 문서는 참가자 모두에게 배포되었지만, 아마도 모두가 읽지는 않았을 것이다.

애버크롬비는 여압복 대용으로 만든 하얀 타이벡✘ 재질로 된 상하가 붙어 있는 작업복 안으로 들어간다. 핑퐁이 리의 장갑 한쪽을 물어뜯으며 사람들 발 주위를 이리저리 뛰어다니고 있다.

"핑퐁이 선외활동을 가고 싶어 하는 건가요?"

✘ 타이벡(Tyvek): 합성 비닐 형태로 방염 처리되어 있으며, 건축물을 시공할 때 습기 방지 외벽 내장재로 사용한다.-옮긴이

리가 핑퐁의 독특한 고음 목소리를 흉내 내며 묻는다. 애버크
롬비가 둘 사이에 끼어든다.

"우리는 사전 작업들과 기획 목적에 대해서 이야기해야 해요."

위버가 담배 연기 사이로 응시하며 입을 연다.

"꼭 페인트칠하는 사람들 같군요."

헬멧과 가상 생명유지시스템을 착용하자 체이스가 영상을 촬
영한다. 애버크롬비는 다소 불편해 보인다. 리는 전혀 문제가 없다.
나는 가상 우주복이 이성을 끌어당길 만한 매력이 있다는 얘길 듣
긴 했지만 잘 믿기지 않는다. 리는 45세의 독신이며 우주 관련 커
뮤니티에서 인기가 많은 편이다.

손에 망치를 든 리가 언덕의 경사면으로 향한다. 애버크롬비가
샘플 가방을 들고 따라간다. 이 팀의 임무는 아폴로 시대의 선외활
동을 모델로 삼고 있다. 암석과 토양 표본들을 선별하여 가방에 넣
고, 사진을 찍고, 중력 크기와 방사선을 측정하는 것이다.

아폴로 우주비행사들 가운데 실제로 지질학자는 해리슨 슈미
트 한 명뿐이었다. 그 외에는 달 지질학의 충돌 교육 과정을 통해
땅에서 무엇을 찾고, 어떻게 판독하는지를 배운 항공기 조종사들
이었다. 그 훈련 과정에는 NASA의 지질학 실험실(현무암과 각력암,
스티로폼에 색칠해서 만든 모조 월석, 아폴로 11호 이후 수집된 진짜 월석 표
본들이 있다)에서의 교육도 포함되어 있었다.

또한 그들은 라스베이거스에서 북서쪽으로 100킬로미터 떨어

진 네바다 실험장Nevada Test Site에 현장 학습도 갔다. 네바다 실험장에는 원자력 위원회Atomic Energy Commission가 50년대에 실행했던 핵폭탄 실험으로 생긴 크레이터들이 사막 바닥 여기저기에 남아 있다. 주변 암석들은 여전히 방사능을 뿜고 있기 때문에, 우주비행사들이 직접 집어 들고 조사할 수는 없었다.

짐 어윈Jim Irwin은 우주비행사들이 '라스베이거스로 돌아가서 놀고 싶다는 생각으로 안달이 나 있었기 때문에' 아무도 현장 학습에 관심을 갖지 않는 것처럼 보였다고 〈아폴로 15호 달 표면 저널 Apollo 15 Lunar Surface Journal〉에 실린 우주비행사 논평에서 말한다.

오늘 횡단의 목적 중 하나는 시간 관리이다. 월면차들은 일정을 얼마나 잘 지킬 수 있을까? 지상관제 센터와는 얼마나 자주 연락을 취해야 할까? 만약 한 그룹이 뒤처졌을 경우, 빡빡한 일정을 어떻게 수정해야 할까? 각 팀은 임무가 예상보다 얼마나 오래 걸리는지 알기 위해서, 그리고 그 일들을 그렇게 지연시키는 원인이 무엇인지 알기 위해서 횡단 각 단계마다 출발 및 도착 시간을 보고하도록 되어 있었다.

어느 시점이 되면, 인턴인 조녀선 넬슨은 NASA의 관리자가 이번 여름 북극 가상 프로젝트를 위해 20만 달러의 예산을 편성한 것에 대해 안심할 수 있도록 '생산성 측정 기준'을 보고할 것이다. 하지만 지금은 다음과 같은 대화가 이어진다.

넬슨: 어떤 거요? 우주복 시간이요?

리: 아니. 기본적으로, 우리가 우주복을 입기 시작한 때가….

넬슨: 그러니까 우주복 시간을 말씀하시는 거잖아요.

리: 그게 우주복 시간인가?

넬슨: 준비 시간과 우주복 시간은 달라요.

애버크롬비: 그러면 '우리 부츠가 땅에 닿은 시간'은 언제였지?

외계의 표면을 돌아다니는 우주비행사에게 시간 계산은 대단히 중요하다. 어떤 특정 지형에서 주어진 거리를 걷거나 차를 모는 데 얼마나 오랜 시간이 걸리는지 모른다면, 산소나 배터리가 얼마나 필요할지도 예측하기 어렵기 때문이다.

아폴로 우주비행사들은 '도보 복귀 제한'을 지켜야 했다. '도보 복귀 제한'은 어떤 사람을 달과 비슷한 가상 지형으로 데려가, 기지에서 5킬로미터쯤 떨어진 곳에서 가상 우주복을 입고 걸어서 돌아오게 하는 방식으로 소요된 시간을 측정한다. 아폴로 우주비행사들은 월면차가 고장 날 경우를 대비해, 산소 부족 없이 달 착륙선으로 걸어 돌아올 수 있는 거리보다 먼 곳까지는 운전하지 못하게 했다(이것이 바로 월면차가 두 대 있어야 하는 근본적 이유다. 만약 하나가 제대로 작동하지 않을 경우, 다른 월면차가 가서 궁지에 몰린 승무원을 데려와야 하기 때문이다).

'도보 복귀 제한'은 아폴로 비행 임무 계획자들에게는 골칫거리였고, 우주비행사들에게는 좌절감을 안겨주는 원인이었다. 기준점이 될 만한 나무나 건물 없이 거리를 가늠하기란 어려웠다. 안전을 위해서 추정은 신중하게 해야 했고, 때로는 화가 날 정도로 지나치게 조심스러웠다.

예를 들어 아폴로 15호 선외활동에서 돌아오는 길에 우주비행사 데이비드 스콧David Scott은 덩그러니 놓여 있는 거무스름하고 이상한 암석 하나를 발견했다. 그는 우주비행 지상관제 센터에 그 암석을 가지러 가도 되는지 묻는다면, 선외활동이 이미 예상 시간보다 늦어졌기 때문에 멈추지 말고 운전하라고 지시할 게 뻔하다는 걸 알고 있었다. 우주비행 지상관제 센터가 그들의 대화를 함께 듣고 있기 때문에, 스콧은 안전벨트가 고장났다고 거짓말을 꾸며댔다. 그 암석은 '안전벨트 현무암'이라는 별명을 얻게 될 것이다.

스콧: 어, 바로 저기에 기공이 있는 현무암이 있군. 와! 이것 봐, 우리 이거…. 아주 잠깐만 멈추지, 이걸 가져가야만….

어원: 좋아, 멈추지.

스콧: 잠깐 내 안전벨트 좀…. 이게 계속 빠져서 말이야.

어원: (그 속임수를 금방 알아듣고) 나한테 자네 안전벨트를 주는 게 어때?

스콧: 잠깐만…. 이게 대체 어디로 갔담. (침묵) 여기 있군. (침묵) 자네가 이걸 잠깐만 잡고 있었으면 좋겠어.

어원: 좋아, 잡았어. (오랫동안 침묵)

데이비드 스콧David Scott · 제임스 어윈James Irwin
아폴로 15호 우주비행사의 선외활동

이제 늦은 오후다. 우리는 하루가 끝날 무렵에 만나기로 했던 약속 지점에 도착했다. 리와 애버크롬비는 여기서 험비의 뒤 칸에 있는 소박한 침대에서 밤을 보낼 것이고, 나머지 팀원은 차를 몰고 캠프로 돌아갔다가 아침에 그들과 다시 합류할 것이다. 브라보 팀이 아직 보이지 않으므로, 우리는 이리저리 서성거리기도 하고, 어떤 계곡 입구에 서서 서로 사진을 찍어주기도 한다. 나중에 이 사진을 보면 내가 마치 노천광을 방문한 것처럼 보일 것이다.

내가 데번섬을 아름답다고 생각하는 이유를 설명하기는 어렵다. 하지만 불어오는 바람에 고개를 숙인 채 터벅거리며 걸을 때, 마치 컵케이크 위에 뿌려진 설탕 조각들처럼 작고 빨간 꽃들이 피어 있는 이끼 언덕에 시선이 머물 때, 그리고 그 광경에 가슴이 턱 막힐 때 그런 느낌이 든다. 어쩌면 그렇게 황량하고 혹독한 장소에서 그토록 곱게 살아가고 있는 것들의 믿을 수 없는 용감무쌍함 때문인지도 모른다. 아니면 그저 색채의 향연 때문인지도 모른다. 어제 또 다른 잿빛과 베이지 빛깔의 계곡을 걷고 있을 때, 호박벌 한 마리가 옆으로 휙 날아갔다. 그 노란빛이 마치 착시처럼 느껴졌고, 흑백 사진 위에 일부러 칠한 것처럼 비현실적이었다.

"어이, 친구"

누군가가 말했다.

"대체 어디로 가는 건가?"

비가 내리기 시작했으므로 우리는 다시 험비로 향한다. 리와 애버크롬비는 NASA의 첫 가상 여압 횡단의 하루를 마친 터라 기분이 굉장히 좋다.

"정말 멋졌어요. 지형과 크기가 달과 그렇게 빼닮은 곳이 세상에 많이 있을 리가 없잖아요."

애버크롬비가 말했다.

"지상 나와라, 여기는 브라보 팀."

무전기 소리다. SPR-브라보 횡단 팀의 리더인 NASA의 지질학자 브라이언 글래스Brian Glass가 자신의 GPS 좌표와 최신 기상 정보를 소리 내어 읽으며 송신한다. 아니, '읽는다'는 것은 잘못된 표현이다. '고함치다'에 가깝고 말은 내뱉자마자 흩어진다.

그들이 있는 곳에는 비가 억수같이 쏟아지고 있다. 그들의 시야는 90미터 정도만 확보된 상태다. 브라보 팀은 험비를 타지 않는다. 그들의 가상 월면차는 가와사키 뮬Kawasaki Mule이다. 차체는 더 큰 전지형 차량이지만 픽업베드✕는 더 짧다. 그들은 위성사진 상에서는 더 얕아 보이던 강을 건너다가 그만 점화플러그가 젖고 말았다. 설상가상으로 하나 있는 여분의 플러그마저 사이즈가 맞지 않았다. 한순간 그들은 거의 두 시간이나 지체되었다.

위버가 외투에 달린 후드를 머리 위로 휙 뒤집어쓰며 말한다.

"다른 팀은 썩 즐겁지 않은 하루를 보낸 것 같군요."

✕   픽업 베드(pickup bed): 트럭 뒤쪽에 사람이 타고 갈 수 있는 공간-옮긴이

호튼-화성 프로젝트에서 맞는 아침은 텐트를 여는 지퍼 소리로 시작된다. 숙박 시설은 언덕 위에 모여 있는 서른 개의 나일론 텐트다. 아름다운 섬의 색과는 전혀 어울리지도 않거니와 오히려 격을 떨어뜨린다. 매일 아침을 회의로 시작하기 때문에 모든 사람이 동시에 기상한다. 오늘 아침 회의는 사무동 역할을 하는 텐트에서 열리고 있다.

NASA 회의 방식을 따라, 데번섬에는 NASA 전화 시스템도 갖춰져 있다. 캘리포니아에 있는 NASA 에임스 연구 센터 직원은 네 자리의 내선 번호만 눌러서 자북극에서 300킬로미터 정도 떨어져 있는 리에게 사내 전화로 연락할 수 있다(호튼-화성 프로젝트 연구소에는 수세식 화장실은 없지만✱ 음성패킷망이 도달할 수 있는 유효 범위 내에 있어서 예상 밖으로 인터넷이 엄청 잘 터지는 장소들 가운데 하나다).

한쪽 구석에 있는 삼각대 위에는 호튼-화성 프로젝트 웹캠이 설치되어 있어, 전 세계 사람들이 이곳 광경을 지켜볼 수 있다. 앤드류 애버크롬비는 횡단 후 얻은 교훈을 되새겨 보는 자리에서 참석자들이 질서와 예의를 지키게끔 하려고 노력하고 있다. 호튼-화

✱ 데번섬을 화성이나 달 상황과 더 유사하게 만들기 위해서 매 분기마다 190리터 드럼통 14개 분량의 오줌을 이 섬 밖으로 나른다(유기성 폐기물은 식물의 성장을 돕는다). 남자들의 오줌은 깔때기를 통해 드럼통으로 바로 들어간다. 여자들은 먼저 피처pitcher 위에 웅크리고 앉는다. 피처는 사람들이 대학가 호프집에서 맥주를 담을 때 사용하는 투명한 플라스틱 주전자 같은 것이다. 그 피처에 담긴 오줌을 쏟아내는 것은 마치 토요일 밤에 밤새도록 퍼마신 맥주를 한 번에 다 쏟아내는 것 같다. 대변은 비닐봉지 위에 설치된 변기 시트에서 볼일을 본 다음 비닐봉지를 가지고 가서 쓰레기통에 버린다. 주인이 개똥을 치우듯 여기서는 자기 똥을 자기가 치운다.

성 프로젝트의 부수적 연구 목적 가운데 하나는 '비좁은 장소에서 장기간 접촉이 미치는 인간 역학'이다. 오늘 아침에는 나 말고 다른 누군가도 메모하고 있기를 기대한다.

"우리가 첫 선외활동 이후 뒤처졌다는 말을 해준 사람은 아무도 없었어요. 종이에 적힌 일정표에 따르면 우리는 10분이나 빨리 왔거든요."

글래스는 이렇게 불평하고 있다.

숱이 점점 줄어들고 있는 글래스의 붉은 머리카락과 면도한 얼굴이 왠지 월터 롤리[*]경을 연상시킨다. 목을 덮는 양털 재킷 위에 엘리자베션 칼라[**]를 두르고 있어도 어울릴 듯한 인상이다. 글래스는 지상관제 센터가 더 빠른 경로를 조사하느라 자신들을 거의 두 시간이나 기다리게 했다고 툴툴댄다.

"나는…. 나는 왠지 알파 팀이 먼저 저녁 시간에 맞춰 돌아갈 수 있도록 우리를 일부러 붙잡아 두고 있다는 느낌을 받았어요."

그가 한숨을 푹 내쉰다. 리가 알파 팀은 그런 일이 발생했다는 사실을 알지도 못했다고 펄쩍 뛴다.

"글쎄요, 좋아요. 그건…."

글래스가 하던 말을 멈추고 애버크롬비를 잠시 바라보고는 다

---

[*] 월터 롤리(Walter Raleigh): 16세기 영국의 정치인, 탐험가, 작가, 시인-편집자
[**] 엘리자베션 칼라(Elizabethan collar): 엘리자베스 여왕 시대에 대표적인 칼라. 러프라는 섬세하고 기교적인 주름 깃을 남녀 모두 착용했는데, 특히 여왕의 초상화에서 볼 수 있는 부채꼴로 선 레이스 장식의 깃을 말한다.-편집자

시 말을 잇는다.

"파스칼이 자신의 무전기를 '수신 거부' 모드로 세팅해 두었기 때문이에요."

"그건 진동 모드로 되어 있었어요!"

"이제 그만하고 어떤 교훈을 얻었는지 얘기하는 게 어떨까요?"

애버크롬비가 중재에 나선다.

그러나 글래스의 이야기는 어느새 지상관제 센터가 그들의 동태를 확인하려고 '끊임없이' 전화했다는 이야기로 넘어가 있다.

"매번 나는 걸음을 멈추고, 바람 소리와 자동차 소리가 없는 장소로 이동해서 헬멧을 벗어야 했어요."

우리가 얻은 교훈은 이렇다. 탐험가들은 자율성을 가지는 것을 소중히 여긴다. NASA가 만약 2주간의 선외활동과 화성 여행을 추진한다면, 짧은 시간 빡빡하게 잡은 지구에서의 선외활동 일정을 더 여유 있게 잡아야 할 것이다. '자율성'은 우주 심리학자들 사이에서 중요한 논제다. 우주비행사들은 종종 항공의무관에게 자신의 일정을 짜지 못하는 것과 스스로 업무를 결정할 수 없는 환경에 대해 불평하곤 한다. 글래스처럼 일부 우주비행사들도 우주비행 지상관제 센터의 세밀한 관리가 오히려 좌절감을 주고 사기를 저하시킨다고 생각한다.

캘리포니아 대학교 샌프란시스코 캠퍼스 우주 정신의학자 닉 카나스는 세 차례의 우주 모의실험에서 자율성을 많이 주었을 때와 자율성을 적게 주었을 때 개인에게 미치는 심리학적 효과를 연구해 왔다. 카나스가 연구한 남녀 피험자들은 자율성을 많이 주었을 때 대체로 행복감을 느꼈고 창의성을 발휘했다. 그러나 우주비행 지상관제 센터의 사람들은 달랐다. '그들은 자신들의 업무 역할에 약간의 혼란을 느꼈다'라고 보고했다.

아침 회의의 열기는 누그러질 기미가 전혀 보이지 않는다. 위버는 거의 잠들기 직전이다. 평소 샤워에 무관심한 것으로 유명한 호튼-화성 프로젝트 현장 안내인은 마치 털갈이하는 회색 곰처럼 문틀에다 등을 긁고 있다. 글래스는 여전히 할 말이 남았다.

"우리는 사탕이나 초콜릿 말고는 점심도 먹지 못했어요. 알파 팀은 여러 가지 종류를 가져갔는데….."

"아니에요. 우리도 샌드위치 두 개밖에 없었어요."

리가 반박한다.

"교훈. 더 많은 빵을 주문하라."

애버크롬비가 딱 잘라 말한다. 요리사인 마이크도 한마디 거든다.

"일부 빵은 레졸루트Resolute에서 도둑맞았어요(데번섬으로 가는 비행기는 레졸루트라는 이뉴잇족 부락에서 출발한다)."

마이크는 현장에 있는 6주 동안 먹을 30인분의 음식을 준비하기 위해, 사흘 동안 혼자서 식단을 짜고 장을 봤다. NASA의 횡단 기획실은 아마 마이크를 요리사로 고용해야 할 것이다. 40년 전과 비교해서 오늘날 탐사 계획이 갖는 문제 가운데 하나는 NASA의 덩치가 너무 많이 커졌다는 점이다. 너무 많은 사람이 끼어들다 보니 수프를 끓이는 방법을 결정하는 데도 오랜 시간이 걸린다. 아폴로 프로그램을 주도했던 베르너 폰 브라운Wernher von Braun은 달 착륙을 두고 이렇게 논평했다.

"만약 더 많은 사람이 참가했다면 우리는 실패했을 것이다."

진 서넌은 〈아폴로 17호 달 표면 저널Apollo 17 Lunar Surface Journal〉의 우주비행사 논평에서, 오늘날 NASA의 특징인 끝없는 준비와 '만일의 경우'를 고려하느라 지연되는 현실에 한탄한다.

> 나는 잘 모르겠다. 오늘날 우리가 (…) 처음 달에 갔을 때 겪어야 했던 위험을 감당할 만한 그런 정신력(감히 말하자면 '용기')을 갖고 있는지. (…) 그리고 이런 논평을 할 수밖에 없다는 게 슬프다.

결국 계획을 철저하게 세우고 아무리 신중하게 설계하더라도 문제는 항상 생기기 마련이다. 아폴로 8호 임무의 안전담당자는 한때 이렇게 지적했던 것으로 유명하다.

"아폴로 8호는 560만 개의 부속을 갖고 있습니다. 모든 부품이 99.9퍼센트 신뢰성을 갖고 작동한다고 해도, 우리는 5,600개의 결함을 예상할 수 있습니다."

반면에 이런 말도 있다.

"계획하지 않는다는 것은 실패를 계획하는 것이다."

몇 년 전, 나는 승무원들이 우주유영을 하기 전에 어떤 훈련을 하는지에 관한 기사를 쓰려고 우주비행사 크리스 해드필드^{Chris Hadfield}를 인터뷰했다. 나는 그에게 NASA가 연습과 계획에 장시간을 투자하며 과도하게 훈련시켰다고 생각하는지 물었다. 해드필드는 여섯 시간의 선외활동을 위해서 세계에서 가장 큰 우주유영 훈련실인 중성부력 실험실^{Neutral Buoyancy Laboratory(NBL)}에서 250시간을 보냈다(중성부력 실험실은 가상 국제우주정거장 시설들을 포함하고 있는 거대한 실내 수영장이다. 물에서 우주복을 입고 떠다니는 것은 우주유영과 상당히 흡사하다).

"그래요, 다양한 선택을 할 수 있지요. 아무것도 하지 않고 최고의 성과를 바랄 수도 있고, 비행 때마다 수십억 달러를 써가며 사소한 것 하나까지 상세히 짚고 넘어가려고 할 수도 있어요."

NASA는 그 중간 어디쯤에 목표를 두고 있다고 말하며 이렇게 덧붙였다.

"준비가 전부예요. 그게 바로 우리 직업이니까요. 우리는 우주에서 먹고살기 위해서 우주비행을 하지는 않아요. 우리는 회의를 하고, 계획을 세우고, 준비를 하고, 훈련을 하지요. 나는 우주비행사로 지낸 지 6년이 되었지만, 우주에 머문 시간은 고작 8일에 불과해요."

해드필드는 유명한 아폴로 13호 사건에 대해 이야기해 주었다 (아폴로 13호는 달로 가는 도중 산소 탱크가 폭발했고, 짐 러벨과 그의 동료 승무원들은 해결 과정에 착수했다). 해드필드는 이 조차 '모의실험'이 이루어졌었다고 털어놓았다. 사실 러벨이 우주에서 했던 모든 일은 지상에서 모의실험을 거쳤다. 2주일 동안 목욕을 하지 않았던 것도 포함해서 말이다.

CHAPTER 10

악취와의 전쟁

우주 위생과 과학을 위해 목욕을 포기한 사람들

짐 러벨은 아폴로 13호의 선장으로 널리 알려져 있다. 톰 행크스
Tom Hanks가 출연한 영화 〈아폴로 13호Apollo 13〉를 본 사람이라면 알
겠지만, 아폴로 13호는 달로 가는 도중에 산소 탱크가 폭발해서 사
령선의 전력이 나가버렸다. 그 바람에 러벨과 그의 동료 승무원 두
명은 산소, 물, 온기가 얼마 남지 않은 상태에서 4일 동안 달 착륙
선을 피난처 삼아 지내야 했다. 40년 동안 사람들은 러벨에게 "맙
소사, 정말 끔찍한 고난이었겠어요"라고 말을 걸어왔다.

아폴로 13호를 언급한 것은 아니지만, 나도 그에게 똑같은 말
을 한 적이 있다. 당시 나는 두 남자가 2주일 동안 목욕도 안 하고
속옷도 갈아입지 않았던 제미니 7호에 대해서 이야기하고 있었다.
캡슐 내부가 너무 비좁았기 때문에 러벨은 여압복을 입고서는 두

다리를 똑바로 펼 수조차 없었다.

1965년 12월 4일에 발사된 제미니 7호는 아폴로호를 달에 보내기 위한 의학 관련 최종 리허설이었다. 왕복 달 비행 임무에는 2주일이 소요되며, 어떤 우주비행사도 무중력상태에서 그 정도 오랜 시간을 보낸 적은 없었다(그 당시 NASA의 최대 기록은 8일이었다). 항공 의무관들은 만약 의학 관련 비상사태가 비행 13일째에 발생한다면, 우주비행사들이 지구로부터 30만 킬로미터 떨어져 있을 때가 아니라 300킬로미터 떨어져 있을 때 그 문제가 무엇인지 알아내는 게 낫다고 판단했다.

폭스바겐 비틀Volkswagen Beetle의 앞좌석만 한 공간에서 2주일 동안 우주복을 입고 지낸다는 것은 아마도 견디기 어려운 일일 거라는 우려가 있었다. 그 어느 때보다도 신중을 기하던 NASA는 러벨과 프랭크 보먼에게 제미니 7호의 가상 캡슐 안에서 실제 기간 만큼 모의실험을 할 것을 제안했다.

"지구에서 사출좌석에✖ 꼿꼿이 앉은 채 14일을 보낸다니! 우리는 그런 터무니없는 제안 따위는 당장 거절할 수도 있었어요."✖✖

보먼은 NASA의 육성 기록에서 이렇게 말한다.

✖ 사출좌석: 전투기나 항공기에서 사고가 났을 때, 조종사를 비행기에서 비상 탈출시키기 위한 안전장치이다. 비상상황이 발생할 경우 작동시키면, 조종사가 앉은 좌석이 자동으로 분리되고 낙하산을 이용해 땅에 착지한다.-편집자
✖✖ 보먼은 다소 까다로운 성격이었다. 러벨은 이렇게 털어놓았다. "프랭크 보먼과 2주를 보낸다는 것은 어디에 있든 고역이에요."

사실, 아주 터무니없는 제안은 아니었다. 이와 유사한 터무니없는 일이 오하이오 주의 라이트-패터슨 공군기지에서 이미 착수되었기 때문이다. 1964년 1월부터 1965년 11월까지, '최소한의 개인 위생에 관한 아홉 차례의 실험(2주간의 제미니 모의실험도 포함된)이 항공우주의학 연구소Aerospace Medical Research Laboratory(AMRL) 824 빌딩 내부에 있는 알루미늄 가상 우주캡슐 안에서 실행되고 있었기 때문이다.

최소한의 개인위생 실험에서의 '최소한'이란 2주에서 6주 동안 목욕, 샤워, 면도를 하지 않는 것뿐만 아니라, 머리나 손톱을 다듬지 않고, 옷도 갈아입지 않으며, 침대 시트도 갈지 않는 것으로 '구강 위생을 거의 신경 쓰지 않고 물티슈도 쓰지 않는 것'을 뜻한다. 어떤 실험 팀은 4주 동안 우주복을 입고 헬멧을 쓴 채 생활했다. 그들의 속옷과 양말은 다른 것으로 교체해야 할 정도로 상태가 매우 심각했다.

실험 참가자 C는 몸에서 나는 악취가 어찌나 메스꺼웠던지, 열 시간도 채 쓰지 못하고 헬멧을 벗어야만 했다. 실험 참가자 A와 B는 이미 헬멧을 벗어버린 후였다.

그러나 도움이 되지는 않았다. 헬멧을 벗자, 체취가 여압복의 목 주변으로 강제로 밀려나왔다. B는 넷째 날 상황을 '정말로 끔찍

하다'라고 표현했다. 이는 제미니 7호의 둘째 날 업무 기록에 나와 있는 상황을 설명해주는 듯하다. 막 우주복을 벗으려던 프랭크 보면은, 러벨에게 혹시 빨래집게를 가지고 있는지 물었다. 어리둥절해하는 러벨을 향해 보면이 말했다.

"선장님의 코를 위해서요."

다른 실험 팀의 경우에는, 온도를 섭씨 33도까지 올렸다. 제미니 7호는 승무원들에게 우주복을 입은 채 꼬박 2주를 보내게 했으며, 곧 러벨과 보면을 괴롭히게 될 분비물 수집 시스템도 미리 겪어야만 했다.

공군 과학자들은 분비물의 양을 측정하기 위해서 남자들(대부분이 인근에 있는 데이턴 대학교의 학생들)을 한 명씩 이동 샤워실로 데려갔다. 거기서 흘러나오는 물은 분석을 위해 모여졌다. 존 브라운 John Brown은 공식적으로는 생명유지시스템 평가관으로, 흔히는 '체임버chamber'로 알려진 가상 우주캡슐의 책임을 맡고 있는 장교였다. 브라운의 기억으로는, 사람들이 불평했던 부분은 이상하게도 샤워실이었는데, 온수 공급이 되지 않았던 게 원인이었다.

그는 차라리 하지 않았으면 좋았을 말들까지 섞어가면서 이렇게 말했다.

"과학자들은 따뜻한 물 때문에 피부 각질이 익는 걸 바라지 않았던 거죠."

이 프로젝트는 실험 참가자들에게 불쾌한 경험이 되었겠지만,

연구자들에게도 장미꽃처럼 향기로운 것만은 아니었다. 실험 참가자들의 종잡을 수 없는 냄새는 '겨드랑이와 사타구니, 발에서 가장 지독하다'라는 결론을 이끌어냈다.

가장 지독한 냄새를 풍기는 부위 1, 2위로 겨드랑이와 사타구니가 선정된 이유는 아포크린^{apocrine} 땀샘 때문이다. 주로 수분을 분비하여 몸의 열을 식히는 에크린^{eccrine} 땀샘과 달리, 아포크린 땀샘은 박테리아에 의해 분해될 때 강력한 체취를 발생시키는 탁하고 끈적거리는 분비물을 생산한다. 바로 암내를 만드는 것이다.

나는 이것을 어떤 말로 표현해야 할지도 모르겠고, 어쩌면 제 살을 깎아 먹는 것일 수도 있겠으나, 나는 공공장소에서 한 번도 암내를 감지한 적이 없다. 확실히 냄새를 맡은 적은 있었지만 암내는 아니었다. 나는 펜실베이니아 대학교의 피부과 전문의이자 체취 연구자인 짐 라이덴^{Jim Leyden}에게 이에 대해 물어보았다. 그는 사타구니에 아포크린이 존재하며 암내와 유사한 냄새가 난다고 설명했다.

"쉽게 맡을 수 있는 냄새는 아니죠. 후각 센서인 코가 멀리 떨어져 있으니까요."

나는 그의 말을 믿어보기로 했다.

아포크린 땀샘은 자율신경계와 연결되어 있다. 따라서 공포와 분노, 초조함을 느끼면 분비가 촉진된다(데오드란트를 실험하는 회사들은 온도에 의해 발생하는 땀과 구별하기 위해 이것을 '감정적 땀'이라고 부른다).✱ 라이덴의 말을 인용하면, 우주로 발사되는 로켓에 묶인다는 것은 마치 '저 모든 땀샘을 쥐어짜는 상황'이 될 것이라는 생각이 든다. 나는 짐 러벨에게 전화를 걸어 제미니 7호가 착수한 뒤에 해치를 열었던 잠수부의 첫마디를 기억하는지 물었다. 러벨은 이렇게 말했다.

"우주비행의 이상한 면들만 조사하고 계시군요."

그는 제미니 7호 때는 기억하지 못했지만, 아폴로호의 해치를 열었던 구조원들의 반응은 기억한다고 했다.

"잠수부들이 문을 여는 순간, 우주선 안에서 냄새가 확 풍겼는데, 그 냄새가….'"

그 순간 러벨의 신사다운 본능이 말을 멈추게 했다.

"바깥의 신선한 바닷바람과는 다른 냄새였다고 했어요."

겨드랑이 땀은 박테리아에게 먹이와 서식지 모두를 제공한다. 에크린 땀은 주로 물로 이루어져 있다. 따라서 박테리아가 번성하는 데 필요한 수분을 제공한다. 또한 단백질이 풍부한 아포크린 땀은 박테리아에게 넉넉한 식사를 제공한다(하지만 에크린 땀의 분비물에도 박테리아가 먹을 수 있는 성분이 존재한다. 에크린 땀은 아포크린 땀보다

✱ 이러한 이유로 일부 데오드란트를 비롯한 땀 억제제의 효력 실험에 '감정적 땀 수집'이 포함된다. 실험 참가자들은 겨드랑이에 분비물 흡수 패드를 낀 채로 노래방에서 노래를 부르도록 강요받거나 사람들 앞에서 억지로 발표를 하게 된다. 이후 패드들의 무게가 측정되고 겨드랑이 냄새는 전문적인 냄새 감정사들에 의해 등급이 매겨진다. 나는 체취에 관한 기사를 쓸 때 특별 감정사가 되어달라는 초청을 받았다. "작은 토끼의 냄새를 맡아주세요." 내가 받은 부탁이다.

더 순하면서, 로커룸 냄새 같은 퀴퀴한 냄새를 풍긴다).

겨드랑이는 박테리아의 천국처럼 보이지만 사실은 아니다. 땀은 항균 작용을 하는 천연 성분이 있다. 비록 피부를 무균상태로 만들지는 못하지만, 적어도 균이 자랄 수 있는 세균의 종류나 수를 제한하는 효과는 있다. 공군 사병들의 냄새가 몇 주를 지나는 동안 계속해서 고약해지기보다, 어느 수준에 이르면 정체했던 것은 바로 저런 이유 때문일지도 모른다.

기술 보고서는 사병들의 체취가 7~10일 사이에 '최고 높이'에 도달했다가, 그 뒤 차츰 감소하기 시작한다고 서술한다. 냄새를 높이로 나타내는 것이 이상할지도 모르나, 냄새가 여러 신체 부위에 붙어 더욱 강력해져 가는 모습을 상상하기엔 알맞은 표현이다.

1969년, 소련의 우주 생물학자 체르니곱스키V. N. Chernigovsky 역시 목욕을 제한하는 실험을 했다. 박테리아 군체의 수를 직접 측정했다. 실험 대상자들의 겨드랑이와 사타구니의 박테리아 개체 수는 2주에서 3주 사이에 정체기에 도달했으며, 이때의 박테리아 숫자는 갓 목욕을 마친 피부보다 대략 세 배나 많았다(일곱 배에서 열두 배나 많은 박테리아가 발견된 발*과 엉덩이는 제외하고). 미 해군의 연

＊   온갖 종류의 땀과 각질(굳은살) 때문에 발과 발가락 사이의 공간들은 박테리아의 천국이다. 이
      곳의 박테리아는 수도 많고 종류도 훨씬 다양하다. 각질을 먹는 박테리아의 한 종류인 L. 브레비
      스brevis는 숙성된 치즈와 유사한 냄새를 풍기는 합성물을 분비한다. 엄밀히 따지면 숙성된 치즈
      에서 발냄새가 난다고 말하는 게 더 정확한 표현일지도 모르겠다. 치즈를 만드는 사람들이 특정
      치즈를 만들 때 L. 브레비스를 넣기 때문이다.

구에서도 비슷한 결과가 나왔으며, 일부 실험 대상자들의 경우, 2주 후부터 박테리아 수가 감소하기도 했다.

냄새 정체기에 대한 또 다른 해석은, 남자들의 체취가 너무도 심해서 누가 감정을 하든 더 이상 지독해지는 냄새 변화를 알아차리기 어려웠을 거라는 것이다. 베버의 법칙✖은 이를 뒷받침한다. 특정 자극(소리, 냄새, 감각)의 변화를 감지하는 기준선은 이미 존재하는 강도에 따라 변한다. 예를 들어 시끄러운 레스토랑에서는 소음이 몇 데시벨 올라간다 해도 변화를 알아차리기 힘들다. 하지만 조용한 레스토랑이라면 소음 변화를 쉽게 감지할 수 있다. 만약 누군가의 겨드랑이가 며칠 동안 소리를 지르고 있다면, 그 소리가 조금 커졌다 해도 변화를 감지하기란 어렵다.

피부과 의사 짐 라이덴은 대학에서 조정 선수였던 아들의 사례를 들려준다. 어느 해에 이들이 속해 있던 팀은 경기에서 패배할 때까지 똑같은 옷을 착용하기로 결정했다.

"그들은 그해에 전국 챔피언이 되었어요. 그 배 근처에는 아무도 가까이 가지 못했거든요. 냄새가 정체기에 도달했을지도 모르지만, 여전히 지독한 냄새를 풍겼어요."

결국 우리의 뇌는 체취를 인식하는 일을 그만둔다. 라이덴의

✖   베버의 법칙: 신경이 자극에 반응할 때 자극을 식별할 수 있는 능력은 자극의 세기에 비례한다는 법칙. 처음에 약한 자극을 받으면 자극의 변화가 적어도 그 변화를 확인할 수 있다. 하지만 처음에 강한 자극을 받으면 자극의 변화가 커야 그 변화를 인지할 수 있다.–편집자

표현으로 그것은 마치 '나는 더 이상 당신에게 냄새에 대해 애써 알려줄 필요가 없는 것 같아'라고 말하는 듯하다. 항공우주의학 연구소가 진행하는 '20일 동안 목욕하지 않는 아폴로 모의실험' 참가자들에게는 안타까운 일이지만, 냄새가 정체기에 도달하는 시점은 실험 여덟 번째 날이 지나야 찾아온다.

NASA는 체취 후각상실증을 우주비행사의 바람직한 자질 목록에 추가하는 것이 좋았을 것이다. 몇몇 사람들✖은 유전적으로 악취를 유발하는 3-메틸-2-헥사노익산이나 남성호르몬 중 하나인 안드로스테논의 냄새를 맡을 수 없다. 즉, 그 냄새에 대한 후각상실증을 가지고 있는 것이다.

"혹시 누군가와 엘리베이터를 타고 있는데, '어떻게 저 사람은 이 정도의 냄새를 풍기면서 태연할 수 있지?'라고 생각해본 적이 있나요? 하지만 그는 자신의 냄새를 맡지 못하는 후각상실증 환자일 수도 있어요. 그리고 그런 경험을 한 번도 해본 적이 없다면, 당신이 바로 모든 사람들이 의아해하는 후각상실증 환자일지도 모르죠."

라이덴이 말했다.

체취 이외에, 한 연구자가 '개인적 더러움에 대한 인식'이라고

✖ 　그리고 아마 사슴도 마찬가지였을 것이다. 1994년, 〈작물 보호Crop Protection〉라는 저널은 펜실베이니아 대학교 식물학자들의 실패했지만 재미있는 노력에 대해 상세히 설명하고 있다. 그들은 정원의 장식용 관목들에 3-메틸-2-헥사노익산을 끼얹어서 흰꼬리사슴을 막아보려고 했다. 이것은 다음과 같은 마케팅적인 문제를 야기했다. 과연 어떤 집주인이 자기 집 정원에 암내가 나는 식물을 심으려고 할까?

부르는 것에 가장 흔한 요인은 분비물 그 자체가 아니라, 그동안 피부에 쌓인 몸의 발산 물질인 기름, 땀, 비듬✻ 등이다. 인체에 털이 난 곳 어디든 피지선이 분포되어 있다. 피지선은 손바닥과 발뒤꿈치에만 존재하지 않는데, 여기에 기름기가 있으면 미끄러지고, 헛디디고, 넘어질 위험이 생겨서 생존을 위협할 수 있기 때문이다.

1969년 소련의 위생 제한 실험들은 남성 자원자들의 기름기, 즉 피지의 형성을 관찰했다(이 실험에서는 참가자들이 목욕을 하지 않는 것 이외에도 '대부분의 시간을 안락의자에 앉아서' 보내야만 했다. 60년대의 모의 우주비행사는 더러운 속옷을 입은 채 TV를 시청하며 악취를 풍기는 사람이었다). 목욕을 하지 않은 첫 주의 피부에는 기름기가 거의 늘지 않았다. 왜 증가하지 않았을까? 그건 옷이 대단히 효과적으로 피지와 땀을 흡수했기 때문이다.

소련의 연구자들은 실험 참가자들이 씻은 물과 옷을 세탁한 물을 각각 다른 통에 모았다. 그리고 이 두 통에 들어 있는 기름, 땀, 비듬의 양을 비교했다. 피부에서 발산된 물질의 86~93퍼센트가 옷을 빤 물에서 나왔다. 다시 말해 사람들의 몸에서 나오는 분비물의 7~14퍼센트를 제외한 나머지는 모두 입고 있는 옷에 흡수되었다는 뜻이다. 특히 그 현상은 면이나, 면과 레이온 혼방일 때 두드

✻ 벗겨진 피부라고도 한다. 『돌랜드 의학 사전Dorland's Medical Dictionary』은 비듬을 '피부에서 나오는 겨 같은 물질(비듬과 아침 대용 시리얼을 연상시키는 비유)'로 정의한다. 시리얼 제조 회사 켈로그Kellogg의 광고 문구는 이제 이렇게 보일 수도 있겠다. '신제품 비듬 플레이크를 맛보세요!'

러졌으며, 양모일 때는 비교적 적은 범위에서 발생했다.

소련이 실험을 통해 발견한 사실들은 16세기와 17세기의 부주의한 위생 관념을 설명하는 데 도움이 된다. 르네상스 시대의 의사들은 물로 몸을 씻는 것을 권장하지 않았다. 피부를 보호하는 피지층을 제거하면, 전염병과 결핵 같은 질병에 쉽게 감염된다고 생각했기 때문이다.

당시에는 피부의 구멍인 모공을 통해 몸 안으로 스며드는 '미아즈마'✕로 인해 병에 걸린다고 믿었다. 굉장한 결벽증 환자였던 엘리자베스 1세 여왕이 남긴 유명한 말이 있다.

"나는 무슨 일이 있어도 한 달에 한 번은 꼭 목욕을 한다."

많은 사람들이 1년에 한 번 정도 씻었다.

그러나 여기엔 중요한 사실이 있다. 르네상스 시대 사람들은 샤워를 하는 대신 하루에 한두 번 팬티와 슈미즈✕✕를 갈아입었다. 반면 제미니 7호와 항공우주의학 연구소의 실험 참가자들은 속옷을 갈아입을 수 없었다. 항공우주의학 연구소 가상 우주캡슐 연구 논문의 저자들은 실험 참가자들의 옷이 결국 '사타구니를 비롯한 다른 접힌 부위에 들러붙었고 매우 지독한 악취를 풍겼으며 점차

✕　미아즈마(miasma): 고대에서부터 근세에 이르기까지 질병을 일으키는 원인으로 '나쁜 기운' 또는 '더러운 기체'가 존재한다는 신념을 토대로 연구되던 가설이다. 오염 물질이나 더러운 것과 접촉한 사람들이 병을 앓게 된다는 경험을 통해 강한 질병들이 나쁜 공기 때문에 일어나는 것이라 믿었다.-편집자

✕✕　슈미즈(chemise): 여성 상의 속옷. 19세기 중기까지는 장식적이고 화려한 것이었으나 현재는 보온과 땀 흡수를 위해 입는다.-편집자

썩어가기 시작했다'라고 적으면서 그 상태를 '매우 골치 아프다'라고 서술했다.

러벨은 내게 제미니 7호에서 착용했던 내복이 비행 임무가 끝날 즈음에는 형태를 알아볼 수 없었다고 말하면서 '사타구니 부분이 상당히 더러웠다'라고 인정했다. 심지어 2주 동안 목욕도 하지 않고 속옷도 갈아입지 않았던 사람의 속옷보다도 상태가 훨씬 심각했다.

왜냐하면 그들은 '때때로 많이 새는' NASA의 새로운 소변 관리 시스템을 실험하고 있었기 때문이다. 예를 들어 비행의 둘째 날, 러벨은 우주비행 지상관제 센터에 우주선에서 오줌을 배출하고 있다고 보고하면서 '그렇게 많지는 않음. 대부분은 내 팬티 속에 있음'이라고 말했다.

어느 시점이 되면 옷의 흡수력은 포화 상태에 도달해 피지가 피부에 쌓이기 시작한다. 실험 참가자들의 가슴과 등의 유분 수치를 관찰했던 소련의 연구자들에 따르면, 면 소재의 옷이 포화점에 도달하는 데는 5일에서 7일이 소요된다.

제미니 7호의 우주비행사들이 언제부터 피부에 피지가 쌓인 것을 알아채기 시작했는지 정확한 날짜를 파악하기는 어렵다. 열흘째 되던 날, 그들의 몸이 '가렵기 시작했고' 두피와 사타구니가 '약간 불쾌해지고' 있었다. 여기 그들이 열두 번째 날에 나눈 대화 내용이 있다.

우주비행 지상관제 센터: 제미니 7호, 의무관이다. 프랭크, 로션이 남아 있는가?

보먼: 아무 로션이나요?

우주비행 지상관제 센터: 그렇다.

보먼: 조금 있긴 한데 꼭 그걸 바를 필요는 없을 것 같아요. 우리 몸은 이미 기름 범벅이에요.

NASA의 임무 필기록에서 로션이라는 단어를 발견하다니 왠지 이상하다. 보먼은 임무 전체의 씩씩한 기상을 마치 로션이 부끄럽게 만들기라도 한 듯, 피부 관리나 걱정하는 NASA에게 화가 난 것처럼 보인다. 항공 의무관이 마이크 앞에 와서 묻는다.

"그럼 피부는 어떤가?"

앞서, 그는 난데없이 보먼에게 "입술이 말라서 곤란한 점은 없나?"라고 묻기도 했다.

"뭐라고요?"

보먼이 되묻는다. 그가 못 들었을 가능성은 낮다. 그냥 못 들은 척한 것이다. 비행 네 번째 날 우주비행 지상관제 센터는 보먼이 얼마나 땀을 흘리고 있는지 병적으로 집착했다. 보먼의 인내심은 이제 그의 피부처럼 포화 상태에 도달했다. 그는 대답하기를 거부했고, 지상관제 센터는 러벨에게 도움을 청하지 않을 수 없었다.

우주비행 지상관제 센터: 그의 피부 상태가 촉촉하다는 걸 알아차릴 수 있겠나?

러벨: 보먼이 직접 대답하도록 하겠습니다.

보먼: (침묵)

우주비행 지상관제 센터: 그동안 땀을 흘렸었나, 프랭크?

보먼: (침묵)

우주비행 지상관제 센터: 제미니 7호, 카나번이다. 내 말 들리나?

보먼: 땀에 대해서 말인가요? 네, 조금 흘리고 있네요.

우주비행 지상관제 센터: 됐네. 고맙네.

옷이 포화 상태가 되어 기름이 피부에 쌓이기 시작하면, 결국 어떻게 될까? 씻지 않은 피부는 시간이 흐르면서 훨씬 더 기름져질까? 그렇지 않다. 소련의 연구에 따르면, 목욕하지 않고 기름진 옷을 계속 입고 있으면 피부는 5일에서 7일 후에 피지✶ 생성을 중단한다. 우리가 셔츠를 갈아입거나 샤워를 해야만 피지선들이 다시 작업에 착수한다. 피부는 기름이 5일 정도 쌓였을 때 가장 번들

✶ 마도니Manoni와 설리번Sullivan이 공동 집필한 「폐쇄된 환경 속에 있는 고성능 유인우주선의 모든 출처에서 발생한 오물의 무게와 부피의 개요Synopsis of Weight and Volume of Waste Product Generation from All Sources in the Closed Environment of a High Performance Manned Space Vehicle」 논문에 실린 표를 보면, 하루에 대략 4.2밀리리터 정도의 피부 기름이 나온다. 조리법 환산표에 따라 바꿔 표현한다면 피부 기름은 한 티스푼보다도 적은 양이다. 이러한 계산법을 이용할 경우, 정신이 혼미해졌거나 어딘가에 고립된 제빵사는 식물성 쇼트닝 대신 피지를 사용할 수 있다. 또한 표피가 벗겨진 상피세포를 한 컵의 밀가루로 추정할 수도 있을 것이다.

거리는 것으로 보인다. 〈미국 감염 관리 저널American Journal of Infection Control〉의 기자인 일레인 라슨Elaine Larson 교수가 인간 피부의 가장 바깥쪽에 위치한 피부 각질층에 대해서 언급한 내용을 들어보자.

> 이 각질층은 벽돌 벽(각질)과 모르타르✱(지방질)에 비유되어 왔으며, 피부의 수분, 유연성, 그리고 피부 장벽을 효과적으로 유지하도록 돕는다.

우리는 모르타르를 끊임없이 문지르고 닦아내서 피부 건강을 위태롭게 하는 것일까? 아니면 피부가 5일마다 한 번씩 목욕해주기를 바라는 것일까? 단정 짓기는 어렵다. 병원 직원이나 강박신경증이 있는 사람들에게 염증과 습진이 자주 발생하는 건 사실이다. 라슨의 한 연구는 간호사의 25퍼센트가 건조하고 손상된 피부를 갖고 있다고 보고한다. 아이러니하게도 간호사들이 손을 씻어서 예방하려고 했던 감염 박테리아를 오히려 확산시키고 있는지도 모른다. 라슨은 건강한 피부의 경우 하루에 천만 개의 입자를 자연스럽게 떨어뜨리며, 그 가운데 10퍼센트는 박테리아를 품고 있다고 말한다. 건조하고 손상된 피부는 건강하고 매끄러운 피부보다 더 쉽게 벗겨지며, 따라서 더 많은 박테리아를 확산시킨다. 또한 손상

✱ 모르타르(mortar): 시멘트에 모래와 물을 섞어 만든 것으로 벽돌이나 석재를 쌓는 데 사용된다. 피부의 가장 바깥층인 각질층은 '벽돌과 모르타르' 구조로 설명된다. 각질 세포는 벽돌처럼 촘촘히 배열되고, 세포 사이 지질은 모르타르처럼 연결하는 역할을 한다.-편집자

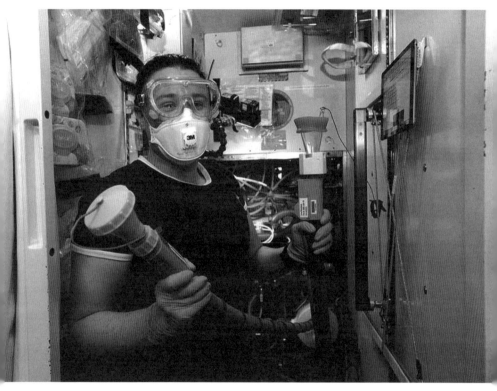

국제우주정거장ISS의 미국 모듈 내 화장실에서 작업 중인 우주비행사

된 피부는 건강한 피부보다 더 많은 병원균을 포함하고 있다.

라슨의 말대로, '청결하다는 것은 어쩌면 너무 과도하게 청결한 것인지도 모른다.' 대부분의 미국인은 피부 문제를 일으킬 정도로 자주 씻지는 않지만, 확실히 필요 이상으로 씻는다. 논문의 첫 페이지를 잃어버리는 바람에 저자의 이름을 알 수는 없지만, 그 학자에 따르면 '오늘날 미국에서 행해지는 개인위생은 대체로 상업적 이해관계에 의해 적극적으로 조장된 문화적 집착에 불과하다.'

우주에서의 목욕은 건강 문제라기보다 사기의 문제다. 항공우주국들은 한 연구자가 '젖은 스펀지로 간단하게 씻는 목욕에 대한 심리적 부적응'이라고 칭했던 문제를 인정하고, 1960년대 많은 시간과 돈을 우주정거장에 설치할 무중력 샤워 시설 개발에 쏟아부었다. 초기 시제품 가운데 하나는 '샤워 슈트'였다. 내가 읽은 기술 보고서는 다음과 같은 다소 실망스러운 내용을 포함한다.

실험 결과는 샤워하기, 헹구기, 건조하기 과정에 많은 아쉬움을 남겼다.

일반적인 샤워 방식은 무중력 환경에서 효과가 없다. 물은 샤워 꼭지에서 몇 인치 정도만 분사되다가 커다란 물방울로 뭉친다. 멋있지만 몸을 씻는 데는 별로 도움이 되지 않는다. 만약 커다란 물방울이 만들어지지 못할 정도로 샤워기 헤드를 가까이 대면, 물은 피부에서 튕겨 나가 우주선 안을 둥둥 떠다니는 물방울을 만들고, 이를 제거하기 위해 일일이 쫓아다녀야 한다. 우주비행사 앨런 빈Alan Bean은 스카이랩의 접이식 샤워기에 대해서 "그저 샤워하는 일 자체를 잊는 게 더 쉽다"라고 말했다.

소련의 우주정거장 살류트에서는 샤워할 때 물이 우주비행사의 발 쪽으로 떨어지게 하려고 기류를 이용했다. 하지만 그 효과는 미미했다. 물방울들이 형성되었고, 입과 콧구멍을 비롯한 몸의 함몰 부위에 들러붙는 경향이 있었다. 우주비행사의 질식을 막기 위해서, 발렌틴 레베데프Valentin Lebedev와 톨리아 베레조보이Tolia Berezovoy는 스노클링 장비를 착용했다. 레베데프는 일기장에 이렇게 적었다.

정말로 이색적인 광경이었다. 우주정거장을 가로지르며 날아가는 남자는 벌거벗은 채 입에는 스노클을, 눈에는 고글을, 코에는 클립을 끼고 있었다.

살류트 7호의 승무원들이 엘리자베스 1세 여왕처럼 한 달에 딱 한 번만 샤워를 했다는 게 충분히 이해된다. 요즘에는 우주 샤워기를 사용하지 않는다. 우주비행사들은 젖은 수건과 헹굴 필요가 없는 샴푸로 몸을 씻는다.

목욕은 우주정거장에서 더 중요하다. 임무 기간이 더 긴 데다 매일 운동을 해서 땀이 많이 나기 때문이다. 국제우주정거장의 일본 우주비행사들은, 도쿄의 한 여자대학교에서 개발한 'J-웨어'를 입는다. J-웨어는 '불결한 물질과 체취를 광촉매로 녹이고, 항균 나노섬유 마감 기술로 고약한 땀 냄새를 방지하는 기능을 가진' 천으로 제작되었다. 우주비행사 고이치 와카타(마치 '가렵다'라는 뜻의 영어 itchy와 발음이 비슷하다)는 J-웨어 속옷 하나를 28일 동안 아무런 불평 없이 입었다.

한 보도자료가 J-웨어에 붙인 이름은 '우주선 생활을 위한 편안한 평상복'이다. 제미니 7호의 우주비행사들은 꿈도 꾸지 못한 옷이다. 그들은 덥고, 무겁고, 부피가 큰 우주복을 잠옷으로 입었다. 공군의 제미니 7호 모의실험 참가자들은 '사타구니 피부 마찰과 염증'으로 고생했다.

몸을 철저히 씻는 것과 속옷을 규칙적으로 갈아입는 것의 가치에 대해 의문을 품고 있는 사람을 위해 한 가지 근거를 제시하겠다. 목욕을 제대로 하지 않거나 1960년대 공군처럼 비위생적인 생활을 할 경우, 배설물 박테리아가 온몸에 퍼진다. 라이트-패터슨 연구소의 연구자들은 대장균 검사를 위해 신체 부위 13곳에서 표본을 채취했다. 이들은 놀라운 이동성을 보였다. 배설물 박테리아는 눈과 귀로 이동했으며, 그리고 두 경우에는 발까지 퍼졌다.

30일 동안 안락의자에 앉아 있던 소련의 실험 참가자 여섯 명 가운데 다섯 명은 피부 모낭에 박테리아가 감염되는 모낭염에 걸렸다. 세 명에게는 종기가 났는데, 특히 모낭이 심하게 감염되어 퉁퉁 붓고 통증까지 일으켰다. 소련의 논문은 옛날 용어인 '부스럼'을 사용한다. 그저 '부스럼'이라고만 말하고 그냥 돌아다닐 수 있길 바라는 것처럼.

러벨은 별다른 피부 문제도 기억하지 못한다고 말했다.

"차이는 무중력이에요. 그게 바로 모든 문제의 핵심이죠."

그가 내게 말했다. 두 팔을 양쪽으로 쭉 뻗은 채 의자 위에 떠 있다면, 축축하고 땀에 찌든 더러운 옷과 씻지 못해 생기는 피부 마찰과 염증 자극이 덜할 것이다. 우주비행사들의 속옷은 엉덩이에 들러붙지 않는다. 그들의 땀 속에 어떤 박테리아가 숨어 있든지, 모낭 속으로 침입하지 않는다. 이는 '온수 욕조 모낭염'이라는 질환과 대조된다. 박테리아는 온수 목욕을 하는 사람의 엉덩이와 허벅지 뒷부분, 즉 마찰과 압력이 가해지는 부분에 종종 염증으로 나타난다(온수 욕조의 물은 뜨겁지만, 박테리아를 죽일 정도는 아니다. 애리조나 대학교의 미생물학자 척 거바Chuck Gerba의 말을 인용하면, 제대로 처리되지 않은 욕조의 온수는 '대장균 수프'나 다름없다).

제미니 7호 비행의 여섯째 날 프랭크 보먼이 마이크를 잡았다. 지상관제 센터와의 대화는 평소처럼 남성적이며 전문 용어가 섞인 채 진행되고 있다.

우주비행 지상관제 센터: 항공 의무관을 기다려라, 제미니 7호.

보먼: (침묵)

우주비행 지상관제 센터: 제미니 7호, 의무관이다. 비듬 때문에 어떤 문제라도 있었나, 프랭크?

보먼: 없습니다.

우주비행 지상관제 센터: 다시 말하라.

보먼: 없.습.니.다. 없다고요!

선장 보먼은 피부 관리에 관해서 이야기하고 싶지 않았다. 그러나 이후 자신의 회고록에 '우주비행사들의 두피'와 '더 이상 손을 쓸 수 없던 비듬' 사건에 대해서 적을 것이다. 하지만 엄밀히 말하자면 비듬이 아니었다. 비듬은 두피 곰팡이인 말라세지아균 Malassezia globosa✘이 두피 기름을 먹은 후 분비하는 불포화지방산의 일종인 올레산oleic acid에 대한 피부 염증 반응으로 발생한다. 올레산에 민감하든, 민감하지 않든 비듬은 누구에게나 생긴다. 만약 보먼이 우주에 가기 전에 비듬이 없었다면, 우주에 도착한 이후에도 비듬은 생기지 않았을 거라고 피부과 전문의 짐 라이덴은 말한다.

라이덴은 한때 수감자들에게 돈을 지불하고, 한 달 동안 머리를 감지 않을 것을 요청했다. 머리를 감지 않는 것이 비듬을 생기게 하는 원인인지 알아보기 위해서였다. 하지만 둘 사이에는 연관

✘   말라세지아(Malassezia): 말라세지아는 사람과 동물의 피부에 자연적으로 존재하는 효모균의 한 종. 건강한 피부에도 존재하지만, 특정 조건에서 과도하게 증식하면 다양한 피부 질환을 유발할 수 있다.-편집자

성이 없었다. 보먼의 머리와 피부에 있던 조각들은 수백만 개의 피부 입자와 피지가 섞인 축적물이었을 가능성이 크다. 이런 각질은 보통 샤워를 하면 씻겨 나가지만, 우주에선 그렇지 않다.

6주간의 남극 운석 현장 탐사 동안 남극 기지의 대기는 건조할 뿐만 아니라 샤워 시설 역시 아예 없거나 있어도 사용이 어려워서, 우주에서의 위생 상태와 아주 유사한 상황을 겪는다.

"6주 동안 쌓인 각질은 마치 두 개의 덩어리 층 같아요."

팀의 리더인 랄프 하비가 말한다. 때로는 모든 각질이 첫 샤워에서 한 번에 떨어져 나간다. 하비는 그 놀라운 광경에 넋을 잃었다고 털어놓는다.

"탐사를 마친 후 샤워를 하는데, 내 손가락 끝을 싸고 있던 각질 전체가 홀러덩 벗겨 떨어졌던 기억이 나요."

언제든 밖으로 나가서 내복과 침낭을 흔들어 비듬을 털어낼 수 있다는 사실이 남극에서의 상황을 그나마 참을 수 있게 해준다. 하지만 실제 우주나 가상 우주에서는 이렇게 할 수 없다. 실험이 끝날 무렵의 해군 가상 우주캡슐 모습은 마치 스키장 눈 상태처럼 묘사됐다.

실험실 바닥은 고운 가루처럼 부드러운 각질로 얇게 뒤덮여 있었다.

무중력상태에서는 얇은 조각들이 절대로 바닥에 떨어지지 않는다. 나는 러벨에게 이 점에 관해 물었다.

"내부의 모습이 마치 스노 글로브✖ 같지 않았나요?"

그는 전혀 기억나지 않는다고 말했다. 아니, '오랜 세월 기억 속에 남아 있을 정도의 대단한 일'은 아니었다고 말했다(오랜 세월이 흘러도 그의 기억 속에 남아 있는 일이 궁금하다면 14장을 보라).

사실 머리카락이 문제의 중심이다. 피지선 대부분은 모낭에 붙어 있어서 머리를 감지 않으면 두피에는 금세 기름이 진다. 얼마나 정도가 심했으면, 목욕을 두려워했던 16세기 사람들이 잠자리에 들기 전에 많은 양의 겨나 가루를 두피에 대고 문질렀겠는가. 피지도 땀처럼 박테리아가 분해될 때 독특한 냄새를 풍긴다.

1986년, 우주 정신의학자 잭 스투스터Jack Stuster는 우주정거장에서의 거주 가능성에 관한 NASA 보고서에 이렇게 적었다.

> 스카이랩 우주비행사들 가운데 적어도 두 명은 자신의 머리에서 불쾌한 냄새가 났다고 보고했다.

NASA는 비행하는 내내 우주복을 입는 것을 계획했지만, 보먼과 러벨은 그렇게 하지 않았다. 비행 둘째 날, 항공 의무관 찰스 베리Charles Berry는 두 사람을 대신해 NASA 경영진을 설득하기 시작

✖　스노 글로브(snow globe): 맑은 유리병 안에 다양한 장식물과 눈을 표현하는 것을 넣어 만든 소품. 흔들면 눈이 내리는 것 같은 풍경이 된다.-편집자

했다. 타협안은 충격적이었다. 감압 비상사태를 대비해 한 사람만은 우주복을 계속 착용해야 한다는 것이었다. 보먼과 러벨은 제비뽑기를 했다. 보먼이 재수 없게 걸리는 바람에 러벨은 우주복을 벗을 수 있었다. 러벨은 자기 아들이 몇 년 동안 친구들에게 "우리 아빠는 팬티 바람으로 지구 궤도를 돌았어!"라고 말했다고 회상한다.

55시간이 지나자, 보먼은 우주복의 지퍼를 내렸고 절반쯤 벗은 꼴이 되었다. 100시간이 지나면서부터 그는 NASA 경영진에게 우주복을 벗게 해달라고 계속 간청했다. 그러고 나서 다섯 시간이 더 흘렀고, 휴스턴은 교신을 시도한다. NASA는 보먼이 우주복을 벗는 것은 허락한다. 단, 러벨이 다시 우주복을 착용해야 한다는 조건이 붙었다. 러벨은 저항하려 했지만("괜찮다면 나는 그냥 이대로 있고 싶어요"), NASA는 확고한 태도로 일관했다. 163시간이 지나서야 러벨은 우주복을 입고, 보먼은 우주복을 벗었다. 결국 베리가 NASA 경영진을 설득하고 나서야 두 사람 모두 우주복을 벗을 수 있었다. 베리는 육성 기록에서 그 상황을 이렇게 회상한다.

"두 사람 모두 우주복을 벗지 않았다면 우주선에서 14일을 보내긴 힘들었을 거예요. 우주복을 입은 두 남자는 한쪽 다리를 상대방의 무릎 위에 올려둔 채로 앉아 있었겠죠. 그건 정말 힘든 상황일 거예요."

상황은 더 악화될 수도 있다. 3개월 동안 침대에 누워 살아야 한다면 어떻겠는가.

CHAPTER 11

우주비행사 뼈 보호 프로젝트

만약 평생 침대에 누워만 있다면?

리언M.Leon은 우주비행사로서 '올바른 자질'을 갖춘 것처럼 보이진 않는다. 그는 과거가 지저분할 뿐만 아니라 빚도 좀처럼 없어질 기미가 없다. 그의 가장 최근 직업은 경비원이었다. 요즘 리언은 일주일 내내 침대에 누워 영화를 보거나 비디오게임을 하며 지낸다. 헐렁한 트레이닝 옷을 입고 문신도 보이지만, 그래도 리언은 우주비행사다. 리언의 골격은 우주에 간 우주비행사와 거의 같은 속도로 쇠약해지고 있다.

리언은 지금 미국 텍사스 주립대학교 갤버스턴 의대의 가상 비행 연구실Flight Analogs Research Unit(FARU)에서 NASA가 지원하는 '침상 휴식bed rest 연구'에 참가하고 있다. 전 세계의 항공우주국들은 지난 수십 년간 사람들을 온종일 잠옷 바람으로 빈둥거리게 하는 데 돈을 물 쓰듯 써왔다. 리언이 제안받은 일도 바로 그것이었다. 리언은 위성 라디오 방송의 DJ인 하워드 스턴Howard stem의 '별난 헤드라인 모음'이라는 코너를 듣다가 이 일에 대해 알게 되었다.

"NASA는 침대에 누워만 있어도 돈을 줍니다."

3개월 동안 24시간 내내, 리언은 무슨 일이 있어도 일어나지 않았다. 심지어 앉지도 않았다. 샤워할 때도, 먹을 때도, 화장실에 갈 때도 말이다. 침상 휴식은 일종의 가상 우주 비행이라고 할 수 있다. 침대에 누워 발을 쓰지 않으면 무중력상태에서와 같은 몸의 기능 저하가 일어나기 때문이다. 아주 극단적인 경우에는 뼈가 약해지고 근육이 위축되기도 한다. 따라서 항공우주국들은 그런 변화들을 이해하고 대응할 최선의 방법을 알아내기 위해서 침상 휴식 참가자들을 연구한다.

보통 침상 휴식 연구는 약이나 운동 기구의 효과 유무를 평가하지만, 리언이 자원했던 일은 더 단순하다. 이 연구는 신체 변화에 남녀 차이가 있는지 비교하는 게 목적이다. 리언은 첫 월급으로 인터넷에서 구입한 스마트폰으로 보고 있던 〈매그넘 P.I.Magnum, P.I〉 드라마를 정지시키고 말한다.

".그러니까 내 몸은 퇴화하고 있어요. 그리고 연구자들은 그것을 관찰하고 싶어 하죠."

그는 마치 누군가가 승진을 알려왔거나 블랙잭 카드 게임을 하며 보낸 멋진 밤에 대해서 말하듯 즐겁게 이야기한다. 리언은 툭 튀어나온 광대뼈에 길고 탄력 있는 검은 머리카락, 그리고 매력적인 미소를 지녔다.

인체란 참으로 검소한 건축업자다. 인체는 근육과 뼈를 많지도 적지도 않게 꼭 필요한 만큼만 유지한다. 인체의 기본적인 방침은 '사용하지 않으면 버려라'이다. 만약 달리기를 시작하거나 몸무게가 15킬로그램 정도 늘어난다면, 몸은 뼈와 근육을 필요한 만큼 강화시킬 것이다. 그러다 달리기를 그만두거나 몸무게가 15킬로그램 줄어들면, 뼈와 근육도 적절히 줄어들 것이다. 근육은 우주비행사들이 일단 지구로 돌아오면(그리고 침상 휴식자들이 침대에서 나오면) 몇 주 안에 다시 생기겠지만, 뼈는 회복하는 데 3개월에서 6개월이 걸린다. 일부 연구에서는, 장기 임무를 수행하는 우주비행사들의 골격은 완전히 회복되지 않는다고 결론을 내렸다. 이러한 이유로 가상 비행 연구실 같은 곳에서 가장 많이 하는 연구가 바로 뼈에 관한 것이다.

몸을 감독하는 골세포는 골기질 전체를 빽빽이 채우고 있는 세포다. 달리기를 하거나 무거운 상자를 들 때마다 뼈는 미세하게 손상을 입는다. 골세포는 이것을 감지하고 수리 팀을 호출한다. 수리 팀인 파골세포는 손상된 세포를 제거하고, 조골세포는 새로운 세포로 구멍을 메꾼다. 이런 수리 과정을 거치면 뼈는 더 튼튼해진다. 유전학적으로 발사나무처럼 가늘고 작은 뼈를 가진 북유럽계 여성들은 폐경 후 고관절 치환 수술을 받기도 한다. 이들에게 달리기처럼 뼈에 충격을 주는 운동을 권고하는 것은 바로 이 때문이다.

마찬가지로, 만약 우주로 가거나 휠체어에 타거나 침상 휴식 연구에 들어간다고 가정해 보자. 즉, 뼈에 자극을 주는 활동을 멈추는 것이다. 이렇게 되면 뼈를 제거하는 역할을 하는 파골세포가 활성화된다. 인간이라는 생물체는 간소함을 좋아하는 것 같다. 그게 근육이든 뼈든, 몸은 기능이 없는 부분에 자원을 낭비하지 않으려는 것이다.

우주비행사를 연구해온 캘리포니아 대학교 샌프란시스코 캠퍼스의 뼈 전문가 톰 랭Tom Lang이 이 모든 것을 설명해 주었다. 그는 내게 1800년대 울프라는 독일의 한 의사가, 네발로 기다가 두 발로 걷기 시작하는 유아의 고관절 엑스레이 사진들을 연구하던 도중 그 사실을 알아냈다고 말했다.

"뼈 구조가 완전히 새롭게 진화하게 된 것은 걷기와 관련된 역학적 부담을 견디기 위해서죠. 울프는 '형태는 기능을 따른다'는 놀라운 통찰력을 갖고 있었어요."

그러나 슬프게도 울프는 19세기의 원시적인 엑스레이 기계로 촬영을 불필요하게 많이 하면 암이 발생한다는 통찰력은 갖지 못했다.

그게 얼마나 심각해 질 수 있을까? 만약 발을 침대에 올려놓고 마냥 누워만 있다면, 몸은 우리의 골격을 완전히 없애버릴까? 인간이 일어서서 발을 딛지 않으면 해파리가 될 수 있을까? 그럴 리는 없다. 하반신이 마비되면 하체 골질량이 30~50퍼센트까지 줄어든다. 스탠퍼드 대학교의 데니스 카터Dennis Carter와 그의 제자들이 수행한 컴퓨터 모델링에 따르면, 2년간의 화성 임무도 사람의 뼈에 하반신 마비와 거의 동일한 효과를 미칠 것이라고 한다.

화성에서 돌아오는 우주비행사가 캡슐에서 걸어 나와 지구의 중력에 노출되면 뼈는 툭 하고 부러질까? 카터는 그럴 거라고 예측한다. 골다공증이 심한 여성들은 서 있는 동안 무게중심만 이동해도 엉덩이(사실 골반으로 들어가는 대퇴골의 상부)가 부러질 수 있다는 점을 고려하면, 그런 일은 충분히 일어날 수 있다. 그들은 넘어져서 뼈가 부러지는 게 아니라, 뼈가 부러지고 나서 넘어지는 것이다. 그리고 보통 이런 여성들이 잃은 골질량은 대개 50퍼센트에 훨씬 못 미친다(그 정도 손실로도 뼈가 부러질 수 있다는 건 심각한 일이다).

NASA는 카터의 연구에 자금을 지원했고, 결국 그 연구를 기반으로 카터의 컴퓨터 모델이 탄생했다. 그가 말한다.

"그러나 NASA의 어느 누구도 우리의 보고서를 읽은 것 같지 않더라고요. 그들은 우주비행사들을 우주로 보낼 수 있고, 골소실은 몇 달 후면 정상으로 돌아올 거라는 생각을 갖고 있어요. 하지만 연구 결과는 그런 견해를 뒷받침하지 않거든요. 만약 2년간의 화성 비행 임무를 생각하고 있다면, 무서운 결과가 발생할 거라고 전망할 수 있어요."

일부 침상 휴식 연구 시설에서는 실험 자원자들을 '지구비행사'라고 부른다. 처음에 나는 이렇게 부르는 이유가 마치 건물 관리인을 '위생 엔지니어'라고 부르는 것처럼, 그 일이 중요하다는 인식을 심어주기 위해서라고 생각했다.

그러나 3개월간 지구비행사가 보내는 일상생활은, 실제 지구 주위의 궤도를 도는 우주비행사의 일상과 닮은 점이 많다. 그들의 하루는 스피커에서 흘러나오는 기상 음악과 함께 시작된다(오늘 아침에 우주정거장에서는 메탈리카✖의 음악이 흘러나왔고, 가상 비행 연구실에서는 베토벤의 음악이 흘러나왔다).

지구비행사는 한 개의 작은 방이나 몇몇 방에 갇혀 시간을 보내게 되는데, 밖으로 나가려고 한다면 곤란하다. 사생활을 지키기가 어렵다. 가상 비행 연구실에서는 직원들이 모든 실험 참가자가 똑바로 누워있는 걸 확인할 수 있도록 폐쇄회로 카메라들을 침대 쪽으로 맞춰 놓았다(실험 참가자들은 오직 환자용 변기를 사용할 때만 침대 가리기용 커튼을 치는 게 허용된다). 투덜대는 사람들은 이 실험에 적합하지 않다.

리언은 실험 기간의 절반이 지났을 때 신경이 예민해져 짜증을

✖　　우주비행사의 가족들은 돌아가면서 기상 음악을 고른다. 제미니 시대의 우주비행 지상관제 센터는 아래 제미니 7호의 교신이 암시하는 것처럼 항상 유쾌하지는 않지만 그래도 음악을 송신해 주곤 했다.
캡컴(지상기지의 우주선 교신 담당자): 음악이 어떤가?
선장 프랭크 보먼: 꺼버렸습니다. 우리가 좀 바빠서 잠깐 꺼두었어요.
캡컴: 알겠네. 자네들에게 아름다운 하와이 음악을 좀 올려 보내줘야겠군.

좀 냈지만 '굉장히 쾌활한 성격이라서 아무도 알아채지 못했다'고 말한다. 나는 리언과 함께 30분을 보내며, 딱 한 가지의 불평만을 들었다. 그것은 닭고기에 관한 것이었다.

"그건 네모나게 생겼어요. 나는 뼈와 껍질이 다 붙어 있는 닭고기를 뜯어 먹고 싶어요! 저런 사각형 고기는 싫다고요."

리언이 잠시 양해를 구하고 자리를 뜬다. 마사지사가 오고 있기 때문이다. 우주비행사들과 달리, 침상 휴식자들은 이틀에 한 번씩 마사지를 받는다. 흔히 누워만 있을 때 생기는 부작용인 허리 통증을 풀어주기 위해서다. 아이러니하게도 분명 과거에는 의사들이 허리 통증이 있는 환자들에게 침상 휴식을 처방하곤 했다. 〈관절 뼈 척추Joint Bone Spine〉라는 저널의 2003년 기사에 따르면, 어떤 병으로 고생하든 가능한 한 빨리 침대에서 나오는 게 대부분의 경우에 가장 좋은 방법이라고 언급한다.

자신을 짓누르는 체중이 사라지면, 척추 곡률은 적어지고 척추 뼈들 사이의 디스크가 팽윤해 더 많은 수분을 흡수한다. 우주비행사들이 우주에서 일주일 정도를 보내고 나면 키가 6센티미터나 더 자란다(일반적으로는 신장의 3퍼센트 정도가 더 늘어난다). 만약 이러한 갑작스러운 '성장'을 고려하지 않고 우주복을 만든다면, 그들도 아이들처럼 '키가 커져서' 우주복이 맞지 않게 될 것이다.

아론Aaron F.은 8주 동안 '머리를 내리고' 있었다(이는 침대를 6도 아래로 기울인 상태를 말한다. 무중력상태에서는 체액이 몸의 위쪽으로 이동하기 때문에 그 현상을 재현하려는 것이다). 그의 침대 옆엔 커다란 선풍기 하나가 힘껏 돌아가고 있지만, 그를 시원하게 해주기 위해서가 아니라 바깥 복도에서 나는 소음을 막기 위해서다.

요즘 그는 덫에 걸려 있고, 이곳에서 벗어날 수 없을 거라는 느낌을 받는다. 더 힘든 상황은 그의 룸메이트인 팀Tim이 아직 '보행 시기'라는 것이다. 그는 이틀 뒤에 머리를 내리는 자세를 취해야 하지만, 지금은 슬리퍼를 신고 방 구석구석을 돌아다니거나 침대 위에 다리를 꼬고 앉을 수 있다.

주방 직원이 서빙 카트를 밀고 방으로 들어온다.

"내가 하루 중 가장 좋아하는 시간이에요!"

팀이 반색한다. 그는 병원 음식에 대한 기대로 진정 흥분한 것처럼 보인다. 아론은 군말 없이 쟁반을 받았다. 그는 한쪽 팔꿈치로 몸을 받치고 옆으로 눕는다. 식사를 위해 비스듬히 눕는 걸 보니 이상하다. 마치 푹신한 베개에 기대어 한 손으로 식사를 하는 〈아라비안 나이트〉의 한 장면을 보는 것 같다.

팀이 포크로 하나하나 가리키면서 저녁 식단을 친절하게 설명해준다.

"닭고기가 나왔네요."

나는 리언을 떠올리며 묻는다.

"주사위 모양인가요?"

"네, 주사위 모양이에요. 거의 굴릴 수도 있을 것 같군요! 그리고 여기에는 동전 모양의 당근이 있고…."

그의 말투는 마치 옛 스페인의 금화를 본 것처럼 황홀해하는 기색이 역력하다.

"사과, 우유, 롤빵 두 개, 과일 맛 젤리. 난 여기 음식이 정말 좋더라고요."

아론은 어떻게든 긍정적인 표현을 찾으려 노력한다.

"아주 골고루 다 있네요."

그러나 불만이 이어진다.

"별반 달라진 게 없군요. 생선이 또 많이 나왔어요."

팀이 말을 이어받는다.

"와, 생선 맛이 정말 죽이는군!"

팀은 몇 년 전에 이곳에서 처음 할당된 기간을 보낸 뒤 다시 참가했다. 한쪽 벽에는 옆 병동 소아 종양 학과에서 빌린 반짝이 물감으로 쓴 문구가 걸려 있다.

'돌아온 걸 환영합니다. 9290.'

내가 말리기도 전에, 팀은 침대에서 주르륵 내려와 나를 위한 여분의 저녁 식사가 하나 더 있는지 주방 직원에게 물어보러 갔다.

아론은 안절부절못하고 꼼지락거리더니, 이불 속에서 두 다리를 A자로 만들었다가 다시 평평하게 쭉 뻗는다. 리언을 비롯해 그동안 인터뷰했던 다른 사람들과 마찬가지로, 그 역시 신용카드 빚을 갚으려고 여기에 왔다. 침상 휴식 연구는 현대 빚쟁이들의 교도소이다. 그들이 3개월간 약 1만 7천 달러를 받는 금액도 중요하지만, 그 돈을 소비할 기회도 제한된다. 3개월 동안은 내야 할 월세도 없고, 사야 할 식료품이나 휘발유도 없으며, 술값도, 항공료도 없다. 침상 휴식 기간은 나쁜 습관을 버릴 수 있는 절호의 기회다(하지만 아주 효과적이지는 않다. 가상 비행 연구실은 인터넷 쇼핑 상품 배달 때문에 그 지역 택배 직원이 가장 많이 들르는 장소 중 하나이기 때문이다).

팀은 경영학과를 졸업했지만 회사를 차릴 돈이 없었다. 그는 위빠사나Vippassana 명상원으로 들어갔다. 자신의 미래를 곰곰이 생각해볼 필요를 느꼈기 때문이기도 했지만, '숙식이 해결되는 데다, 무료였기 때문'이다. 그는 그곳에서 많은 생각을 하고 많은 밥을 먹은 뒤, 배우가 되기로 결심했다. 그 후 4년을 '말 그대로, 배고픈 예술가'로 보내다가 가상 비행 연구실에서 이루어지는 연구에 대한 소문을 들었다. 처음 할당된 기간을 마쳤을 때, 그는 놀랍게도 다시 배우 생활로 돌아가 뉴햄프셔의 한 극단에서 '어린이를 위한 맥베스'를 연기했다. 그러던 중 가상 비행 연구실 실험 지원자가 될 수 있는 기회가 다시 찾아오자 이를 놓치지 않았다. 요즘 그는 마구 떠오르는 다양한 직업 사이에서 방황하고 있다. 휴스턴 경찰국에 지원할까. 셀프 빨래방을 차릴까. 해군사관학교에 지원할까. 조경 사업을 시작할까. 사람들에게 용기와 희망을 주는 강연자가 될까. 그의 표현을 빌리자면 그는 지금 '청년 위기'를 겪고 있다.

가상 비행 연구실 관리자 조 니겟Joe Neigut에 따르면, 침상 휴식 연구에 계속 지원하는 사람 중 30퍼센트는 오직 돈을 벌기 위해서가 아닌 우주 연구에 보탬이 되고 싶어서 그 일을 하는 거라고 말한다. 리언은 "그것이 우주비행사가 되는 가장 가까운 길이니까요"라고 말했다.

아주 조금이라도 우주 비행과 관련되어 있다는 사실이 실험 자원자들을 영광스럽게 만든다. 이것을 알기에 가상 비행 연구실은 우주비행사들에게 실험 참가자를 위한 감사 편지를 20×25센티미터 크기의 광택지에 써 달라고 부탁한다. 어떤 우주비행사는 직접 들러서 감사 편지를 전달하기도 한다. 아론도 한 번은 어떤 우주비행사의 방문을 받았지만 그 사람의 이름을 기억하지는 못한다. 팀은 페기 휘트슨의 서명이 있는 사진 한 장을 받았다("완전히 BAMF★ 우주비행사였죠." 그는 그녀에 대해 이렇게 말했다).

팀이 주방에서 돌아온다. 나를 위한 여분의 음식이 없다고 한다. 다행이다.

"내가 못 들은 얘기라도 있나요?"

아론이 대답한다.

"내가 왼쪽으로 조금 움직였어요."

★ 나는 구글에서 BAMF에 대해 찾아봐야만 했다. 그것은 'Bad Ass Motherfucker(정말 좋다는 의미의 비속어-편집자)'를 뜻하지만, '버클리 거리 메노파 교도 친목회Berkeley Avenue Mennonite Fellowship'나 '도시 건축업자 협회Builders Association of Metropolitan Flint'와 구분이 되지 않는다(모두가 약자로 쓰면 BAMF).

NASA의 침상 연구로 침대를 기울여 우주의 무중력 환경을 모사한다.

존슨 우주 센터에서 골격이 가장 큰 사람은 존 찰스John Charles로 키가 200센티미터다. 그는 열 살 때 우주비행사가 되는 꿈을 꿨다. 그의 골격은 마치 우주에서의 자신의 운명을 알고 있기라도 하듯, 우주비행사의 신장 제한 범위를 넘어 계속 자라 찰스의 꿈을 방해했다. 찰스는 생리학으로 박사 학위를 받고 NASA에서 일하게 되었다. 그는 우주비행사들의 몸과 뼈를 보호하기 위해서 노력하고 있다.

얼마 전 오후, 찰스와 나는 린든 존슨Lyndon B. Johnson 회의실에서 만나 대화를 나누었다. 이곳은 찰스의 이름이 붙은 존슨 우주 센터의 홍보실 건물 안에 있다. 홍보부에서 나온 직원이 한쪽 구석에 조용히 앉아 대화 내내 우리를 감시했다. 마치 존슨 시대의 명판들과 성명서들이 가득한 방 안에서 찰스와 내가 뛰어다닐까 봐 걱정하는 것처럼 말이다. 찰스가 홍보부 직원들을 초조하게 했던 게 틀림없다. 그는 자기 생각을 거리낌 없이 말하는 것으로 유명하며, 그 결과에 대해서 크게 걱정하지 않을 정도의 높은 지위에 있다.

우주에서 뼈를 튼튼하게 하는 데는 지구상에서와 마찬가지로 체중부하운동✘이 최고다. 이 운동을 무중력상태에서 하려면 몸의 무게를 만들어야만 한다. 그러나 이를 위해서는 우주정거장에 회전하는 방rotating room을 마련해야 하는데 비용도 많이 들고 문제

✘   체중부하운동(weight-bearing exercise): 특별한 도구를 사용하지 않고 자신의 체중을 이용하여 뼈와 근육에 자극 및 부하를 가한다. 걷기, 조깅, 계단 오르기 등이 있다.-편집자

도 많다. 회전하는 방은 우주비행사들이 안에 들어갈 수 있을 정도의 큰 원심분리기로, 우주비행사들을 바깥 방향으로 회전시켜서 '인공 중력'을 만들어내는 공간을 의미한다(스탠리 큐브릭Stanley Kubrick 감독의 공상과학영화 〈2001: 스페이스 오디세이2001: A Space Odyssey〉에서 영화배우 키어 둘레이Keir Dullea가 그런 장치 위에서 뛰고 있는 모습을 볼 수 있다).

무게를 재현하기 위해 파격적이면서도 저렴한 대안이 마련되었다. 우주비행사들이 러닝머신 위에서 뛸 때 고무줄을 이용해 몸을 아래로 잡아당기는 방법이다. 신체를 아래로 당겨서 지구상의 중력과 비슷한 효과를 내도록 시도하는 것이다. 전형적으로 이 방법은 안전벨트와 신축성 있는 고무줄, 그리고 많은 욕설과 피부 마찰을 필요로 한다. 그럼에도 엄청나게 효과적이지는 않다. 골밀도 연구자인 톰 랭은 이런 유의 장치는 운동하는 사람 몸무게의 70퍼센트만 벨트 아래로 잡아당기는 데, 여전히 '대량의 골소실'을 막기에는 역부족이라고 말한다.

우주에서의 운동이 얼마나 효과가 있는지 분명하지 않다.

"우주에서 운동을 하지 않는 것보다는 운동을 하는 게 더 낫겠지요. 하지만 우리는 실험을 해본 적이 없기 때문에 얼마만큼 더 좋은지는 모르겠어요."

찰스는 말한다.

아무 운동도 안 했을 때 뼈가 얼마나 손실되는지 실험하려면,

대조군을 우주에 보내야 하는데 그건 너무 위험 부담이 크다. 뼈가 심각하게 손실될 수도 있기 때문이다.

"만약 다양한 수준의 골소실을 경험한 수백 명의 우주비행사가 있다면, 그들을 여러 그룹으로 나누어서 이 그룹은 운동을 덜 해서 이런 효과가 있었으며, 이 그룹은 자전거를 탔고, 저 그룹은 러닝머신을 사용했더니 저런 효과가 있었다는 식으로 분석할 수 있겠지요. 그러나 우리에게는 그렇게 많은 수의 데이터가 없어요. 우리의 실험 대상자는 자전거를 탄 사람과 자전거를 타다가 러닝머신으로 바꾼 사람인데, 전자는 40대 여성이고 후자는 60대 남성이에요. 우리가 할 수 있는 일이라곤 일종의 그룹 평균을 내놓는 것밖에 없어요. 그룹 평균을 보면 대책이 있는 것처럼 보일 수 있지만, 우리가 원하는 만큼 우주비행사들을 보호하지는 못합니다."

랭에 따르면, 우주비행사들이 우주정거장에서 6개월간 임무를 마치고 지구로 귀환한 경우, 떠날 때보다 15~20퍼센트의 골소실이 있다고 한다.

가상 비행 연구실은 최근에 골소실을 막을 방법으로 진동 연구를 수행했다. 실험 참가자들은 고무줄에 의해 침대 발치에 설치된 진동판 위에서 운동을 했다. 그런 진동판은 인터넷 광고에서도 볼 수 있다. 그들은 그게 뼈와 근육을 강화시켜주고, 뱃살을 빼주고, 체지방을 감소시킨다고 호들갑을 떤다. 나는 그런 진동판을 여기서 발견하고 매우 놀랐다. 존 찰스도 놀라긴 마찬가지였다. 그에게 진동이 정말로 골소실을 막는 데 도움이 되는지 묻자 "그건 말짱 거짓이에요. 아무 효과도 없어요"라고 대답했다. 가상 비행 연구실의 인가서에는 그 진동 기계와 골소실에 어떤 관련이 있다고 적혀 있다. 연구원은 이 장치의 공동 개발자였다.

카터도 진동 연구에 관한 얘기를 듣고 깜짝 놀랐다. 그는 믿을 만한 데이터는 어떤 동물 연구에서만 나왔다고 말한다. 그 연구는 골절됐을 때 진동이 회복 기간을 단축시킨다고 밝혔다.

"그러나 골질량이 아주 적은 동물이었고, 진동은 골질량을 거의 변화시키지 못했어요."

진동은 오래전부터 사기성 치료법으로도 유명하다. 1905년부터 1915년까지의 의학 저널에는 '진동 마사지'와 그것으로 치료된다는 병들에 대한 논문들로 넘쳐난다. 거기엔 약한 심장과 콩팥 탈충증, 신경성 식도경련 및 내이 점막염증, 난청, 암, 나쁜 시력, 그리고 아주 많은 전립선 문제들이 포함된다.

1912년에 발표된 코트니 슈롭셔Courtney W. Shropshire 박사의 논문에는 '특별한 전립선 기구에 윤활제를 잘 바른 후 진동기에 붙여서 직장으로 삽입하는 방법으로 정낭의 분비물을 비울 수 있었다'는 인상적인 내용이 있었다. 정말 그랬다. 슈롭셔의 환자들은 이틀에 한 번씩 치료를 받으러 왔고, 그 진동 기계와의 관계가 발전되었을 거라는 데는 의심의 여지가 없다.

팀, 아론 그 누구도 운동 연구에는 포함되어 있지 않다. 둘 다

신체를 의도적으로 쇠약하게 만들기로 되어 있다.

"여태껏 별의별 일을 다 해보았지만 내 몸의 기능을 감퇴시키는 이 일만큼 힘든 건 없었어요."

팀이 말한다. 그는 연구 시작 전에는 일주일에 세 번, 5~8킬로미터씩 달렸다. 그는 나름의 대안을 생각해냈다.

"베트남의 어느 전쟁 포로에 관한 이야기를 들은 적이 있어요."

그가 과일 젤리를 먹느라 잠시 말을 멈춘다. 숟가락이 유리그릇에 부딪혀 짤깍짤깍 소리를 낸다.

"그 포로는 어떤 우리 속에 갇혀 있었어요. 그는 매일 머릿속으로 골프를 쳤지요. 그랬더니 골프 스코어가 6타나 줄었대요!"

그가 다시 베개에 기댄다.

"그래서 나도 머릿속으로 계속 달리려고요."

아론은 아무 말도 없이 롤빵을 몇 조각 떼어내며 우리의 대화를 듣고 있었다. 그가 우리에게로 고개를 돌렸다.

"나는 머릿속으로 스쿼트를 하고 있었어요."

아론은 NASA에게 요가 선생님이나 스님을 초빙해, 우주비행사들에게 무중력과 싸우기 위해 어떻게 마음을 단련해야 하는지 가르치라고 제안할 생각이었다고 말한다. 나는 머릿속으로 그 모습을 상상하며 즐기고 있다.

저녁 서빙 카트가 다시 와서 쟁반을 치운다. 직원이 팀의 컵을 탁자 위에 놓는다.

"우유를 다 마시지 않으셨네요."

그녀가 말한다. 음식 섭취량도 연구의 일부로 기록된다. 침상 휴식자들이 매트리스 밑이나 천장 타일 뒤에 음식을 쑤셔넣지 않도록(이 두 가지 일 모두 일어났었다) 그들을 관찰할 학생들이 고용되었다.

"전부 다 먹어야 해요."

아론이 말한다.

"그들은 작은 통에 담긴 메이플 시럽마저도 다 마시게 할 거예요."

페기 휘트슨은 데니스 카터와 존 찰스가 걱정하는 시나리오를 실제로 견뎌낸 인물이다. 그 시나리오에는 무중력상태에서 몇 개월 혹은 몇 년을 지낸 우주비행사가 등장한다. 뼈와 근육이 약해진 상태에서 비상 상황과 마주하게 된다. 여기서 비상 상황이란, 불시 착할 때 중력가속도의 힘을 견디는 것을 비롯해 캡슐의 입구에서 뛰어내려 동료들을 안전지대로 옮기는 것이다.

앞서 보았듯이 휘트슨은 2008년에 그런 상황을 겪었다. 국제우주정거장에서 돌아오던 그녀와 두 명의 동료 승무원은 탄도의 대기권 재진입과 10G의 중력가속도가 발생한 착륙을 견뎌냈다. 착륙할 때 발생한 불꽃 때문에 잔디엔 불이 붙었고 동료 승무원 이소연은 등에 부상을 입었다.

나는 휘트슨*에게 그 사건에 관해 물어보았다. 인터뷰가 예정되어 있던 날에는 전화에 기술적 문제가 발생해 취소되었다. 그리고 전화 너머 휘트슨의 목소리가 들리기 시작했을 무렵엔 내게 할당된 15분 중 6분이 이미 지나있었다. 나는 화들짝 놀라 곧바로 화재와 뼈 골절에 대해 질문했다.

"선장님, 저는 선장님을 굉장히 존경하는 사람입니다. 소유즈 캡슐에서 탈출해야 했을 때 혹시 다리가 부러질까 봐 걱정하셨나요?"

"전혀요."

휘트슨이 말했다. 그녀에겐 더 절박한 문제가 있었다. 예를 들면, 대기권 재진입시 8G의 중력가속도에서 호흡하는 것과 그들이 착륙했던 초원에 사는 카자흐스탄 농부들 앞에서 토하지 않는 것이었다.

첫 국제우주정거장 임무를 진행하는 동안, 그녀는 운동을 굉장히 열심히 해서 일부 뼈의 골밀도는 지구를 떠나기 전보다 더 높아

---

*　우주비행사의 모든 활동처럼, 인터뷰의 일정과 시간은 엄밀하게 정해져 있다. 인터뷰는 마치 우주에서의 작은 임무들 같다. 휘트슨과의 인터뷰는 취소되었다가 두 번이나 일정이 변동되었다. 마침내 인터뷰 순간이 찾아왔을 때, 교환원을 통해 휘트슨이 앉아 있는 칸막이 방으로 전화가 연결되었다. 시간이 지나도 응답이 없었다. "받지 않네요." 교환원이 말했다. "몇 시로 예정되어 있으시죠?" 나는 그녀에게 12시 30분이라고 말했다. "그렇군요. 전화를 일찍 거셨어요." 그녀가 말했다. "여긴 오후 12시 28분이거든요." 당신은 NASA TV 아나운서의 이런 멘트를 들어본 적이 있을 것이다. "승무원 수면 시간은 미국 중부 표준시로 새벽 1시 59분에 시작하고, 아침 9시 58분엔 기상해야 합니다." 수면제를 먹어야 하나? 아마 그러는 게 좋을 것이다.

졌다.[*] 그녀의 최종 골소실은 1퍼센트 미만이었다.

"실제로 엉덩이가 좀 커졌을 정도로 스쿼트를 많이 했어요."

그동안 국제우주정거장 우주비행사들의 골격을 연구해온 톰 랭은 그렇다고 해서 크게 안심하지는 않는다. 귀환하는 우주비행사의 총골질량은 임무 이전과 매우 유사할 수 있지만, 질량 분포의 경우 이야기가 달라진다. 대부분의 뼈 재생이 이루어지는 곳은 걷는 데 사용하는 뼈 부위다. 그러나 주로 넘어졌을 때 부러지는 엉덩이 부위에서는 뼈들이 전혀 재생되지 않기 때문에 휘트슨 같은 여성들은 은퇴 시기에 골절을 겪기 쉽다.

넘어질 때 엉덩이의 상부, 더 정확하게는 허벅지 위쪽에 있는 대퇴골의 목 부분과 대전자[**]는 옆으로 넘어지면서 측면 타격을 받는다. 그 부위는 달리기를 하거나 스쿼트를 한다고 해서 강화되지 않는다. 걷기나 일상적인 활동으로 압박이 가해지는 뼈들은 나이가 들어도 놀라울 정도로 튼튼하다. 몸은 뼈를 일상생활에 필요한 부분들로 재분배하려는 경향이 있다. 그 결과 우리가 넘어질 때 다치는 부위들을 포함해 다른 구조들을 희생시키기도 한다. 이 때

---

[*] 우주비행사들의 두개골이 무중력상태에서 더 두꺼워진다는 글을 자주 접할 수 있다. 나는 상체에 있는 여분의 체액이 뇌를 부풀게 하고, 이에 몸은 두개골을 두껍게 만들어서 혈압을 높인다고 생각했다. 혈압이 높아지면 동맥이 굵어지는 것처럼 말이다. "흥미로운 가설이군요." NASA의 생리학자 존 찰스가 말했다. 이어서 그는 내게 우주에서 생활한다고 해서 우주비행사들의 두개골이 더 두꺼워지는 건 아니라고 말했다. 아니 어쨌든 정말로 그런 것은 아니라고. 그러나 찰스는 그들이 '수면부족과 과도하게 짜인 일정. 우리가 우주비행사들에게 무리하게 부과하는 다른 모든 학대들'이 초래한 인지 장애로 인해 '우주 바보'가 되는 경우는 비일비재하다고 말한다.

[**] 대전자(greater trochanter): 대퇴골의 상단에 위치한 돌출된 부분-편집자

문에, 일부 골다공증 전문가들은 체중부하운동을 하는 것보다 넘어지지 않는 것이 엉덩이뼈 골절을 피할 수 있는 더 좋은 방법이라고 생각한다.

노인들의 엉덩이 측면을 하루에 몇 번씩 때리는 방법으로 엉덩이 골절 방지가 가능한지 조사해본 사례가 혹시나 있느냐고 톰 랭에게 문의했다. 뼈를 부러뜨릴 정도는 아니지만, 그 충격으로 골세포가 자극을 받아 구조를 강화시킬 정도의 자극을 준 실험 말이다. 긍정적인 대답을 기대하지는 않았는데, 뜻밖에도 그는 스탠포드 대학교의 데니스 카터에게 연락해 보라고 했다.

"그것은 그저 하나의 개념에 불과했어요. 우리는 그것을 이론으로 확립하지는 못했죠."

전화를 받은 카터는 이렇게 말했다.

자극의 방법은 때리는 게 아니라 꽉 쥐는 압박의 방식이었다.

"사람들이 넘어지면 부딪히는 엉덩이, 그러니까 그 대전자 부위 엉덩이를 양쪽에서 꽉 조이는 소파에 앉아 있기만 하면 되는 거였어요."

기발한 아이디어처럼 보이지만 카터가 접촉했던 회사들은 선뜻 개발에 관여하려고 하지 않았다.

"엉덩이가 부러지면 여자들이 소송할 거라고 생각했기 때문이었을까요?"

"그래요, 바로 그거예요. 그리고 회사 입장에서는 이게 너무 이상해 보였나 봐요."

그렇다면 일부러 넘어지는 낙하를 통해 엉덩이 뼈를 강화할 수 있을까? 이 질문에도 나는 긍정적인 대답을 기대하지 않았다. 그러나 카터는 내게 오리건 주립대학교 뼈 연구소의 대학원생이 이것에 대해 조사한 적이 있었다고 말해주었다. 제인 라리비에르Jane LaRiviere는 실험 참가자들을 옆으로 눕히고, 몸을 10센티미터 정도 일으킨 후 나무 바닥으로 떨어지게 했다. 그리고 이것을 일주일에 세 번, 한 번에 30회씩 반복했다. 실험이 끝나고 뼈 스캔을 해본 결과, 실험 참가자들이 옆으로 누웠던 쪽의 대퇴골 골밀도가 그 반대편과 비교해서 비록 작긴 하지만 통계학적으로 의미 있는 증가를 보였다. 라리비에르의 지도교수들 가운데 하나인 토비 하예스Toby Hayes는 만약 충격이 조금 더 강하고 연구 기간이 더 길었다면, 더 인상적인 결과를 얻을 수 있었을 거라고 평가했다.

결론적으로 특별히 효과적인 것은 없다. 칼슘은 아무짝에도 쓸모가 없다. 어느 정도는 운동도 마찬가지다. 현재까지 알려진 강력한 골소실 억제제 중 하나로, 골다공증 치료제인 비스포스포네이트Bisphosphonate는 일부 환자의 턱뼈를 괴사시킨다는 이유로 조사를 받아 왔다.

"골소실 방지 대책 수준은 40년 전과 똑같아요."

존 찰스는 솔직히 인정했다. 그러나 우주비행사들은 상관하지 않는다.

"그들은 그저 화성에 가고 싶어 해요. 그게 바로 이 프로그램에 지원한 이유니까요."

휘트슨은 유인 화성 임무가 현실이 되기 전, 누군가가 안전하고 좋은 약을 고안할 거라고 확신했다. 더 그럴듯한 시나리오는 유전자 검사를 통해 우주비행사를 선발할 수도 있다는 것이다(골소실은 유전적 원인이 상당히 크다). 찰스는 NASA가 '거의 완벽한' 화성 우주비행사들을 모집하는 모습을 상상해본다. 평생 신장 결석 한 번 걸려본 적 없고, 골밀도도 매우 높으며, 콜레스테롤 수치도 정상이고, 고농도의 방사능에도 둔감한, 그런 사람들 말이다.

흑인 여성의 뼈는 백인과 아시아 여성의 뼈보다 평균 7~24퍼센트 정도 골밀도가 높다(나는 흑인 남성에 대해서는 통계를 내지 않았지만, 그들도 아마 더 강한 뼈를 갖고 있을 것이다). 그렇다면 NASA가 모두 흑인으로 구성된 승무원을 화성에 보내는 것을 고려해봐야 하는 건 아닌지 찰스에게 물어보았다.

"왜 안 되겠어요? 우리는 수십 년 동안 금발에 파란 눈을 가진 승무원들을 우주로 보냈잖아요."

모두 흑곰으로 이루어진 승무원 팀도 골소실 문제를 해결하는 또 하나의 방법이 될 것이다. 흑곰은 동면에 들어갔다가 4개월에서 7개월 뒤에 굴에서 나오는 데도 뼈의 강도엔 차이가 없다. 몇몇 연구자들은 동면하는 곰들이 골소실을 치료하고 예방하는 열쇠를

쥐고 있다고 믿는다.

나는 그 가운데 한 명인 미시간 공과대학교 생명공학과의 부교수 세스 도너휴Seth Donahue와 이야기를 나누었다. 도너휴는 동면하는 곰의 뼈도 침상 휴식자나 우주비행사의 뼈처럼 분해된다고 말했다. 차이점이 있다면, 곰은 혈액에서 나온 칼슘을 비롯해 다른 부족한 미네랄들을 뼈에 다시 재흡수해 사용한다는 사실이다. 그렇지 않으면 곰의 혈액 속의 칼슘 수준이 치명적인 농도로 증가해 죽게 된다. 곰은 동면 기간에는 화장실에 가지 않기 때문이다. 뼈가 쇠약해지는 동안 혈류에 버려진 모든 뼈 미네랄들은 거기에 그대로 머물면서 계속 축적된다.

"곰은 칼슘을 재활용하는 방법으로 진화한 거죠. 그 결과 뼈도 보호된 거죠."

도너휴는 이를 '행운의 부산물'이라 부른다.

도너휴는 곰의 물질대사를 조절하는 호르몬들을 연구해 왔다. 폐경 후 여성들과 우주비행사들의 뼈 재생을 도울 성분을 찾기 위해서다. 그들은 곰의 부갑상샘호르몬을 그중 하나로 꼽았다. 도너휴는 합성 호르몬을 만드는 회사를 운영하고 있는데, 이 호르몬을 쥐에게 투여하는 실험을 진행하고 있다. 만약 모든 게 순조롭게 이루어진다면 폐경기 여성을 대상으로 임상 시험을 하게 될 것이다.

사실 인간의 부갑상샘호르몬도 뼈 재생을 돕는다. 그 호르몬은 폐경 후 골밀도를 증가시키는 가장 효과적인 방법들 가운데 하나다. 그러나 쥐에게 인간의 부갑상샘호르몬의 투여량을 늘리자 골수암이 발병했다. 따라서 미국 식품의약국은Food and Drug Administration(FDA) 처방 기간을 1년으로, 처방 대상은 이미 골절 경험이 있는 여성들로 제한한다. 도너휴는 곰의 부갑상샘호르몬은 부작용이 전혀 발견되지 않는다고 했으니, 부디 성공하길 기도하자.

NASA가 동면하는 곰들을 흥미롭게 생각하는 이유는 또 있다. 만약 인간이 동면해서 2~3년간의 화성 임무 기간 중 6개월 동안 산소는 평소의 4분의 1만큼만 사용하면서, 먹지도 마시지도 않을 수 있다면 식량과 산소, 물의 양이 얼마나 많이 줄어들지 상상해보라(우주선에 싣는 짐이 적을수록 발사 비용은 절감된다. 일단 지구 중력의 인력을 벗어나는 데 필요한 속도에 도달해 지구 대기의 공기 저항을 통과하면, 우주선은 기본적으로 화성까지 순조로이 날아간다). 발사 시 무게가 500그램 늘어날 때마다 프로젝트 예산은 수천만 달러씩 추가된다. 공상과학 작가들은 벌써 수십 년 전에 이 아이디어에 착안해 소설 속 우주선에 기후가 조절되는 최첨단 동면 시설을 등장시켰다.

항공우주국들이 인간 동면에 대해서 논의한 적이 있을까? 그들은 항상 논의해 왔고 지금도 논의 중이다.

"인간 동면에 관한 생각은 절대로 사라지지 않아요. 그저 겨울잠을 자고 있을 뿐이죠."

존 찰스는 말한다. 그러나 가능성은 거의 없다.

"설사 그 방법이 정말 효과가 있다고 해도, 3년간 화성 임무를 떠나는 유인 우주선의 보급품 양을 줄일 수 있을까요? 만약 동면 설비가 제대로 작동하지 않아서 모든 사람이 깨어났다면 어떻게 될까요? 만약을 위해 얼마나 많은 식량과 산소를 가져가야 할까요? 그리고 어느 정도가 되어야 동면으로 인한 절감 효과를 봤다고 판단할까요?"

그 방법이 효과를 보지 못할 이유는 또 있다. 동면하는 곰은 필요한 모든 물과 에너지를 지방에서 얻는다. 이는 굴에 들어가기 전에 열심히 먹어서 비축한 것이다. 워싱턴 주립대학교 곰 연구 센터에 따르면, 우주비행사만 한 덩치의 작은 곰은 동면 전 매일 사과와 열매를 체중의 최대 40퍼센트까지 먹는다. 그 양을 환산하면 하루에 약 30킬로그램의 음식이다.

그리고 6개월 동안 오직 지방, 그것도 자기 몸의 지방만 먹고 산다는 건, 곰처럼 진화한 생물체가 아니라면 건강에 좋지 않다. 사소하지만 흥미로운 사실도 있다. 동면하는 곰은 '좋지 않은' 콜레스테롤 수치가 아주 높다(또한 '양질'의 콜레스테롤도 아주 많이 갖고 있다. 어쩌면 곰이 심장병에 걸리지 않는 것은 바로 이 덕분인지도 모른다).

침상 휴식자들은 곰이 아니다. 그들은 먹고 마시고 배설해야 하며, 그 세 가지 가운데 마지막 항목 배설이 팀의 탈락 사유였다. 가상 비행 연구실의 실험 참가자들은 오로지 침대에서만 배설하게 되어 있다. 다른 곳은 안 된다. 침대에 평평하게 드러누워 환자용 변기를 사용하는 것은 거북하면서도 부자연스러운 방법이다. 결국 팀은 똑바로 일어나 앉았고, 룸메이트 아론의 침대로 맞춰져 있는 카메라에 찍히고 말았다(아론이 방에 없었기 때문에 그는 커튼을 칠 필요가 없다고 생각한 것이다).

"난 그게 그렇게 큰 영향을 줄 줄은 몰랐어요. 하지만 제 행동이 과학적 데이터를 다 망쳐버렸던 거죠."✖

팀은 실험실을 떠나 달라는 요청을 받았다.

리언은 침상 휴식 실험에 참가하는 동안 배설과 관련해서는 전혀 어려움이 없었다.

"처음 몇 번이 지나가면 금방 익숙해졌어요. 그리고 나는… 아주 많이 가요. 여기에 있는 어느 누구보다도 네다섯 번은 더 가지요. 3개월이 끝나갈 때쯤이면 아마 260번 정도?"

이것이 바로 침상 휴식자와 우주비행사의 차이다. 침상 휴식자들의 경우에는 금기시되는 인터뷰 주제가 없다.

섹스를 포함해서 말이다. 조 니것은 내게 샤워실을 보여주고 있다. 말 한 마리가 들어갈 만한 크기의 샤워실은 타일로 마감되어 있고, 바퀴 달린 방수 들것이 설치되어 있었다.

"그러니까 샤워실이… 유일한 개인 시간이겠네요. 제 말이 무

✖   실험 참가자들은 얼마나 자주 연구자를 속일까? '기니피그 제로Guinea Pig Zero'라는 인터넷 사이트에 실험 참가자들이 올려놓은 글들을 훑어보면, '대단히 자주'라는 것을 알 수 있다. 의약품 연구에서 대조군에 속한 참가자 중 한 사람은 "모든 사람이 자신이 받은 알약이 옥수수 녹말인지 알아보려고 뚜껑을 연다"고 말했다.

슨 뜻인지 아시겠어요?"

내가 말했다.

"네…."

조가 대답했다. 조금 뒤 그는 새로 바뀐 샤워 헤드에 대해서 말하기 시작했다. 얼마 전까지만 해도 그들은 레스토랑에서 사용할 법한 업소용 샤워기를 사용했다. 나는 그가 내 말뜻을 알아들었는지 확신이 서지 않아 리언에게 다시 물었다. 리언은 그 샤워실이 바로 '대부분의 사람이 그것을 하는 곳'이라고 확인해 주었다. 실제 궤도를 비행하는 우주비행사들과 마찬가지로, 수음은 가상 비행 연구실 규칙에도, 오리엔테이션에도 공식적으로 언급되지 않는다. 리언은 침상 휴식 실험에 참가하기 전 담당 심리학자에게 이렇게 말했다.

"만약 그게 실험에 방해가 된다면 하지 않으려고 합니다."

심리학자는 벌겋게 상기된 얼굴로 리언에게 수음을 허락하고는 상세한 방법은 그에게 맡겼다.

우주비행사 마이클 콜린스는 회고록에서, 아폴로 시대의 한 의사 이야기를 들려준다. 그 의사는 우주비행사들이 장기 임무를 수행할 때 전립선염에 걸리지 않도록 정기적인 수음을 권고했다. 콜린스의 달 임무를 맡았던 항공 의무관은 '저 조언을 무시하기로 결정했고' 그 후로도 계속 인간의 성욕을 무시하는 것이 기본 원칙이 되었다.

러시아 항공우주국에서도 상황은 마찬가지다. 러시아 우주비행사 알렉산드르 라베이킨은 오랜 금욕이 전립선염을 일으킬 수 있다는 말을 들은 적이 있지만, 러시아 항공우주국은 그런 문제가 존재하지 않는 척한다고 내게 말했다.

"그것을 어떻게 다루는가는 본인에게 달려 있어요. 그러나 모든 사람이 그걸 하고 있고, 모두가 이해해요. 그건 아무것도 아니에요. 친구들은 내게 '우주에서는 섹스를 어떻게 하지?'라고 묻는답니다. 그러면 나는 이렇게 대답하죠. '손으로 하지!'"

상세한 방법에 관해서 그는 이렇게 대답했다.

"여러 가능성이 있어요. 때로는 잠을 자는 동안 저절로 일어나기도 하고요. 그것은 자연스러운 일이에요."

존 찰스는 전립선 건강과 NASA에서 약어로 '자기 자극self-stim'✗이라고 말하는 것들에 관해서 들어봤지만, 궤도에서의 수음에 대해서는 찬성이든 반대든 공식적으로 논의된 적은 없을 거라고 말했다.

그 문제라면 두 사람 간의 섹스에 대해서도 마찬가지다. 여기 가상 비행 연구실에서는 비록 간접적이긴 하지만 '방문자들은 침대에 앉거나 누울 수 없다'는 규칙이 있다.

"내 아내는 아주 맘에 들어 했어요. 그게 내가 여기에 올 수 있

✗　여기서 'stim'은 'stimulation' 줄여서 쓴 말이다.-옮긴이

었던 또 다른 이유였죠!"

리언이 농담을 한다. 나는 작별인사를 하기 위해서 그의 방에
다시 들렀다. 그는 컴퓨터에 있는 가족사진을 보여주었다.

"이제 그만 가봐야겠어요. 당신도 할 일이…."

리언이 씩 웃는다.

"할 일이 없을 거라고요?"

CHAPTER 12

본능을 향한 도전

무중력 속 섹스에 관한 고찰

내가 전화를 걸었을 때 숀 헤이즈Sean Hayes는 잠수복을 벗고 있는 중이었다. 헤이즈는 잔점박이물범의 교미 전략에 관한 논문을 쓴 해양생물학자다. 우주비행사들이 거대한 수영장에서 우주유영 임무를 연습하는 이유는 물속에서 떠다니는 것이 무중력상태에서 떠다니는 것과 유사하기 때문이다. 게다가 무중력상태에서의 섹스에 관해 NASA에게 묻느니, 바다표범 전문가(이런, 바다표범이라니!)를 찾아가는 게 더 쉬운 까닭에 나는 해양생물학자에게 자문을 구하기로 했다.

"바다표범들은 대단히 신중해요."✖

✖ '문이 삐걱거리는 듯한 목소리'가 나는 전희를 즐긴 후 수면 위로 올라와 '거칠게 숨을 내쉬며 상대와 눈을 맞춰야' 하는 상황에 있다면 당신 역시 신중해질 수밖에 없을 것이다.

헤이즈는 귓바퀴가 없는 바다표범에 대해서 이렇게 말했다(귓바퀴가 없는 바다표범은 공으로 재주를 부리거나, 해변에서 교미를 하는 종류와는 다르다). 헤이즈는 야생 잔점박이물범을 몰래 관찰하기 위해 특수 장비까지 만들었지만, 지금까지 물속에서 떠다니는 물범들의 짝짓기를 관찰해본 적은 없다. 잔점박이물범이(마찬가지로 우주비행사도) 자연 서식지에서 짝짓기를 하는 모습이 포착된 사례는 없었다. 만약 바다표범들이 어떻게 짝짓기를 하는지 보고 싶다면, 한 쌍의 바다표범을 수영장 속에 집어넣는 수밖에 없다. 헤이즈는 바로 그 방법을 사용했던 존스홉킨스 대학교의 두 연구자가 공저한 논문을 내게 보내왔다.

생물학자들이 관찰한 것은, 성교는 중력의 도움이 필요하다는 나의 예상을 크게 빗나가지 않았다.

> 수컷은 대부분의 시간 동안 암컷을 꽉 잡고는 교미 자세를 유지하려고 노력했다.✖

연구자들은 이렇게 기록했다. 수컷은 두 몸이 떨어져 떠내려가

✖ 중력이 약한 상태에서 섹스하는 것이 어렵다는 증거는 해달에게서도 찾을 수 있다. 암컷을 제자리에 꽉 붙잡아 놓기 위해서 수컷은 보통 암컷의 머리를 뒤로 잡아당겨 이빨로 암컷의 코를 물고 있는다. 몬트레이 베이 아쿠아리움의 해달 연구 코디네이터인 미셸 스테들러Michelle Staedtler는 "우리 수의사들은 일부 암컷 해달에게 코 성형수술을 해준 적도 있어요"라고 말한다. 또한 섹스는 수컷 해달에게도 정신적 충격을 줄 수 있다. 발기한 수컷 해달의 음경을 바다의 새로운 진미로 착각한 갈매기 떼가 쪼아대는 공격을 견뎌야 하기 때문이다.

지 않도록 이빨로 암컷의 등을 단단히 물고 있었다. 어떤 사진은 살찐 바다표범 한 쌍이 수영장 바닥에서 '모든 힘의 작용에는 크기가 같고 방향이 반대인 반작용이 존재한다'는 뉴턴의 제3법칙을 거스르려고 애쓰는 모습을 보여준다. 중력을 없애거나 크게 약화시키면, 밀어내는 힘 때문에 그저 사랑하는 애인만 멀어질 뿐이다.✖

잔점박이물범과 달리, 무중력상태에서 섹스를 어떻게 하는지 알아보기 위해 우주비행사들을 수영장에 넣어 관찰해본 적은 없다. 작고한 해리 스타인G. Harmy Stine이 자신의 저서 『우주에서의 생활Living in Space』에 이런 글을 썼는데도 말이다.

지난 1980년대, 앨라배마주의 헌츠빌에 있는 NASA의 조지 마셜 우주비행 센터George C. Marshall Space Flight center의 중성부력 무중력 가상 실험 탱크에서 매우 늦은 밤 은밀한 실험들이 이루어졌다. 그 실험 결과, 인간이 무중력상태에서 섹스를 하는 게 정말로 가능하다는 사실이 밝혀졌다. 그러나 두 사람이 붙어 있는 것은 매우 힘들었다. 연구자들은 무중력 섹스를

✖ 이는 underwatersex.net 웹사이트에 동영상과 비디오를 제작해 올리는 스티븐 헌트가 〈외로운 주부와의 누드 스쿠버〉를 촬영하기 위해 중성부력을 포기하고, 사주(모래사장) 밑 9미터 깊이로 내려가는 이유다. 스티븐은 "무중력상태에서 당신이 할 수 있는 모든 체위를 떠올려 볼 수 있겠어요?"라고 물었다. 아마 누구든 반드시 상상할 수 있을 것이다. 스티븐이 사창가에서나 볼 법한 웬만한 체위들은 모조리 선보이고 있으니 말이다. 얼굴을 잔뜩 일그러뜨리는 전혀 매력적이지 않은 스쿠버 장비만을 착용한 채 말이다. (스쿠버다이빙 도중에 중력과 부력이 만나는 지점이 발생한다. 이 지점에서는 무중력과 비슷한 느낌을 받게 되는데 이 상태가 중성부력이 발생한 상태다. 또한 사주는 해안이나 호수 지역에 쌓인 모래 퇴적 지형이다. 물 위에서는 담의 형태로 보이며, 물속에서는 벽의 형태로 존재한다. 여기서는 중성부력 상태에서 섹스 동영상을 찍지 않고 벽이 위치한 곳에서 찍는 이유를 설명하고 있다.-편집자)

할 때 제3의 인물이 적당한 타이밍에 적당히 밀어주면 도움이 된다는 것을 알아냈다. 또한 돌고래 역시 이 같은 방법으로 짝짓기를 한다는 사실을 발견했다. 제3의 돌고래는 짝짓기 과정을 항상 함께한다. 이는 결국 '고도 1마일 클럽'✖과 맞먹는 '세 마리 돌고래 클럽Three Dolphin Club' 결성의 원동력이 되었다.

공상과학 소설 작가로 유명한 스타인은 논픽션 책을 쓰면서도 소설을 쓰던 습관을 버릴 수 없었나 보다. 아니면 마셜 우주비행 센터의 누군가가 '세 마리 돌고래 클럽'에 관한 루머를 퍼뜨린 걸까? 나는 그 이야기의 발단을 알고 있는 사람이 있을 수 있다는 생각에 마셜 우주비행 센터 홍보부에 편지를 보냈다. 그리고 미묘하게 회피하는 대답이 돌아왔다.

안녕하세요. 귀하께서 궁금해하는 중성부력 실험실의 역사 정보를 알려드릴 수 있는 역사가 마이크 라이트Mike Wright의 연락처를 알려드립니다. 먼저 짧게 답변을 드리자면, 마셜 센터엔 중성부력 연구소가 존재했었습니다. 하지만 연구소는 폐쇄되었고 마이크가 폐쇄 일자를 알려드릴 수 있습니다. 관련 연구는 이후 휴스턴에 있는 존슨 우주 센터에서 이루어졌습니다.

✖   고도 1마일 클럽(Mile High Club): 비행 중인 항공기 안에서 하는 성행위를 나타내는 속어-편집자

그 편지에는 내가 문의했던 섹스나 중력, 해리 스타인에 대해서는 단 한 마디의 언급도 없었다.

돌고래 이야기의 정확도를 판단할 때, 스타인의 이야기는 신뢰할 만한 수준이 아니다. 미국의 저명한 돌고래 전문가 랜들 웰스Randall Wells는 '짝짓기에는 단 두 마리의 돌고래만 필요하다'고 말했다. 웰스에게 보충 설명을 부탁하자, 가끔 제3의 수컷이 암컷을 한쪽으로 몰아주기는 하지만 성교를 도와주는 행동이 관찰된 적은 한 번도 없었다고 했다. 또한 돌고래의 음경이 물건을 잡을 수 있다는 사실은 짝짓기 현장에 제3의 돌고래가 필요 없다는 근거가 될 수 있다.✼ 조지타운 대학교의 돌고래 연구가 자넷 만은, 수컷의 음경이 '암컷에게 걸려서' 자신의 일을 마치는 데 필요한 몇 초 동안 암컷을 가까이 잡아둘 수 있다고 말했다. 그러나 수컷들에게 이런 능력이 필요한 이유는 물에 가만히 떠서 교미하기가 어렵기 때문이 아니라, 암컷들이 보통 데굴데굴 굴러 빠져나가려고 하기 때문에 그렇게 진화한 것이라는 게 그의 의견이다. 내가 들은 바에 따르면, 남성 우주비행사들한테 이것은 별 문제가 될 것 같지 않다.

✼　돌고래는 말 그대로 물건을 잡을 수 있다. 사람을 포함해서 말이다. 돌고래 연구가 자넷 만Janet Mann은 "수컷이 자신의 음경으로 사람 발목을 감싸 쥐었던 사례들이 있어요. 이 때문에 대부분 프로그램에서 수컷 돌고래는 조용히 제외되어 왔죠"라고 말했다. 만약 돌고래와의 섹스를 안내하는 웹사이트가 진실을 말한다면, 암컷 역시 가능하다. '암컷의 생식기가 갑자기 내 다리를 잡았다'는 글이 올라와 있기 때문이다. 글쓴이는 암컷의 질에는 근육이 존재하며, 이 근육은 물건을 조작하고 옮길 수 있는 능력이 있다고 덧붙였다. 손발이 없는 동물에게 이 얼마나 큰 축복인가! 돌고래가 그들의 생식기로 물건을 들고 가는 모습이 관찰된 적이 있느냐고 자넷 만에게 묻고 싶었지만 이 시점에서 그녀는 내 메일을 슬쩍 피하기 시작했다.

스타인이 묘사한 연구 실험은 거의 말도 안 된다. 동일한 '실험'을 뒷마당 수영장에서도 할 수 있는데, 왜 군이 NASA 직원들이 잘릴 위험을 무릅쓰고 하겠는가? 그리고 왜 공식적인 실험이 필요하겠는가? 우주비행사 로저 크라우치가 이메일에서 말했듯이, 우주에서 섹스를 하고 싶은 커플이 있다면 그저 지구에서 하는 것처럼 하면 될 것이고, '일단 시작하면 경험이 쌓이면서 점점 나아질 것이다.'

실험 참가자들이 '함께 붙어 있는 것은 매우 힘들었다'라는 스타인의 주장에 대해서 크라우치는 부정적인 반응을 보였다.

"팔이나 다리를 사용해서 얼마든지 서로 밀착할 수 있어요. 그걸 방해하는 것은 아무것도 없으니까요. 일단 실험 참가자들 중 한 명이 발이나 몸을 상대방에게 단단히 붙이기만 한다면(그는 다른 모든 것이 실패했을 경우 강력 접착테이프를 사용할 것을 제안했다) 나머지는 직접 하는 사람들의 상상력에 달렸겠죠. 인도의 성 지침서인 〈카마수트라Kama Sutra〉도 모든 가능성을 망라하지는 못했을 테니까요."

나는 크라우치에게 우주에서의 섹스와 관련된 또 다른 인터넷 괴담에 대해서도 문의했다. 괴담의 내용은 이러했다. NASA의 출판물 14-307-1792는 1989년쯤 이뤄진 우주왕복선 STS-75의 탐험 결과 '비행 후기'로 추정되며, '궤도 내 무중력 환경에서 지속적으로 부부관계를 갖는 법'이 들어 있다. 심지어 이 가짜 보고서 안에는 스타인이 언급한 '중성부력 탱크에서 이뤄진 유사 실험들'이 출처로 인용되어 있다.

보고서에 따르면, 실험은 우주선 내부 갑판 사이에 '공기압 소음 차단막'을 설치해 사생활을 보호한 상태에서 진행됐다. 그 가운데 네 가지는 '자연스러웠고' 여섯 가지는 구조적 제약이 따랐다. '각 파트너가 상대의 머리를 잡아 허벅지 사이에 넣고 단단히 조이고 있는' 10번 체위는 '가장 만족스러운' 체위 두 가지 중 하나로 선택되었다. 보고서는 앞으로 우주비행사 커플을 선발하면서 '3번 체위와 10번 체위를 받아들이거나 수행할 수 있느냐'부터 판단해야 한다는 조언과, 곧 출간될 우주비행사의 섹스 트레이닝 비디오에 대한 언급으로 끝을 맺었다.

놀랍게도, 우주 과학 서적의 저술가 두 명은 이 조작 문서를 자신의 책에 인용했으며, 문서가 실재한다는 결론을 내렸다. 그러나 NASA 웹사이트를 잠시만 살펴봐도 우주왕복선 STS-75는 그 '문서'가 출현하고 7년 뒤인 1996년에 비행했으며, 승무원들은 모두 남성이었다는 사실을 발견할 수 있다.

수십 명의 우주비행사가 남녀 혼성으로 비행해 왔다. 한 우주왕복선 승무원들 중에는 훈련을 받는 동안 사랑에 빠져 비행 직전에 NASA에는 비밀로 하고 결혼한 커플도 있었다. 모든 남성과 여성들이 예외 없이 유혹을 뿌리쳤을 거라고 상상하기란 어렵다. 우주왕복선 내에서는 프라이버시가 없을지 모르지만, 미르나 국제우주정거장 같은 멀티모듈 우주정거장에서는 프라이버시를 가질 수 있다. 발레리 폴랴코프^{Valery Polyakov}와 옐레나 콘다코바^{Yelena} Kondakova는 미르 우주정거장에서 5개월을 함께 보냈다.

"우리는 발레리에게 둘이 섹스를 했는지 안 했는지 끈덕지게 물었어요. 그는 '제발 이런 질문들 좀 하지 말라'며 간청했지요."

러시아 우주비행사 알렉산드르 라베이킨이 내게 말해주었다.

콘다코바가 러시아 우주비행사 발레리 류민^{Valery Ryumin}과 결혼한 상태였기 때문에, 폴랴코프는 우주복 지퍼를 단단히 올려두거나 입을 다물고 있어야 했다. 라베이킨은 러시아 속담 하나를 들려줬다. 번역하면서 의미가 조금 달라졌지만, 오히려 그 덕에 새로운 여운이 생겼다. '사랑은 신비 속에 화살을 숨긴다.' 아니면 우주 전문 기자 제임스 오버그^{James Oberg}가 군의 옛 격언을 빌려 말한 '아는 사람은 말 안 하고, 말하는 사람은 모른다'라는 말이 이 상황엔 더 어울릴지도 모르겠다.

NASA는 행동 규칙에 섹스를 특별히 언급하지 않는다. NASA의 우주비행사 직무 규정에는 '우리는 부적절한 행동을 피하도록 노력할 것이다'라는 다소 모호한 보이스카우트 선서식 맹세가 들어 있다. 내게는 그저 '발각되지 말라'는 말로만 들린다.

사실상 미연방 규정의 일부인 국제우주정거장 승무원 행동 강령도 신중하기는 마찬가지여서, '국제우주정거장 승무원은 (…) 다음과 같은 행위를 유발하거나 행동해서는 아니 된다. 첫째, 국제우주정거장 임무 중 특정 사람에게 과도한 특혜를 주거나' 같은 표현이 등장한다. 과도한 특혜는 성희롱의 또 다른 표현이다.

사실상 어떤 것도 명확히 규정하거나 법제화할 필요는 없다. NASA는 국민들의 세금으로 운영된다. 상원의원과 대통령과 마찬가지로 우주비행사도 명백한 공무원이다. 성적性的 과실을 비롯해 도의에 어긋나는 행위들은 쉽게 잊히지 않는다. 신문 1면에 실린다면 대중의 분노를 사게 되고 결국 예산이 삭감될 것이다. 우주비행사는 이를 잘 알고 있다. 설령 무중력 공간에서의 정사 사건이 NASA 외부로는 새어 나가지 않는다고 해도 관련자들은 결코 다시 비행할 수 없을 것이다.

따라서 우주비행사가 우주에서 섹스한 적이 없다고 생각하기도 어렵지만, 또 그들이 섹스를 했다고 생각하기도 어렵다. 나는 나의 에이전트인 제이에게 이에 대해 설명하려고 애썼다. 여러 해에 걸친 교육과 훈련, 또 다른 비행이 있을지 여부를 알지 못하는 불안감, 직업에 대한 엄청난 헌신과 몰입. 너무 많은 것이 걸려 있고, 잃을 것도 굉장히 많다는 것을 말이다. 가만히 듣고 있던 제이가 입을 열었다.

"그럴 만한 가치가 있잖아요. 아닌가요?"✖

✖ 이 사람이 바로 아름다운 화성의 풍경을 담은 파노라마 사진을 보여주자마자 "꼭 라스베이거스 외곽 같군요"라고 말했던 사람이다. 그가 그런 말을 하다니 재밌다. 내가 이 글을 쓰는 동안에도 라스베이거스 외곽 사막에 16억 달러 규모의 화성 세계 리조트를 건립하기 위해 자금을 조성하고 있다.

완전히 새로운 산업이 나의 에이전트 같은 사람들의 상상력에서 시작되었다. 우주관광협회 회장인 존 스펜서John Spencer는 '스너글 터널'✖과 무중력 욕조를 특징으로 하는 '슈퍼 요트'를 구상했다. 또한 현재 라스베이거스에서 비글로 에어로스페이스Bigelow Aerospace를 이끄는 버젯 스위트 아메리카Budget Suites America의 창립자 로버트 비글로Robert Bigelow는 '상업적 우주정거장'에 사용할 공기 주입식 부품들을 개발하고, 시험 발사까지 마쳤다.✖✖ 이 우주정거장은 연구와 산업 실험용, 그리고 우주에서의 휴가와 신혼여행을 위해 대여될 것이다.

이론적으로는 비글로의 호텔 방이나 스펜서의 슈퍼 요트를 기다릴 필요는 없다. 우주에서의 섹스가 사람들을 매혹시키는 가장 큰 이유는 고도가 아니라 무중력상태에 있다는 사실이다. 그렇다면 포물선 비행으로 우주에 가지 않고도 무중력상태를 체험할 수 있다. 비록 포물선 비행으로 인한 무중력은 두 사람의 몸무게가 평소의 두 배가 되어서 의학적으로 위험한 시기를 중간에 20초씩 경험하게 될 테지만 말이다.

✖ 　스너글 터널(Snuggle Tunnel): 부드러운 천을 원통형으로 만든 것으로, 주로 애완동물이 통과하거나 숨는 놀이기구로 활용된다.-편집자
✖✖ 　부디 지구에서 하던 방식은 아니길 바란다. 라스베이거스에 위치한 비글로의 회사에서 길을 따라 내려가면 나오는 '버젯 스위트 아메리카'에 대한 여행자 후기의 일부는 이렇다. '불쾌한 곰팡이 냄새. 구닥다리 카펫 위엔 매트리스만 덩그러니 놓여 있을 뿐 침대 프레임은 없었다.' '수영장에서 지린내가 진동했다. 물에서는 썩은 냄새가 났다.' '에어컨이 작동하지 않았다. TV도 켜지지 않았다. 경비원이 꼭 나치 시대의 비밀경찰들처럼 군다.'

1993년부터, Zero G회사는 보잉 727기단으로 포물선 비행 사업을 운영해 왔다. 과연 무중력상태에서 섹스한 적이 있을까? 그 회사를 퇴사했기 때문에 이름을 밝히지 않기를 바라는 익명의 남자는 기내 섹스는 옵션에 없었다고 내게 말했다. Zero G는 학생들과 선생님들의 저중력 비행을 통해 우주 프로그램을 홍보하고자 하는 목적으로 NASA와 계약을 이어왔다. 만약 기내 섹스를 허용하기 시작한다면, NASA는 절대로 재계약을 하지 않았을 것이다. 게다가 기내 섹스에 관심이 있는 커플은 9만 5,000달러를 지불하고 비행기 전체를 빌려야 한다.

그런 질문을 했던 사람은 내가 처음이 아니다. 고도 1마일 클럽 소속의 어떤 사람은 비행기를 빌려야 하는 '많은 경우에' Zero G에 연락을 취했다. 고도 1마일 클럽은 회칙과 회비가 있는 정식 클럽이라기보다는 기내 섹스를 함으로써 '가입 자격이 주어진' 사람들이 자신들의 경험담을 나누는 웹사이트다. 만약 포물선 비행 도중 무중력 섹스를 경험한 사람이 있다면, 이 단체가 제일 먼저 그 사실을 알고 있을 거라 생각한다.

우리가 알기로는 그런 일을 시도한 사람은 없습니다. 만약 포물선 비행 도중 섹스를 경험한 사람을 발견한다면, 사이트에 올릴 수 있도록 저희에게 알려주시기 바랍니다.

고도 1마일 클럽 웹사이트로 오는 메일에 답변을 하는 담당자 필의 말이다.

필은 낙하산을 타고 자유낙하를 하는 동안 섹스를 하는 익명의 젊은 커플 사진 두 장을 첨부했다. 남자는 앉아 있고 여자는 두 다리를 쩍 벌린 채 걸터앉아 있었다. 스카이다이빙의 자세로는 특별할지 모르나 섹스 체위로는 상당히 상투적이었다. 유별난 공기 역학적 상황을 극복하기 위해 남자는 두 팔을 몸 뒤로 뻗어 안정감을 유지했다. 재미는 있지만 진짜 무중력상태와는 다르다. 남자의 발가벗은 등짝을 밀어올리는 풍압은 마치 표면 같은 역할을 해서 섹스를 하는 남녀가 밀어내야 하는 힘을 받쳐주었을 것이다. 나는 남자의 위장에 일시적으로 가스가 차지 않았을까는 궁금했지만, 섹스에 대해서는 흥미가 생기지 않았다.

무중력 섹스에 대한 기대로 전세기를 빌리는 비용을 기꺼이 부담하는 사람들은 오직 포르노 제작자들뿐이다. 성인 전문 잡지인 〈플레이보이Playboy〉나 TV시리즈 〈걸스 곤 와일드Girls Gone Wild〉 프로듀서가 Zero G와 계약을 맺었다.

"그들이 얼마나 열심히 노력했고, 얼마나 많은 것을 기꺼이 했는지 믿지 못할 거예요."

내가 연락했던 〈걸스 곤 와일드〉의 담당자가 말했다. 프로듀서와 제작 팀은 결국 러시아에서 비행기 한 대를 빌렸지만 아무도 섹스를 하지는 않았다. 단지 여자들의 가슴이 보이는 사진을 좀 더 많이 찍었으며 여기에 중력에서의 해방이 더해졌을 뿐이다.

몇 달 뒤, 〈컬러스Colors〉라는 유럽의 한 잡지를 훑어보다가, 1999년에 제작된 〈천왕성 실험The Uranus Experiment〉이라는 포르노 영화에 대한 내용을 발견했다. 이 영화의 프로듀서는 포물선 비행을 위해 제트기를 빌렸던 게 분명하다.

> 비행기가 급강하하는 동안, 섹스 장면을 촬영하기에 딱 맞는 시간이 주어졌다.

출연자는 실비아 세인트Silvia Saint라는 체코의 여배우였다. 세인트가 무중력 섹스를 한 최초의 인간이었을까?

인터넷상에서 건강미 넘치는 매끈한 모습의 실비아 세인트를 볼 수 있었지만, 그녀의 이메일 주소는 알기 어려웠다. 인기 있는 온라인 섹스 칼럼을 쓰는 지인은 브라이언 그로스Brian Gross✖라는 성인물 홍보 담당자와 연락을 해볼 것을 제안했다(나는 성인이 아니어서 그 이름과 직업 설명에서 즐거움을 느꼈고, '아동물 홍보 담당자'라는 상상의 직업 카테고리가 있었으면 좋겠다고 생각하며 그들 가운데 일부가 NASA에서 일하기를 바랐다). 그로스는 믿음직스러운 사람이었다. 한 때 ABC 뉴스와 성인물 검색 엔진 부블Booble 양쪽을 대표했던 다

✖   'Gross'는 영어에서 '천박한'이라는 뜻을 가지고 있다.-편집자

재다능한 인물이었다. 그로스가 단서를 제공해 준 덕분에 또 다른 사람과 연락이 닿았는데, 그는 세인트가 5년 전에 그 업계를 떠나✖ '체코로 돌아가서는 연락이 두절되었다'라고 이야기해 주었다.

다음은 바르셀로나에 위치한 프라이빗 미디어그룹^{Private Media} Group을 이끄는 사람으로, 〈천왕성 실험〉을 제작한 버스 밀턴^{Berth} ^{Milton}이다. 누구도 흉내 낼 수 없는 독특한 악센트와 상냥하면서도 가정적인 밀튼은 〈천왕성 실험〉 시리즈(이것은 3부작이다!)를 보내 주고 세인트를 찾는 것을 도와주겠다고 약속했다. 그 역사적인 섹 스가 일어났던 비행기는 밀튼이 공동소유하고 있는 기업용 전세기 중 하나였다.

"비행기 조종사에게 포물선 비행을 해달라고 부탁했나요?"

내가 물었다.

"물론이죠."

"조종사는 전에도 포물선 비행을 해본 적이 있었나요?"

"아니요."

놀라운 정보였다. 하지만 밀튼이 계속해서 제트기 엔진들이 닳 아버린 이야기며, 촬영 이후 점검과 관리를 받느라 이틀 동안 비행

✖　은퇴시기에, 세인트는 200편이 넘는 포르노 영화를 찍은 상태였다. 비록 한두 편 정도가 다
　　소 고급스럽긴 했지만(예를 들어, 스탠리 큐브릭 감독의 스타일을 느낄 수 있는 〈입을 크게 벌려
　　라Mouth Wide Open〉), 〈섹시한 몸매와 배기관 #14Hot Bods and Tail Pipe #14〉 〈오줌 맨의 모험The
　　Adventures of Pee Man〉 등 필모그래피의 대부분을 볼 때 실비아 세인트는 서른세 살이 되어서야
　　비로소 잠시 휴식을 취할 수 있었음을 알 수 있다.

하지 못했던 이야기를 해주었으므로 그를 믿어보기로 했다.

밀튼은 촬영 장소에 방문한 적이 없었기 때문에 영화 속 무중력 장면들의 세세한 부분을 기억하지 못했다. 벌써 10년 전 일이기도 했지만, 당시 그의 회사는 한 달에 열 편의 영화를 찍어내고 있었다. 다만, 촬영 감독만은 기억했다. 그는 한때 스웨덴의 영화감독 잉그마르 베르히만Ingmar Bergman 밑에서 카메라맨으로 일하고 있었다. 그러면서 자신은 베르히만에 대해 별로 신경 쓰지 않았노라고 덧붙였다.

"그는 많은 상을 수상했지만 정작 그의 영화를 보는 사람은 아무도 없었어요. 그냥 우울하기만 해요. 즐거움이 없죠."

나는 〈화니와 알렉산더Fanny and Alexander〉를 언급했다.

"맞아요. 그게 아마 당신이 처음부터 끝까지 볼 수 있는 유일한 영화일 거예요. 나머지는 별로예요."

나는 〈제7의 봉인The Seventh Seal〉보다 〈천왕성 실험 1〉이 더 재미있었다는 것을 고백한다. 영화는 한 러시아 우주비행사가 러시아 항공우주국의 실험대 위에 발가벗은 채로 앉아 있는 장면에서 시작된다. 백색의 접착성 심전도 전극 하나가 그의 가슴에 마치 금연 패치처럼 붙어 있다. 그가 정액 샘플을 운반하기 위해 그곳에 왔다는 점을 고려할 때 다소 이상한 장면이다. 옆방에서는 볼살이 늘어진 러시아 항공우주국 사람들이 '무중력이 정자 생산에 어떠한 영향을 미치는지 알아내기 위한 극비 실험'을 논의하고 있다. 이후 몸에 꼭 맞는 하얀 실험복을 입은 금발의 여성이 매니큐어가 칠해진 손가락 끝으로 시험관을 들고 있는 장면으로 넘어간다. 그리고 여자가 말한다.

"안녕하세요. 정말 멋진 성기를 갖고 계시네요."

이 장면과 NASA(여기에서는 '나우'로 발음된다) 본부의 장면을 빨리 감기로 넘기면 러시아 항공우주국이 여성 인턴들을 어떻게 뽑는지 알 수 있다(항공우주 학위는 불필요해 보인다). 나는 무중력상태가 나오는 장면에서 빨리 감기를 멈췄다. 궤도를 돌고 있던 러시아 우주왕복선과 미국 우주왕복선이 배와 배가 맞닿는 정면 도킹 조작을 시작한다. 심지어 우주선조차 섹스를 하는 것 같다.

두 우주선 사이의 해치는 간신히 열려 있고, 두 승무원은 비행복을 완전히 벗고 있다. 실비아 세인트는 똑바로 선 채로 마치 물속에 있는 듯 몸을 살짝 흔들고 있다.

여기서 잠깐. 하나로 질끈 묶은 그녀의 머리카락이 등 뒤로 늘어져 있고, 그녀 앞에 붙어 있는 다른 것들 역시 아래로 늘어져 있다. 무중력이라면 이렇게 아래로 축 늘어지는 현상은 없었을 것이다. 즉, 영화는 무중력상태에서 촬영된 것이 아니다! 남자 배우들의 하반신은 조종석에 가려져 있다. 그들은 그저 발끝으로 서서 위아래로 움직이며 두 팔을 허공에 흔들고 있었을 뿐이다.

이 3부작에 대한 보도자료를 살펴보니, 〈천왕성 실험 3〉에서 딱 한 번 '완전한 무중력상태'로 촬영했다고 적혀 있다. 나는 2편을 꺼내려고 소파에서 벌떡 일어나지만, 그 순간 멈출 수밖에 없었다. 월슨 선장이 주도한 우주비행사 섹스 파티가 우주비행 지상관제 센터에 있는 거대한 대형 스크린으로 생중계되고 있었기 때문이다. 이제 전 세계로 방송되고 있다. 스캔들과 혼돈! NASA가 폐쇄된다. 다음 장면에서 미국 대통령은 전화를 걸고 있다. 양복은 너무 크고 배경은 싸구려 모텔 방이다.

"소련 국가보안위원회KGB의 작품이로군! 뭔가 수상쩍은 냄새가 나."

월슨 선장과 실비아 세인트는 3편에서도 NASA의 승무원 행동 강령을 계속해서 어긴다. 어쩌면 나만의 상상일지도 모르지만, 월슨 선장의 신체 부위는 1편이나 2편에서 보다 더 풍족해 보인다. 무중력의 효과일까? 피를 하체 쪽으로 끌어내리는 중력이 없다면, 상체에 더 많은 피가 남게 된다. 가슴은 더 커지고, 입증되지 않은 정보지만 남근도 팽창한다고 한다.

우주비행사 마이크 멀레인은 『우주비행, 골드핀을 향한 도전』에 이렇게 적었다.

어찌나 딱딱하게 섰던지 아플 지경이다. 아마 크립토나이트✖에 구멍을 뚫을 수도 있었을 것이다.

✖   크립토나이트(Kryptonite): 슈퍼맨의 고향 크립톤 행성에서 유래한 신비한 힘을 가진 물질로 된 돌-편집자

"나는 사람들이 정반대의 얘기를 하는 걸 들었어요."

우주비행사 로저 크라우치는 마치 자기 이야기는 아니라는 듯이 내게 말했다. 나는 NASA의 생리학자 존 찰스에게 전화를 걸어 사실 확인을 부탁했다. 버즈 올드린의 증언에 따르면 머큐리호와 제미니호의 우주비행사들은 해당 부위에서 아무 반응도 없었다고 보고했다.

"그들은 가장 먼저 발기한 사람에게 상을 주려고 했어요. 하지 떻게 입증하겠어요?"

찰스는 생각에 잠겼고 결국엔 올드린과 크라우치의 의견에 동조했다. 그는 의학적, 과학적 근거를 갖고 있다. 무중력상태에서 체액이 몰리는 부위와 줄어드는 부위를 가르는 경계선은 횡격막 부근에 있다. 즉 체액이 이동하는 분기점이라 할 수 있다.

"남성의 성기는 이 분기점 아래 있어요. 따라서 충혈되는 게 아니라 진이 빠진 것처럼 보일 거예요."

찰스는 말한다.

이것은 〈천왕성 실험〉의 남자 배우에게 힘든 도전이었을 것이다. 그러나 그다지 중요하지 않았다. 무중력상태에서 촬영된 게 하나도 없었기 때문이다. 카메라맨은 누운 채로 선장이 사정하는 장면을 촬영한 다음, 영상을 거꾸로 뒤집어서 그가 공중에 떠 있는 것처럼 보이게 했을 뿐이다.

나는 '완전한 무중력상태에서의 사정'이 어떤 것인지 우연히 알게 됐다. NASA가 1972년에 연구한 「무중력상태에 있는 음식들의 유동 특성들」에는 버터스카치 푸딩과 감자 수프가 등장한다. 그 논문에는 무중력에서의 발사에 대한 영양학자의 관찰 결과가 들어 있다. '우유 줄기는 빠른 속도로 완벽한 구형이 되었다.' 진짜 무중력 사정이란 그런 것이다. 윌슨 선장의 버터스카치 푸딩은 그렇게 되지 않는다. 버스 밀튼에게 다정하면서도 약간의 책임을 묻는 메일을 보냈지만, 아무런 답장도 받지 못했다.

우주 생리학자가 손을 사용해서 정액 샘플을 뽑아낼 것 같지도 않고, 그 일을 시작하기에 앞서 "안녕하세요, 정말 멋진 성기를 갖고 계시네요"라는 말을 할 가능성은 없겠지만, 무중력이 정자에 미치는 영향을 연구하는 항공우주국의 생각은 건전하다.

만약 유인 우주탐사의 목적이 우리가 영원히 지구 밖에서 살게 될 상황에 대비하기 위한 것이라면, 항공우주국들은 무중력이(인간의 섹스가 아니라) 궁극적으로 번식에 미치는 영향을 연구할 자금을 지원할 필요가 있다.

항공우주국들이 우주비행사의 섹스에 대해 불편해하는 한 가지 정당한 이유는, 우주에서 잉태된 태아에게 어떠한 생물학적 위험들이 기다리고 있을지 아무도 모른다는 점 때문이다. 지구 대기의 보호막 너머에서는 우주 방사능과 태양 방사능 수치가 현저히 올라간다. 증식 세포는 방사선에 대단히 민감하기 때문에 돌연변이와 유산의 위험 또한 커진다.

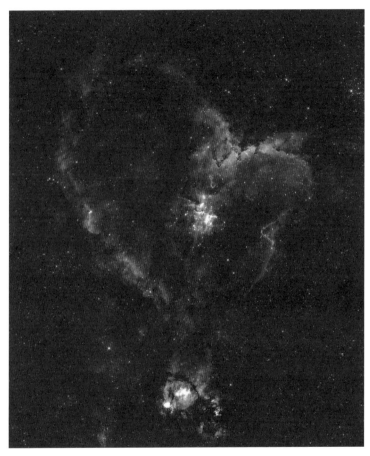

하트 성운-Heart Nebula (공식 명칭 IC 1805)

방사선은 심지어 세포가 증식을 시작하기 전에도 영향을 미친다. NASA에서는 여성 우주비행사들이 장기 비행하기 전, 난자를 냉동 보관해야 하는 것은 아닌지 공식적으로 논의해 왔다. 한 논문은 남성 우주비행사들의 우주복에 '고환을 위한 보호 장치'를 제안했다(존 찰스는 NASA가 '우주용 코드피스'✖ 사용을 받아들인 적이 없다고, 아니 아직까지는 없다고 말한다).

제2차 세계대전 중 일본에 투하된 원자 폭탄 낙진 피해자 연구에 따르면, 단기간의 우주여행은 불임을 일으킬 가능성이 적다는 결과가 나왔다. 6개월간의 임무를 마치고 귀환한 우주비행사들이 지구에서 불임으로 어려움을 겪었던 것 같지는 않다. 그러나 방사능의 위험은 누적된다. 우주에 오래 있을수록 위험은 더 커지는 것이다. 이 때문에 2~3년간의 화성 임무에는 연령대가 높은 우주비행사가 선발되어야 한다고 존 찰스는 말한다.

"그들은 이미 자녀도 있을 테고, 암이 심각할 정도로 발생하기 전에 자연스럽게 죽을 거예요."

무중력상태에서 포유류의 수정이 가능하긴 할까? 아직은 알 수 없다. 1988년, 무중력이 정자의 운동성에 어떠한 영향을 미치는지 알아보기 위해 황소의 정자가 유럽 항공우주국의 로켓을 타고 궤도에 올랐다. 정액은 무중력상태에서 더 빠르고 쉽게 움직였고, 그

✖   코드피스(codpiece): 중세 시대 남성의 성기 보호를 목적으로 만든 삼각형의 덮개-편집자

것은 마치 무중력이 생식력을 증가시키는 것처럼 보이게 했다.

이후 조지프 태시Joseph Tash 박사는 성게의 사정 실험을 진행했고, 상황은 뒤집혔다. 그는 정자의 운동성에 영향을 미치는 효소 중 하나가 무중력상태에서 이상하게 천천히 활성화된다는 사실을 발견했다(그 효소는 정자에게 꼬리 흔들기를 멈추라고 지시한다). 그 자체는 큰 문제가 아니었다. 그러나 만약 무중력이 한 효소의 활성화를 지연시켰다면 다른 효소들, 예컨대 정자의 DNA 꾸러미를 준비시키는 효소에도 지연이 일어날 수 있다고 태시 박사는 경고했다. 난자 역시 잘못될 수 있다. 영국의 성과학자 로이 레빈Roy Levin은 무중력상태에서는 난자가 나팔관으로 들어가 앞으로 나아가기가 어렵거나 불가능할 거라고 추측했다.

쥐를 궤도로 올려서 무슨 일이 일어나는지 알아보는 건 어떨까? 소련 항공우주국이 그렇게 했다. 1979년, 한 무리의 쥐들이 무인 생물 위성에 실려 발사되었다. 발사 후, 칸막이가 자동으로 올라가 수컷 쥐들이 반대편 암컷 쥐들에게로 넘어갔다. 지구에 임신한 채로 돌아온 암컷 쥐는 한 마리도 없었지만, 임신이 일어났었다는 징후들은 있었다.

"이 연구는 조기 단계에 어떠한 문제가 있었음을 의미합니다. 어쩌면 태반이 형성되지 못했을 수도 있고, 자궁 내 착상이 제대로 이루어지지 않았을 수도 있어요. 무중력이 우리가 예측하지 못한 방식으로 임신 과정에 문제를 일으켰을 가능성이 있는 거죠. 우리는 아무것도 몰라요."

산부인과 의사 에이프릴 론카April Ronca의 말이다. 그녀는 웨이크 포레스트 대학교 의학과로 자리를 옮기기 전, NASA의 에임스 연구 센터에서 포유류가 무중력상태에서 어떻게 임신과 출산을 하는지 연구했다.

방사선 위험을 제외하고, 무중력상태에서의 임신은 직관적으로 생각할 때 큰 문제가 되지 않는 것처럼 보인다. 임신 중 고위험 산모에게 침상 휴식을 권하는 경우가 많고, 태아가 양수 안에 떠 있다(또 다른 무중력상태)는 사실을 고려할 때 무중력은 발달하는 태아에 위협을 줄 것 같지 않다.

론카는 새끼를 밴 쥐들의 임신 중 마지막 2주를 우주에서 보내게 했다.✖ 암컷 쥐들은 우주에서 돌아와 이틀 후에 새끼를 낳았다(NASA는 우주에서의 출산까지는 허용하지 않았는데, 주로 복잡한 실행 계획 때문이었다. 만약 출산을 허용했다면 누군가는 암컷들을 위한 출산 지지대와 새끼들이 젖꼭지에서 떨어져 떠다니지 않게 할 수유구조물을 만들어야만 했을 테니까 말이다). 전정기관에 몇 가지 가벼운 문제들이 있었던 것을 제외하면, 새끼들은 사실상 정상이었다.

✖ 론카와 그녀의 동료들은 임신한 우주왕복선 주위를 작은 아기 우주왕복선들이 에워싸고 있는 연구자 비행 패치를 디자인했다(전통적으로, 임무와 관련된 과학자들도 우주비행사처럼 패치를 만들어 자신들의 프로젝트를 기념한다). NASA는 이 패치를 거부했지만, 호머 심슨Homer Simpson이 등장하는 패치의 사용은 허락했다(일명 '우주에 간 정자'라 불리는 이 패치는 호머의 머리에 정자 꼬리가 달려있는 모습을 보여준다). 이 정자 연구자의 아내는 〈심슨 가족The Simpsons〉의 창작자인 맷 그레이닝Matt Groening과 친척 관계다. 우주에 섹스는 없을지 모르나 여성 차별은 있다.

그러나 출산을 하는 어미 쥐들에게서는 이상한 점이 발견되었다. 우주에서 2주일을 보냈던 쥐들은 자궁 수축 횟수가 적었고 강도도 더 약했다. 론카가 볼 때 이것은 위험한 문제였다. 자궁 수축은 신생아가 자궁 밖 생활에 적응하는 데 중요한 역할을 한다. 태아는 분만 중 질 수축에 의해 많은 스트레스 호르몬을 분비한다. 이는 성인들이 스트레스 상황에 맞닥뜨렸을 때 유연하게 대처할 수 있게 해주는 투쟁-도피fight or flight 호르몬과 같다.

> 스트레스 호르몬의 급증은 생리학적 시스템을 가동시키는 데 매우 중요한 역할을 하는 듯하다. 신생아는 갑자기 스스로 호흡해야만 하고, 젖꼭지에서 젖을 빨아먹는 방법도 알아내야 한다. 만약 충분한 수축이 없다면, 호르몬 방출량은 적어질 테고 태아는 더 힘겨운 시간을 보내게 된다.

제왕절개수술을 통해 압박 경험 없이 태어난 영아들은, 자연분만으로 태어난 영아들에 비해서 호흡곤란과 고혈압을 겪을 위험이 높다고 여러 연구 결과는 말한다. 뿐만 아니라 허파에 찬 양수를 배출하는 데 더 긴 시간이 소요되고, 신경 발달 지연 등의 위험이 더 높다. 다시 말해서 아기에게 가해지는 출산의 압박도 자연이 계획한 일부인 것이다(이런 이유로 론카는 수중분만을 지지하지 않는다).

30년이 넘는 동안 궤도 과학 실험실을 운용했음에도 우주 생식 관련 연구가 너무도 적어서 놀랐다. 이것은 제도적 보수주의 때문일까? 아니면 산과학 문제에 관한 남성들의 민감함 때문일까? 론카는 우선순위의 문제라고 생각한다.

"우리는 무중력상태가 뼈와 근육, 심혈관 같은 몸의 기본적 시스템에 미치는 영향들에 대해서 많이 알지 못해요. 뇌에 대해서는 더더욱 알지 못하고요. 생물학적 번식은 그저 우선순위에서 밀린 것뿐이에요."

하지만 이제 그마저도 예산이 끊겼다. NASA의 생명과학 프로그램은 사실상 폐지된 상태다. 나는 거의 '실패한 것이나 다름없다'라고 썼다가 지웠다.

마지막 주요 포유류 연구는 2003년 우주왕복선 컬럼비아호에서 진행됐다. 그러나 그게 마지막이었다. 쥐들도 승무원들과 함께 모두 죽었다. 아무도 그 쥐들을 구할 수 없었다. 하지만 우주비행사들도 구할 수 없었노라고 말하기는 어렵다.

CHAPTER 13

우주 탈출, 마지막 선택의 순간
자유낙하의 기로에서

페리스 스카이벤처 수직풍동Perris Sky Venture vertical wind tunnel✖은 마치 깡통 속 허리케인 같다. 항공 교통 관제탑과 유사한 원통 터널형 건물의 중심으로 시속 160킬로미터 이상의 바람이 불어 닥친다. 이 건물은 페리스에서 가장 높은 건물은 아니지만 꼭 그렇게 느껴진다. 페리스는 로스앤젤레스에서 두어 시간 거리에 있는 외곽 도시로, 각종 쇼핑몰과 비슷한 모양의 주택이 들어차 있는 곳이다. 제어 장치가 있을 수직풍동의 꼭대기 부근에서 두 개의 문이 바람 기둥 쪽을 향해 열린다. 이곳을 방문하는 사람들은 바람에 의지해

✖ 수직풍동(Vertical wind tunnel, VWT): 수직 기둥에서 공기를 위로 이동시키는 풍동. 수직 방향에서는 항공기 회전이나 스카이다이버에서 경험하는 것처럼, 양력 대신 항력으로 중력에 대응할 수 있다.-편집자

두 팔과 두 다리를 벌리고 허공에 몸을 맡긴다. 이때 사람들은 위험이나 속도감 없이 자유낙하를 하는 느낌을 받을 수 있다. 긴장감 없는 스카이다이빙이랄까. 만약 이곳에 처음 방문했다면, 직원 한 명이 흔들리지 않도록 붙잡아 줄 것이다. 이는 혹시라도 당신이 위쪽으로 떠올랐을 때 공포에 사로잡히거나 순간 당황해서 팝콘처럼 부딪힐 경우를 대비하기 위해서다.

펠릭스 바움가르트너Felix Baumgartner는 오늘 처음으로 스카이벤처에 방문했지만 아무도 그를 붙잡아주지 않았다. 사진발이 잘 받을 것 같은 마흔한 살의 오스트리아인 바움가르트너는 유명한 스카이다이버이자 BASE 점퍼✻다. 유튜브에 들어가면 바움가르트너가 브라질 리우데자네이루에 있는 거대한 예수상의 쭉 뻗은 오른팔이나, 폴란드 바르샤바의 메리어트 빌딩 꼭대기에서 뛰어내리는 모습을 볼 수 있다. 그 역시 점프를 할 때, 스카이다이버들이 입는 점프 수트를 주로 입는다. 그러나 메리어트 호텔 옥상에서 찍힌 비디오에서 바움가르트너는 활동하기 편하면서도 깔끔한 캐주얼 정장을 입고 있었다. 그는 의심을 사지 않고 메리어트 호텔 로비를 통과하기 위해 그 옷을 선택했다. 와이셔츠에 넥타이까지 매고

✻   BASE는 낙하산을 타고 뛰어내릴 정도로 위험하지 않은, 즉 낮은 고도의 Building(건물), Antenna(전파탑), Span(다리), Earth(절벽)의 약자다. 2007년 〈트라우마 저널journal of Trauma〉 연구에 따르면, BASE 점핑의 사망률과 부상률은 스카이다이빙의 5~8배다. 하지만 그 횟수는 당신이 생각하는 것보다는 낮다. 10년 동안 노르웨이의 쉐락볼튼에서 이루어진 2만 850회의 BASE 점프 가운데 사망으로 이어진 경우는 단 아홉 건 뿐이다.

선 옥상 가장자리로 걸어가는 모습을 지켜보고 있노라면, 펠릭스 바움가르트너에게 건물에서 뛰어내리는 것은 그저 직장에서 '매일 반복적으로 하는 일'처럼 느껴진다.

오늘 저녁 바움가르트너는 우주비행사 같은 차림을 하고 있다. 그는 이번 주 레드불 스트라토스 미션✖의 일환으로 페리스에 왔다. 이 미션의 목적은 두 가지다. 나는 주로 항공 의학과 관련된 부분에 관심이 있는데, 바움가르트너는 머큐리 우주 프로그램때부터 우주복을 제작해온 데이비드 클라크David Clark 사의 신제품인 비상 탈출복을 실험하고 있다.✖✖ 우주왕복선 챌린저호가 발사 72초 만에 폭발했던 1986년 이후, 우주비행사들은 우주유영을 비롯하여 비행에 있어 가장 위험한 순간들인 발사와 대기 재진입, 그리고 착륙 시에도 여압복을 착용해 왔다.

바움가르트너는 36킬로미터 상공에서 '우주 다이빙'을 하는 동안 생존을 위해 여압복을 입을 것이다(우주는 지상 100킬로미터에서부

✖ 스토라토스 미션: 지구 대기가 약해질 정도로 높은 고도에서 자유낙하를 시험하고 있다. 이 팀의 최종 목표는 고도 36킬로미터에서의 자유낙하다.–옮긴이

✖✖ NASA가 데이비드 클라크 회사에게 제작을 의뢰한 까닭은 이 회사가 고무 처리된 천으로 의복을 제작한 경험이 있기 때문이다. "우주복은 사람 모습을 한 고무 주머니죠." 탈출 시스템 연구자로 지금은 은퇴했지만 한때 탁월한 실력을 뽐낸 낙하산 공군이었던 댄 풀엄이 말한다. "하지만 우리는 고무 주머니로 일해본 경험이 전혀 없어요. 우리는 우연히 매사추세주 우스터에서 데이비드 클라크 사를 발견했어요. 그들은 시어즈 로벅Sears Roebuck 회사에 납품할 브래지어와 거들을 매달 약 3,000개씩 생산하고 있었지요." 이에 대해 풀엄은 좋은 기억을 갖고 있다. 미팅을 위해 방문했을 때 뒤를 지나다니던 피팅모델들을 홀끗홀끗 쳐다봤던 경험이 있기 때문이다. 아폴로 달 착륙복 계약은 인터내셔널라텍스International Latex와 이루어졌고, 이 회사는 나중에 플레이텍스Playtex로 이름을 바꿨다. 이 사실은 당시 방송을 많이 타지 않았다.

터 시작되기 때문에 엄밀히 따지면 우주가 아니지만 거의 비슷하다. 이 정도 고도에서의 기압은 해수면 기압의 100분의 1도 되지 않는다). 이는 탈출 시스템 엔지니어들에게 공기가 극히 희박한 곳에서 여압복을 입고 떨어질 때 인체가 어떠한 움직임을 보이는지, 음속에 가깝거나 혹은 초음속에서 인체가 어떻게 반응하는지 같은 귀중한 정보를 제공할 것이다. 높은 고도에서는 공기저항이 대단히 적기 때문에, 바움가르트너의 시속은 1,100킬로미터 이상에 도달할 것으로 예상된다. 이는 낮은 고도에서의 자유낙하 종단 속도인 시속 200킬로미터보다 훨씬 빠르다. 우주비행 비상사태 시 구출된 사람은 아직 아무도 없다. 그리고 비행의 각 단계에서 가장 안전한 방법이 무엇인지도 분명하지 않다.

바움가르트너는 자신이 안전한 우주여행에 기여하게 되어서 자랑스럽다고 말하지만, 그의 진짜 관심은 기록 경신다. 가장 최근에 세워진 스카이다이빙 최고 고도 기록은 31킬로미터다. 그 기록 역시 고공 생존 장비를 실험하며 세워졌다.

1960년, 공군 장교 조키팅어Joe Kittinger는 '더욱 더 높이'라 불리는 프로젝트에서 헬륨 열기구로 띄운 지붕 없는 강철 곤돌라에 섰고, 부분 여압복을 입은 채 지상까지 30킬로미터를 스카이다이빙했다. 당시 그는 다단계 낙하산 시스템을 시험하고 있었다. 뉴멕시코 우주 역사박물관에 남겨져 있는 육성 기록에서 키팅어는 자신이 자유낙하 하는 동안 음속 장벽을 깼다고 말하지만, 공식 기록 측정을 위한 장비를 휴대하지 않았다. 따라서 바움가르트너는 아마 제트기나 다른 운송기관에 타지 않고 맨몸으로 초음속에 도달한 최초의 인간으로 기록될 것이다.

스트라토스 미션은 주로 바움가르트너의 후원사인 에너지 드링크 레드불에서 자금 지원을 받고 있다. 익스트림 스포츠 선수들을 후원하는 이유는, 레드불이 단순한 카페인 음료가 아니라 보도 자료에서 말했듯이 '한계를 밀어내 불가능한 일을 가능하게 만든다'는 브랜드 가치를 세상에 알리기 위해서다. 프로 스케이트보드 선수나 기록을 경신해 나가는 BASE 점퍼를 조금이라도 꿈꿔봤을 십대 소년들은 이 음료를 마시며 일종의 대리만족을 느낀다.

NASA도 브랜드 관리와 우주비행학 부분에 레드불의 접근 방식을 채택하면 좋을 지도 모른다. 그렇게 한다면 우주비행사들은 더 이상 저임금의 공무원이 아니라, 세계 최고 익스트림 스포츠 선수가 된 것 같은 기분을 맛보게 될 것이다. 레드불은 우주 공간을 트렌디하게 만드는 법을 알고 있다.

바움가르트너는 그 역할에 제격이다. 내가 얼마 전에 봤던 자재 절단 산업의 팸플릿을 인용하자면, 그는 매우 적합한 두께와 단단한 면을 갖고 있다. 그는 영화배우 마크 월버그Mark Wahlberg와 닮았고 목소리는 아놀드 슈왈제네거Amold Schwarzenegger와 비슷한데, 사실 그 어느 쪽보다도 더 멋있다. 그는 이제 바람 터널 속에서 머리를 아래로 고정시키고 독수리처럼 사지를 쫙 벌린 고전적인 자유낙하 자세를 취하고 있다. 우주복에는 압력이 가해졌다. 나는 돌진하는 열 마리의 붉은 황소를 세어본다. 레드불 로고는 우주복의 양팔과 다리에 수직으로 그려져 있는데, 일부 황소들은 마치 싯-플라이Sit-Fly라는 스카이다이빙 동작을 하는 것처럼 보인다. 바움가르트너는 손을 앞으로 쭉 뻗어 더듬거리며 낙하산 줄이 잘 배치되어 있는지 확인한다(눈으로는 볼 수 없다. 우주복을 입으면 목이 구부러지지 않기 때문이다). 이제 그는 양다리를 쭉 펴고 우주복의 유연성을 테스트한다. 이 동작은 바람이 밀어낼 표면적을 증가시킨다. 그가 3미터쯤 위로 솟구쳐 올랐다가 멈추고는, 추수감사절 퍼레이드 풍선처럼 구경꾼들 위를 둥둥 떠다닌다.

조 키팅어의 스카이다이빙 이후, 탈출복과 비상 낙하산 시스템들이 고공 스카이다이빙을 통해 실험된 적이 없었다(비용이 너무 많이 든다. 바움가르트너는 부피가 73만 세제곱미터나 되는 거대한 헬륨 열기구에 매달린 여압 캡슐을 타고 상공에 띄워질 것이다). 그러나 이는 반드시 필요하다. 고공에서는 공기저항이 아주 적기 때문에, 몸의 자세를 통제하기 어렵다. 시속 100킬로미터로 달리는 차의 창밖으로 손을 내밀어 보면, 손의 각도를 살짝만 바꿔도 바람의 방향과 압력이 바뀌는 것을 확실히 느낄 수 있다. 하지만 시속 40킬로미터로 달리고 있다면 그런 느낌을 전혀 받지 못할 것이다. 스카이다이버들 혹은 고공에서 비상 탈출을 하는 우주비행사, 우주여행객들은 회전을 멈추기 어렵기 때문에, 잘못 설계된 우주복은 상황을 더 악화시킬 수 있다. 바움가르트너는 스스로 자세를 조절할 수 있을 정도의 풍압이 만들어지거나, 비상 탈출용 낙하 장치의 도움을 받기에 충분한 속도가 될 때까지 약 30초 정도 자유낙하를 해야 한다.

은퇴한 공군 대령이자 낙하산의 대가인 댄 풀엄이 회전의 위험에 대해 설명해 주었다. 풀엄은 '더욱더 높이' 프로젝트에서 조 키팅어의 기록 경신 점프에 대비한 예비 요원이자, 미 공군과 NASA에서 탈출 시스템들을 시험해 왔던 베테랑 연구자였다. 우주비행기 X-20의 비상 탈출 시스템을 실험하는 중에 풀엄은 나선형으로 회전하기 시작했고, 두 팔을 가슴 쪽으로 구부려 낙하산을 펼칠 수도 없을 정도의 강력한 원심력을 경험했다. 그는 "몸이 마치 강철에 둘러싸인 듯했다"라고 말했다. 다행히 낙하 장치는 자동으로 펼쳐졌지만 하마터면 죽을 뻔했다. 센서에 따르면 그는 분당 177바퀴(rpm)를 회전하고 있었다.

"라이트-패터슨(공군 기지에 있는 우주항공 의학 연구소)에서 원숭이들을 원심분리기에 넣고 돌린 실험을 했어요. 회전 속도가 분당 144rpm에 이르렀고, 그 정도의 힘이면 두개골 위쪽으로 뇌가 밀려 올라가면서 척수와 분리됩니다. 아마 나의 뇌에도 그런 힘이 가해졌을 거예요."

그는 또한 혈관이 터질 정도로 피가 뇌 속으로 세게 몰려들어 심한 두통과 함께 시야가 붉게 흐려지는 레드아웃redout 현상으로 목숨을 잃을 수도 있었다. 피겨스케이트 선수 미라이 나가수Mirai

Nagasu가 2010년 올림픽에서 경기가 끝날 무렵 코피를 흘리던 것도 똑같은 현상이다. 원심력이 나가수 머리의 피를 마치 탈수기의 물처럼 바깥쪽으로 회전시켰던 것이다.

스트라토스 팀이 오늘 바움가르트너와 함께 확인하고자 하는 것은, 그가 우주복을 입은 상태에서도 '트래킹' 자세를 취할 수 있는지다. 트래킹 자세란 두 팔과 다리를 쭉 뻗은 채 몸을 비스듬히 기울인 상태를 말한다. 이 자세는 단순히 수직으로 떨어지는 것이 아니라, 활공하듯 비스듬히 날아 수평 이동을 가능하게 한다.

이는 레드불 스트라토스 미션의 기술 감독이자 오늘 진행되는 실험의 감독인 아트 톰슨Art Thompson이 설명해 주었다. 톰슨은 접이식 독서용 안경을 이용해 시범을 보여준다. 회전의 중심을 바꿔 트래킹 자세를 취하자 작은 2차원 턴테이블 회전이 더 크고 느린 3차원 나선 회전으로 바뀐다. 톰슨의 안경이 그의 가슴에서 호를 그리며 왼쪽으로 궤도를 이동한다. 만약 이렇게 움직이지 않는다면, 회전력 때문에 안정장치인 감속용 소형 보조 낙하산이 펴질 것이다. 감속용 소형 보조 낙하산은 바움가르트너의 머리를 수직으로 세워, 회전으로 인한 레드아웃 현상을 예방하고 그의 생명도 구할 것이다(물론 너무 일찍 펼쳐져서, 목에 감기고 질식해서 실신하게 만들 가능성도 있다. 조 키팅어가 '더욱더 높이' 최종 리허설을 위해 23킬로미터 상공에서 뛰어내렸을 때 이런 일을 겪었다).

지구에서는 거의 진공에 가까운 상태에서 자유낙하를 모의실험할 방법이 없다. '더욱더 높이' 프로젝트 팀은 고공의 열기구에서 인체 모형을 떨어뜨리는 방법으로 자유낙하를 시도하곤 했다. 결과는 걱정스러웠다. 에피소드 하나를 덧붙이자면, 실험 지역을 지나던 민간인들이 고개를 들면 무슨 일이 벌어지고 있는지 추측할 수 있었다. 이 프로젝트는 비밀리에 진행되었고, 복구 팀도 은밀하고 신속하게 행동했기 때문에(게다가 인형들의 손가락에는 퓨즈가 달려 있었고, 귀도 코도 없었기 때문에) 외계인이 탄 UFO가 로스웰 외곽의 잡목이 우거진 지역에 불시착했으며,✖ 군이 이 사실을 은폐하려고 한다는 소문이 나돌기 시작했다.

사람들이 보았다고 확신한 '외계인' 중 하나는 댄 풀엄이었다. 풀엄과 키팅어는 어느 토요일 아침, 함께 열기구를 타고 지상으로 내려오다가 로스웰 외곽의 어떤 들판에 불시착했다. 360킬로그램짜리 곤돌라가 열기구에서 너무 일찍 떨어져 구르다가 그만 풀엄의 머리를 강타한 뒤 멈췄다. 머리가 어찌나 심하게 부어올랐던지 헬멧을 벗은 그의 얼굴을 키팅어가 '커다란 방울'이라고 묘사했을 정도였다. 풀엄은 군인들과 민간인들이 섞여 있는 워커 공군 기지

✖ 인체 모형들은 공군 장군 에드윈 롤링스Edwin Rawlings의 자택에 모여 차를 마시고 있던 장교단의 아내들을 감쪽같이 속일 정도로 사람 형상과 똑같았다. 갑자기 어떤 인간 형체가 롤링스의 자택 마당에서 수백 미터 떨어진 땅으로 쿵 하고 떨어졌다. 그리고 이어서 조 키팅어가 픽업트럭을 몰고 와 그것을 트럭 뒤에 싣고는 급히 떠났다. 여자들은 그것이 외계인이라고 생각하지 않고, 공군 사병으로 여겼다. 롤링스 부인의 손님들이 키팅어가 죽은 '낙하산병'을 부주의하게 다뤘다고 불평했다는 사실을 키팅어는 그날 늦은 시간에 걸려온 전화 한 통을 통해 알게 되었다.

의 병원으로 이송되었다. 나는 풀엄에게 사람들이 마치 외계인이라도 본 것처럼 손가락질하면서 뚫어지게 쳐다보던 일을 기억하는지 물어보았다.

"모르겠어요. 눈이고 어디고 온통 퉁퉁 부어 있었기 때문에 손가락으로 눈꺼풀을 비집어 열어야만 앞을 볼 수 있을 정도였거든요."

키팅어가 풀엄을 부축해서 비행기 계단을 내려오자 그의 아내가 기다리고 있었다. 그녀는 키팅어에게 남편이 어디에 있는지 물었다.

"이분이 바로 당신의 남편입니다."

그녀는 비명을 지르더니 울기 시작했다고 한다.

공군 간행물인 〈로스웰 리포트The Roswell Report〉에 실린 진술서에 적힌 내용이다. 나는 불시착 이후에 찍은 풀엄의 사진들을 보았다. 그가 다시 사람처럼 보이기 몇 주 전에 찍은 것이었다.

톰슨은 인체 모형 실험 결과는 착오가 있으며, 고공 회전이 바움가르트너에게 심각한 문제가 되지 않을 거라고 생각한다. 나는 풀엄이 겪은 치명적인 회전과 키팅어의 감속용 소형 보조 낙하산 사망 사건 이야기를 꺼냈다. 톰슨은 당시 사람들은 오늘날처럼 스카이다이빙을 스포츠로 생각하지 않았다고 지적했다.

"그들은 비행 중에 자세를 조절한다는 생각을 하지 못했어요. 그동안 굉장히 많은 발전이 있었지요."

카자흐스탄의 한 초원에 착륙한 우주선 귀한 캡슐

스카이벤처 직원들이 마치 벌새처럼 하늘을 맴돌며 날아다니는 모습을 오랫동안 지켜본 사람에게는 괄목할 만한 발전임은 분명하다.

그러나 우주비행사들은 이 사람들처럼 노련한 스카이다이버들이 아니다. 또한 기류에 떠 있는 열기구에서 뛰어내리는 바움가르트너는 시속 0킬로미터에서 하강을 시작하겠지만, 대기권으로 재진입하는 우주선에서 비상 탈출하는 우주비행사는 시속 2만 킬로미터 정도로 움직이고 있을 것이다. 아주 잠깐이라도 그 정도의 속도 속에서 시간을 보내고 싶은 사람은 아무도 없을 것이다.

레드불 스트라토스 미션의 의료 감독은 그 직책의 적임자다. 존 클라크는 미 특수부대의 고공 낙하산병이었다. 또한 NASA 우주왕복선 승무원들의 항공 의무관이었으며, 컬럼비아호 조사에도 관련되어 있었다(우주왕복선 컬럼비아호는 2003년 2월 대기권으로 재진입하는 동안 공중분해 되었다. 발사하는 동안 발포 고무 절연체 조각 하나가 외부 탱크에서 떨어져 나가 왼쪽 날개에 구멍을 냈다. 그 바람에 우주선이 대기로 안전하게 재진입하는 데 필요한 열 차단 시스템이 손상되었기 때문이다). 클라크의 팀은 그 재난의 진상을 밝혀 승무원들이 어떤 시점에서 어떻게 사망했는지, 그리고 그들을 구하기 위한 조치가 있었는지 여부를 판단하고자 유해를 조사했다.

클라크는 오늘 이곳 페리스에 없다. 나는 1년도 더 전에 호튼-화성연구소에서 진행되는 달 탐사 모의실험에 참가하기 위해 데번섬을 방문했으며, 그곳에서 클라크를 처음 만났다. 나는 그와 대면하기 전에 목소리부터 들었다. 내 텐트 바로 옆에 클라크의 텐트가 있었다. 매일 밤 11시쯤이면, 딱딱하게 얼어붙은 땅에서 불편한 잠자리를 견디는 한 중년 남자의 고통스러운 한숨이 들려왔다. 마침내 클라크를 만나던 날 밤, 그는 내게 공군과 항공우주국, 일반 기업들이 조종사와 우주비행사의 목숨을 구하기 위해 만든 기술에 대한 파워포인트 자료를 보여주었다. 또한 기술들이 제 역할을 하지 못했을 때 발생하는 일들, 클라크의 말을 빌리면 '당신을 죽일 수 있는 모든 것들'도 보여주었다.

우리는 의료 텐트 안에 있는 클라크의 책상에 앉았다. 주위에는 아무도 없었다. 바깥에 있는 풍력 원동기는 귀에 거슬리는 소리를 냈다. 어느 순간 클라크가 아무런 말 없이 내게 컬럼비아호 우주비행사들이 옷에 달았던 STS-107 임무 패치 하나를 건네주었다. 나는 감사를 표하고 임무 패치를 책상 위에 내려놓았다. 컬럼비아호 조사 때 클라크가 맡았던 일에 관해서 물어보기 좋은 타이밍이었다.

나는 컬럼비아호 승무원 생존 조사 보고서를 읽었기 때문에 승무원실에 압력이 빠졌을 당시, 우주비행사들이 헬멧 바이저를 착용하지 않았었다는 사실을 알고 있었다. 만약 우주복이 여압되어 있었고, 자체 분산 낙하산을 갖추고 있었다면 승무원들이 생존할 수 있었는지 궁금했다.

가장 유사한 사례는 공군 시험비행 조종사 빌 위버Bill Weaver의 불시착이었다. 1966년 1월 25일, 위버는 SR-71 블랙버드기에서 음속의 세 배 이상인 3.2마하✱로 비행하다가 기체가 산산조각이 났음에도 불구하고 살아남았다. 여압복이 아니었다면(그리고 24킬로미터 상공의 공기 밀도가 해수면의 3퍼센트 정도로 낮지 않았다면) 마찰열과 강한 풍압 때문에 죽음을 면치 못했을 것이다. 컬럼비아호는 17마하로 비행하고 있었지만, 65킬로미터 상공의 공기 밀도는 거의 0에 가깝다는 사실과 당시 풍압은 해수면에서의 시속 650킬로미터와 거의 비슷했다는 점을 고려한다면, 아트 톰슨이 말하는 '다루기 쉬운 위험 수준'이었다. 클라크는 이렇게 말했다.

"그 정도라면 생존할 수 있었어요."

그러나 컬럼비아호의 우주비행사들은 풍압과 열화상보다 더 참혹한 위협들에 직면했다.

"우리는 기존에 알고 있던 것들로는 설명할 수 없는 매우 이상한 형태의 부상들을 접했어요."

클라크가 말했다. 여기서 우리란 항공 의무관들, 즉 풍압 때문에 뇌가 뇌간에서 떨어져 나가고 사지가 절단되는 일을 다반사로 보는 사람들을 의미한다. 클라크는 말을 계속 이어나갔다.

✱　마하(Mach): 비행기, 총알, 미사일 등 고속으로 움직이는 물체의 속력을 나타낼 때 사용한다. 음속에 대한 운동 물체의 속도의 비로 나타낸다. 1마하는 약 초속 340미터이고, 시속 1,224킬로미터다.-편집자

"우리는 사람들의 몸이 어떤 식으로 해체되는지 알아요. 닭고기가 그렇듯, 뼈가 있는 모든 것은 대체로 관절에서 절단되죠. 그런데 이 경우는 그렇지가 않았어요. 몸이 아주 쉽게 절단된 것 같았지만, 일반적으로 절단되는 구조가 아니었죠."

클라크는 〈X파일The X-Files〉의 멀더 요원을 연상케 하는 단조롭고 조용한 어조로 말했다.

"풍압으로 인한 폭발 부상일 가능성은 없었어요. 왜냐하면 풍압은 대기가 있어야만 존재하니까요."

나는 컬럼비아호 패치를 멀거니 바라보았다. 컬럼비아호 승무원 일곱 명의 성이 원주 둘레에 수놓아져 있었다. 맥쿨, 라몬, 앤더슨, 허즈번드, 브라운, 클라크, 차울라…. 클라크? 무언가 번쩍 뇌리를 스쳤다. 처음 데번섬에 도착했을 때, 나는 컬럼비아호 우주비행사 중 한 사람의 배우자가 와 있다는 얘기를 들었다. 로럴 클라크Laurel Clark가 바로 존 클라크의 아내라는 사실을 그제야 깨달았다. 나는 어떤 말을 해야 할지, 또 그 어떤 말이 무엇일지, 무엇이어야만 하는지 알 수 없었다. 그 순간이 지나갔고, 클라크는 계속해서 말을 이었다.

65킬로미터 상공의 대기는 폭풍 해일파를 일으키기엔 매우 희박하지만, 충격파✖는 일으킬 수 있다. 조사 팀은 불가능한 가정들

✖   충격파(衝擊波): 보통의 음속보다 빠르게 전파되는 급속한 압축파. 화약이 폭발하거나 물체가 초음속으로 날아갈 때 생긴다.-편집자

을 지워나가는 과정을 통해, 컬럼비아호 우주비행사들의 사망 원인이 충격파라는 결론을 내렸다. 클라크는 5마하 이상의 속도, 즉 시속 6천 킬로미터 이상에서 물체가 해체될 때는 이중 충격이라는 불분명한 충격파 현상이 발생한다고 설명했다.

재진입하는 우주선이 해체될 때, 항공역학적으로 신중하게 설계되지 않은 수백 개의 조각들이 초음속으로 날아다니며 거미줄처럼 마구 뒤엉킨 충격파 망을 만든다. 클라크는 그것을 수상스키 선수가 배로 전진할 때 배의 뒤쪽에 생기는 선수파✖에 비유했다. 이들 충격파들이 교차하는 지점, 즉 교차점에서는 그 힘이 합쳐져 상상을 초월하는 파괴적인 강도로 작용한다.

클라크가 말했다.

"그들의 유해가 산산조각이 났던 건 근본적으로 충격파의 엄청난 힘 때문이었어요. 하지만 모두가 그런 건 아니었죠. 그것은 장소의 영향을 아주 크게 받았는데, 전혀 손상되지 않은 물건도 있었어요."

텍사스 인근 650킬로미터에 걸쳐 펼쳐진 컬럼비아호의 파편을 샅샅이 뒤지던 수색자가 안압을 측정하는 기기인 안압계 하나를 발견했다고 클라크는 말했다.

"그건 잘 작동했어요."

✖ 선수파(船首波): 배가 달릴 때 앞머리에 이는 파도. 여기서는 모터보트와 뒤를 따르는 수상스키 선수 사이에 이는 강한 파도를 말한다.-편집자

의료 텐트 밖에서는 바람이 더 세차게 몰아치고 있었다. 풍력 원동기가 끽끽거리는 기괴한 소리를 냈다. 이상한 저녁이었다. 나는 클라크와 나란히 앉아서 그가 노트북에 띄운 슬라이드를 응시하며 경청했고, 그는 설명을 이어갔다. 이따금 질문하며 그의 설명을 중단시키곤 했지만, 내가 진짜 하고 싶은 질문들은 아니었다.

나는 클라크에게 아내의 죽음을 상세히 알고 나서 어떻게 극복했는지 묻고 싶었다. 또한 그가 왜 조사 작업에 합류하기로 했는지도 궁금했다. 그러나 그런 질문은 너무 무례한 것 같았다. 클라크가 컬럼비아호 조사 작업에 합류한 것도 아마 레드불 스트라토스 미션에 합류했던 것과 동일한 이유일 것이라 짐작할 따름이다.

클라크는 고공에서 엄청난 속도로 비행하는 우주선이 해체될 때 인체에 일어나는 모든 일에 대해 알고 싶었을 것이다. 그는 자신의 연구를 기술로 발전시켜 인간을 보호하고, 우주비행사들과 우주여행객들의 생명을 구하고, 그리고 가족들의 마음에 상처를 남기고 싶지 않아서 도전한 것이다.

그것은 대단히 복잡한 난제다. 우주선 탈출 시스템은 제한된 범위의 고도와 속도에서만 작동한다. 예를 들어, 비상 탈출용 사출 좌석은 발사 후 8~10초 동안만 작동한다. 그것은 공기의 밀도와 속도로 인해 발생하는 공기 저항력 즉, Q 힘이 치명적인 수준으로 증가하기 때문이다. 사출 시스템은 우주비행사들이 부속 장치에 부딪히거나, 어마어마한 폭발의 화염에 휩싸이지 않도록 우주선에서 가능한 한 멀리 신속하게 우주비행사를 날려 보내야만 한다. 가장 최근의 우주왕복선 탈출 시스템은 승무원들이 긴 장대에 매달려 선체 밖으로 빠져나와 날개에서 멀리 떨어지게 한다. 은퇴한 항공우주 엔지니어이자 우주 역사가인 테리 선데이Terry Sunday는 이 방법은 우주왕복선이 일정 고도를 유지하면서 안정 비행을 하는 경우에만 효과가 있을 것이라고 지적한다.

"그리고 안정 비행을 하고 있다면, 무엇 때문에 굳이 우주왕복선에서 탈출하고 싶겠어요?"

선데이는 이렇게 꼬집는다.

재진입의 극단적인 속도와 열기 속에서 살아남는 것은 매우 어렵다. 러시아 항공우주국은 벌루트(기구 낙하산)라 불리는 승무원 구명정의 프로토타입들을 실험해 왔다. 이 구명정의 넓은 앞면은 열을 차단해 공포에 질린 피해자를 보호하고, 넓은 표면은 항력을 만들어 구명정의 속도를 감소시킨다. 모든 일이 순조롭게 진행되어야 안전하게 지구로 내려갈 수 있다. 그러나 이 구명정은 우주에서 지상까지 작동한 적이 없다.

또 다른 대안으로는 낙하산 시스템이 전체 캡슐이나 승무원 선실 전체를 지상으로 내리는 것이다(현재 NASA의 계획은 신형 캡슐인 오리온을 우선 국제우주정거장의 구명정으로 사용할 계획이다). 그러나 낙하산은 발사하기 무거울 뿐만 아니라 비용도 많이 든다. 그리고 우주왕복선의 경우, 승무원실을 우주선에서 분리하는 과정은 엄청난 기술적 난제처럼 보인다. 그리고 낙하산이 재진입하는 동안 녹지 않게 하려면 자체 열 차단 시스템이 필요한데, 이것은 낙하산의 움직임을 훨씬 복잡하게 만든다.

그렇다면 비행기 승객들은 어떨까? 추락하는 여객기에서 안전하게 탈출할 방법이 있을까? 무게와 비용 문제는 차치하고, 비행기들은 왜 모든 좌석에 휴대용 산소통과 등받이 낙하산을 마련해 두지 않는 것일까? 여기에는 많은 이유가 있다.

이제 잠시 풍압과 저산소증에 대해서 알아보도록 하자.

보퍼트 풍력계급✖의 중간 지점은 공기가 시속 40~50킬로미터로 움직이는 것을 뜻하는데, 표에서는 '우산 사용이 어려운 속도'로 쓰여 있다. 가장 최고 계급인 시속 120~300킬로미터는 자연적으로 발생 가능한 가장 강력한 속도로, 허리케인급 바람이 그 예다. 더 이상 측정이 불가하여 보퍼트 풍력계급 측정이 멈추는 지점이 바로 풍압 연구의 시작점이다. 연구에 있어서 풍압은 날씨가 아니다. 공기가 사람을 향해 돌진하는 상황이 아니라, 사람이 공기를 향해 돌진하는 상황을 연구하는 것이다. 위험에 빠진 우주선에서 탈출하거나 사출되었기 때문이다.

보통 개인용 경비행기의 전형적인 속도인 시속 240~300킬로

✖   보퍼트 풍력계급: 영국의 제독 보퍼트가 고안했으며, 풍속을 0에서 12까지의 13등급으로 나눈다.-편집자

미터에서는 풍압의 영향들이 눈에 보이는 편이다. 이 정도의 풍압은 양 볼을 두개골에 바짝 붙게 해서 얼굴을 위로 팽팽하게 치켜올린다. 나는 스카이벤처 수직풍동에서 찍힌 소름끼치는 사진도 보았고, 1949년 〈항공 의학〉에 실린 풍압의 영향에 관한 논문도 읽었기 때문에 잘 알고 있다. 이 논문을 보면, J.L.로 불리는 한 남자가 시속 0킬로미터에서는 잘생긴 미남이었지만, 시속 440킬로미터의 바람을 맞을 때는 마치 흥분해서 시끄럽게 울어대는 낙타처럼 잇몸을 드러낸 채 입을 벌리고 있다고 설명한다.

시속 560킬로미터에서는 코의 연골 조직이 변형되고 안면 피부가 파르르 떨리기 시작한다. 〈항공 의학〉에 실린 논문을 인용하자면, '파동은 입가에서 시작된 후 얼굴을 가로질러 초당 300회 정도의 속도로 귀에 전파되고, 거기에서 파동은 깨져 귀를 흔든다.' 우산 사용은 당연히 불가능하다. 더 빠른 속도에서 속도압 Q 힘은 '세포 조직의 강도를 넘기는' 신체 변형들을 일으킨다.

대륙횡단 여객기의 순항 속도는 시속 800~1,000킬로미터 사이다. 만약 당신이 대륙횡단 여객기 안에서 위험에 처했다 하더라도 절대로 탈출하면 안 된다. 댄 풀엄의 말을 빌리면, '죽음은 기정사실이나 마찬가지다.' 시속 400킬로미터의 풍압은 얼굴에서 산소마스크를 떼어낼 것이다. 시속 650킬로미터에서는 풍압이 헬멧을 벗겨버릴 것이다(빌 위버의 SR-71 부조종사에게 일어났던 일처럼 말이다). 당시 풍압으로 부조종사의 헬멧 바이저가 열리면서 마치 돛처럼 작용해 그의 고개가 뒤로 꺾였고, 우주복 넥링neck ring에 부딪혀 결국 목이 부러지고 말았다. 시속 800킬로미터에서는 호흡기로 들어가는 '램에어ram air' 가폐 시스템의 다양한 요소들을 파열시킬 정도로 강력해진다.

존 폴 스태프의 논문에서 언급된 익명의 한 시험비행 조종사는 시속 1,000킬로미터가 넘는 속도에서 사출되었다. 풍압 때문에 그의 후두개가 열리고, 위장은 마치 수영장 튜브처럼 부풀어 올랐다 (그러나 수면 상공에서 사출되었던 게 오히려 조종사에게 유리하게 작용했다. 스태프의 기록에 의하면, '위장에 찬 3리터 정도의 공기'는 그가 작동시킬 수 없었던 부양 장치를 대신했기 때문이다).

초음속에 도달하면, 몸은 한때 실험 제트기들을 흔들어 산산조각내곤 했던 속도압을 견뎌내야 한다. 댄 풀엄은 시속 1,000킬로미터 이상에서 탈출을 시도한 조종사들에 대해서 들은 적이 있다.

"당시에는 머리가 흔들리지 않도록 사출좌석 머리 부분 양쪽에 금속판이 달려 있었어요. 부검했을 때, 그들의 뇌가 완전히 유화되었다는 사실을 발견했지요. 머리가 강철판들 사이에서 엄청나게 진동했기 때문이었어요."

그가 내게 말했다.

조종사들은 되도록 기능이 마비된 제트기에 속도를 늦출 수 있을 때까지 머물면서 Q 힘의 하중을 줄여 생존 가능성을 높인다. 레드불이 바움가르트너를 걱정하는 데는 그럴 만한 이유가 있다. 음속에 도달하거나 초과할 때 그의 몸이 우주복 안에서 미친 듯이 진동해 사망할 수 있기 때문이다.

희박한 공기 속으로 돌진하는 상황에서 일어나는 즉각적이고도 무서운 결과는 산소 부족이다. 지상 10킬로미터에서 인간이 갖는 '유효한 의식 시간'은 30~60초뿐이다. 비상구 맨 앞에 서고 싶은 이유가 여기에 있다. 나는 유효 의식 시간이 끝나갈 때까지 헤매는 게 어떤 것인지 설명할 수 있다. 이 책 5장에서 착수했던 무중력 비행의 필수과목으로서, 나와 공학도들은 NASA의 항공우주심리학 세미나를 들었다. 여기는 존슨 우주 센터 감압 실험실 안에서 진행되는 저산소증(산소가 충분하지 않은) 시범도 포함되어 있었다. 기술 전문가들은 밀폐된 실험실에서 공기를 빼내는 방법으로 대기를 거의 완전한 진공상태까지 만들어 임의 고도에 대해 모의실험을 할 수 있다. 항공우주국 직원은 이런 실험실들에서 우주복을 비롯하여 우주 진공에 노출될 다양한 장비들을 실험한다.

유효 의식 시간이 2~5분 정도 유지되는 지상 7.5킬로미터에서 산소마스크를 벗고 1분쯤 지났을 때, 질문지를 완성하라는 요구를 받았다. 질문은 이런 식이었다. '당신이 태어난 해에서 20을 빼시오.' 나는 멀쩡한 느낌이었지만, 그 문제를 보며 당황했고 어찌할 바를 몰라 그냥 넘겼던 기억이 난다. 마지막 질문 중 하나는 'NASA는 무엇을 뜻합니까?'였다. 나는 분명히 답을 알지만, 답지에는 '모른다'라고 적었다.

따라서 유효 의식 시간만으로는 부족할 수 있다. 400명의 당황한 승객들이 동시에 탈출하고 있고, 이 때문에 낙하산 줄과 천이 뒤엉키는 중대한 위험이 발생할 수 있다는 가정을 고려한다면 말이다. 그러나 비행기가 생존 가능한 속도로 느려질 때까지 비행기 안에 머물 수 있다면 살아남을 가능성이 있을 것이다. 통증은 있겠지만 아마 그리 심각하지는 않을 것이다.

더 높은 고도에서는 기압이 떨어지기 때문에, 체내의 구멍 속에 있는 공기가 그 부족분을 채워 팽창하려고 한다. 예를들어 때우지 않은 충치 내부의 가스주머니가 신경을 눌러 통증을 유발할 수도 있다. 부비강의 공기에도 똑같은 일이 벌어진다. 특히 그 구멍들이 감기로 막혀 있다면 더욱 그렇다. 심지어 뇌실 내부의 뇌척수액 속에 녹아 있는 가스까지도 팽창하려고 한다. 만약 내 두개골에 구멍이 있었다면, 감압 실험실에 함께 있던 학생들은 내 뇌가 구멍 밖으로 튀어나오는 모습을 볼 수 있었을 것이다.✖ 가장 쉽게 알아챌 수 있는 것은 소화관의 가스 팽창이다. 예를 들어, 위장 속 공기는 지상 7.5킬로미터에서 세 배나 팽창한다.

"어서 폭발시켜 보세요."

✖   입증된 사실이다. 1941년, 마요Mayo 재단의 항공 의학 연구소 과학자들은 수술 후 두개골에 구멍이 생긴 여성을 설득해 감압 실험실 안에 앉히고 8.5킬로미터 상공을 재현했다. 그 환자(그리고 '환자'라는 용어가 그보다 더 적합한 경우는 없었다)가 센티미터가 표기된 눈금자 앞에 자리를 잡자, 연구자들은 마치 골프 캐디처럼 그 구멍에 작은 삼각형 깃발 하나를 꽂아서 위치를 표시했다. 고도가 8.5킬로미터에 이르자 그녀의 뇌 위에 꽂힌 작은 깃발은 1센티미터 올라갔다.

세미나 강사는 마치 남자 대학생 열한 명의 관심을 끌어보려는 듯 우리에게 이렇게 말했다.

바움가르트너는 휴식을 취하고 있다. 그는 헬멧을 무릎 위에 올려놓은 채 의자에 편히 앉아서 물을 마신다(페리스 스카이벤처는 레드불을 비축해 두지 않는다). 이 프로젝트의 기술 감독인 아트 톰슨은 기분이 좋다. 우주복이 잘 작동하고 있고, 바움가르트너는 그 옷을 편안하다고 느낀다(아무도 우주복을 편안하다고 느끼지 않는다. 우주복 역사가 해럴드 맥먼Harold McMann은 "머물 만한 좋은 장소가 절대 아니다"라고 말한다).

여러분이 이 글을 읽을 무렵이면, 펠릭스 바움가르트너는 그의 역사적인 점프를 끝마쳤을 가능성이 크다. 내가 이 글을 쓰는 동안 어떤 결과가 나올지 모른다. 나는 조심스럽게 낙관해 본다. 극단적으로 높은 고도에서의 스카이다이빙은 위험하기는 하지만, 바움가르트너의 원래 직업(상대적으로 낮은 고도에서 뛰어내리는 일)만큼 위험하지는 않을 것이다.

만약 우주 다이빙을 하는 동안 무언가 잘못된다면, 문제 해결 방법을 알아낼 시간이 5분 정도 주어진다. 하지만 BASE 점프 때는 단 5초도 갖지 못한다. BASE 점퍼들은 낙하산을 펼칠 시간이 부족하기 때문에, 예비 낙하산을 휴대하지 않는다.

"그게 바로 그들이 오랫동안…."

톰슨은 적절한 단어를 찾는다.

"살지 못하죠?"

내가 슬쩍 건넨다.

"경력을 이어가지 못하죠. 요컨대 대부분의 BASE 점퍼들은 무사안일주의에 빠지지만, 펠릭스는 자신이 하는 일에 대해서 정말 지나칠 정도로 꼼꼼해요. 그것이 바로 그가 살아있게 하는 이유일 테고요."

톰슨은 바움가르트너를 걱정하지 않는다고 말한다.

용감하고 꼼꼼하다니. 이상적인 우주 탐험가다. 하지만 우주비행사 권장 자질 목록 어디에도 '꼼꼼한'이라는 단어는 찾을 수 없다. 사실 NASA는 '꼼꼼한(항문의)'✖ 같은 단어들을 사용하지 않는다. 꼭 그래야만 하는 상황이 아니라면 말이다.

✖ 꼼꼼한(anal): 'anal'은 '꼼꼼한'이라는 뜻도 있지만 '항문의'라는 뜻도 있다. 여기서는 '항문의'라는 뜻으로 쓰였고, 다음 장이 그와 관련된 내용임을 암시한다.-옮긴이

CHAPTER 14

완벽한 우주 화장실을 꿈꾸다

무중력 화장실에서의 끝나지 않는 고군분투

남자들이 모여 정부 기관 화장실 변기 안에 폐쇄회로 카메라를 설치하는 것이 아마 처음은 아닐 것이다. 그러나 정부 기관의 승인과 재정적 후원으로 이루어진 것은 분명 처음이다. 그리고 변기에 앉아 볼일 보는 사람을 쉽게 관찰할 있도록 모니터의 각도가 조정된 것도 처음이다.

변기 옆 왼쪽 벽에는 작은 플라스틱 표지판이 붙어 있다.

위치 선정 연습용 기구

연습용 좌석에 앉아 엉덩이를 벌리세요.

존슨 우주 센터의 '변기 카메라'로 더 잘 알려진 이것은 우주비행사를 위한 훈련 기구다. 카메라는 우리가 평생 친밀하게 접촉해왔지만 실제로 본 적은 없는 무언가를 생생하고 흥미로운 시각으로 보여준다. 어쩌면 난생처음으로 우주에서 지구를 바라보는 생소한 느낌과 비슷할지도 모른다. 우주왕복선에서 사용하는 변기 입구는 지구상에서 익숙한 지름 46센티미터짜리가 아니라, 10센티미터밖에 안 되기 때문에 위치 선정이 매우 중요하다.

NASA 우주비행사들을 위해 변기를 비롯한 편의 시설들을 설계하는 폐수 엔지니어 짐 브로이언Jim Broyan이 나에게 설명하고 있다. 호리호리한 체격에 각진 얼굴인 그가 안경 너머로 나를 뚫어지게 쳐다본다. 그는 무표정한 얼굴로 은연중에 재치 있는 농담을 건넨다. 아마도 함께 일한다면 굉장히 재미있을 것 같다.

"만약 당신의 궁둥이가, 그러니까 당신의…."

브로이언이 더 나은 단어를 찾으려고 머뭇거린다. 더 품위 있는 표현이 아니라 정확한 단어를 찾으려는 것이다.

"항문이 변기 중앙과 맞춰지면 이 카메라가 항문을 적나라하게 비춰줘요."

무중력 환경에서 오로지 촉감만으로 자신의 위치를 제대로 가늠하기란 사실 어려운 일이다. 왜냐하면 의자 위에 앉는 게 아니라, 그저 의자와 가장 가까운 부근 어딘가에 떠 있는 것이기 때문이다. 그러나 너무 뒤쪽으로 가는 경향이 있다고 브로이언은 말한다. 자칫하다가 각도를 제대로 맞추지 못하면, 수송관의 뒷부분이 더러워지고 그 테두리를 에워싸는 공기 구멍들 일부가 막히는 사고가 발생한다. 나쁜, 몹시 나쁜 동작이다. 우주에서 쓰이는 변기들은 마치 업소용 청소기처럼 오물을 빨아들인다. 브로이언의 말을 인용하자면, '투입물'은 물과 중력 대신 공기의 흐름에 의해 유도되거나 '흡인'된다. 막힌 공기 구멍은 변기 고장의 원인이 될 수 있다. 그 구멍들이 막히기라도 하면, 그렇게 만든 사람이 청소해야 한다. 브로이언은 그게 '몹시 고된 일'이라고 강조한다.

변기 카메라가 설치된 공간은 세면대와 키친타월까지 완벽히 갖춘 정상적인 화장실이지만, 주로 교실로 사용된다. 모든 우주비행사는 지금 막 합류한 스콧 와인스타인Scott Weinstein에게 변기 사용 훈련을 받아야만 한다. 와인스타인은 우주선 안의 조리실, 즉 우주에서 먹는 법에 관한 훈련 또한 담당하고 있다. 그의 교육 분야는 유례를 찾기 힘들 만큼 독특하다. 세상에서 가장 전문적이고, 가장 신망 높고, 가장 성취도 높은 사람들을 다시 유치원에 데려다 놓은 꼴이니 그럴 만도 하다. 이곳에 모인 모든 사람은 아장아장 걷던 아기 때 배웠을 만한 것들, 예를 들어 방을 지나가는 법, 숟가락 사용법, 변기에 앉는 법을 우주여행을 위해 다시 배워야만 한다.

와인스타인은 195센티미터의 키에 웬만큼 살집도 있는 거구의 남자다. 그에겐 어린 자녀들이 있는데, 아이들이 그의 무릎과 등 위를, 마치 놀이기구처럼 타고 오르는 모습을 쉽게 상상할 수 있다. 현재 그는 폐수 관리를 하고 있지만, 예전엔 NASA의 다른 부서에서 7년 동안 로켓 궤도 도면을 그리는 일을 했다. 그러나 자신이 사람들과 함께 일하고 싶어 한다는 것을 깨달았다. 그는 새로운 직무를 잘 해낼 것이다. 그의 담담하고 온화한 성격 덕분에 일상적으로 하기 힘든 주제로도 편하게 대화를 나눌 수 있다.

무중력 배설은 전혀 농담의 소재가 아닐뿐더러 생각보다 훨씬 중요한 문제다. 배뇨라는 단순한 행위도 중력이 없다면 카테터를 요도에 삽입해야 한다든지, 항공 의무관과 난처한 주제로 무선 상담을 해야만 하는 응급 상황이 발생하기 쉽다. "우주에서의 배변 신호는 지구상에서의 느낌과 다릅니다"라고 와인스타인은 말한다.

일단 지구에서처럼 조기 경고 시스템이 없다. 중력은 오줌이 방광 바닥부터 쌓이게 한다. 이후 방광이 차면, 신장 수용기들이 자극을 받아 방광 주인에게 부피가 늘어나고 있으니 배출하라는 신호를 보낸다. 그러나 무중력상태에서는 오줌이 방광 바닥에 모이지 않는다. 대신 표면장력 때문에 오줌이 방광 벽에 붙는다. 그러다가 방광이 거의 꽉 찼을 때가 되어서야 방광 벽이 늘어나면서 충동을 일으킨다. 그때쯤이면 이미 요도가 짓눌려 막힐 정도로 방광이 꽉 찬 상태다. 이러한 이유로 와인스타인은 우주비행사들에게 신호가 느껴지지 않더라도 규칙적으로 화장실에 가라고 조언한다. 그가 덧붙이며 말한다.

"대변도 똑같아요. 화장실에 가고 싶은 느낌이 들지 않아요."

브로이언과 와인스타인은 내게 위치 선정 연습용 기구를 한번 사용해 볼 것을 제안한다. 와인스타인이 벽 쪽으로 손을 뻗어 변기의 내부를 밝히는 스위치를 켠다. 사람이 변기에 앉으면, 천장 조명의 불빛을 가로막아 내부가 캄캄해지기 때문이다. 와인스타인이 설명을 이어갔다.

"자, 항문의 위치가 변기 가운데로 가게끔 조절해 보세요. 그리고 얼마나 잘 맞았는지 확인해 보세요."

그에게 우주비행사들이 볼일을 보는 중에도 관찰하는지, 아니면 시작하기 전까지만 보는지 묻자 브로이언은 당황스러운 표정을 짓는다.

"그 변기에서는 배변을 할 수가 없어요."

그가 와인스타인을 흘끗 쳐다본다. 짧지만 의심의 여지 없이 이런 메시지가 담긴 눈빛이다.

'맙소사, 저 여자가 정말로 카메라 앞에서 똥을 누려나 봐.'

나는 정말로 그럴 생각이 아니었다.

와인스타인은 그 어느 때보다도 친절하게 대답한다.

"음, 당신이 대변을 봐도 괜찮지만, 그럼 승무원들이 와서 청소를 해야만 해요."

"그건 실제로 작동하는 변기가 아니에요. 메리."

브로이언이 내가 잘 알아들었는지 확인하려는 듯 다시 말한다. 그런 일은 딱 한 번 있었다. 일명 뺑소니 사건이다. 와인스타인이 입을 열었다.

"그건 근무 시간 전에 터졌어요. 만약 내가 여기에 있었다면 보안 테이프들을 샅샅이 뒤져서라도 범인을 잡아냈을 겁니다."

그가 내게 행운을 빌어준다. 그리고 두 사람이 나가서 문을 닫는다.

아주 인기 있는 포르노 채널을 우연히 보게 되었는데, 화면에 당신의 모습이 나왔다고 상상해보라(나의 뇌는 그 영상을 재해석하기로 결심한다. 저 우스꽝스러운 인형 좀 보세요? 그의 입을 보세요. 그가 뭐라고 말하고 있죠? 아, 이렇게 말하고 있군요. "끙끙아아앙-끙끙").

와인스타인과 브로이언이 다시 안으로 들어온다. 와인스타인은 과연 많은 우주비행사들이 이 변기 카메라를 정말로 사용하는지 의심스럽다고 말한다.

"내 생각엔 대부분이 변기 카메라에 비친 자신의 항문을 보고 싶어 하지 않을 것 같아요."

와인스타인이 또 다른 위치 선정 방법인 '두 관절 방법'을 설명한다. 이 방법을 사용하기 위해서는, 항문과 변기 사이의 거리가 가운뎃손가락 끝과 밑 부분의 큰 관절 마디 사이만큼 떨어져 있어야 한다.

위치 선정 연습용 기구 옆에는 제대로 작동하는 우주왕복선용 진짜 변기가 있다. 하지만 변기라기보다는 최첨단 세탁기처럼 보인다. 그 장치 자체는 우주왕복선에 있는 변기를 충실히 재현한 것이지만, 실제로 사용된 적은 없다. 여기 존슨 우주 센터에는 중력이 존재하기 때문에 실제와는 경험이 다르다.

중력은 항공우주 오물 수거 계통에서 '분리'로 알려진 행위를 도와준다. 하지만 무중력상태에서는 배설물이 스스로의 무게로 밀고 내려오지 못하기 때문에 자연스럽게 아래로 떨어지는 '분리'가 절대로 일어나지 않는다. 우주 변기의 기류는 수세식 방법 그 이상이다. 그것은 무중력 배출이라는 난제를 성공으로 이끈다. 즉, '분리'가 잘 되도록 도와준다는 얘기다. 공기 흡입으로 물질을 그 출처에서 빼낸다.

와인스타인의 분리 전략은 '양 볼을 팽팽하게 벌리는 것'이다. 그렇게 하면 몸과 '덩어리(폐기물 엔지니어의 거대한 완곡어 창고 속에 들어 있는 또 하나의 단어)' 사이에 접촉이 줄어들고, 따라서 이겨내야 할 표면장력도 줄어든다. 최신식 변기는 엉덩이를 벌리는 데 도움을 주기 위해 설계되었다.

더 현명한 방식은 아마도 세상 사람들 대부분과, 인간의 배출 시스템 자체가 좋아하는 자세를 채택하는 것일 수도 있다.

"쪼그리고 앉는 자세가 양 볼을 벌리게 하는 경향이 있어요."

오랫동안 NASA 오물 수거 시스템 대부분에 관한 계약을 맺어 왔던 해밀턴 선드스트랜드 사의 선임 엔지니어 돈 레트케^{Don Rethke}는 말한다. 레트케는 무중력상태에서 쪼그리고 앉아 볼일을 보고 싶어 하는 사람들을 위해, 발판을 더 높이 설치하라고 NASA에 제안했다. 하지만 수용되진 않았다. 우주비행사들의 육체적 편의에 관해서는 실용성보다 익숙함이 더 중요시된다.

사실 중력이 없다면 식탁은 아무런 의미가 없겠지만, 그래도 장기 임무를 수행하는 모든 우주선에는 식탁이 있다. 승무원들은 하루를 마무리할 때 식탁에 둘러앉아 먹고 이야기 나누며, 잠시라도 자신들이 위험한 진공의 어둠 속으로 외로운 질주를 하고 있다는 사실을 잊고 싶어 한다. 변기가 아니라 배설물 주머니를 사용했던 아폴로 시대의 여파로 화장실은 뜨거운 주제가 됐다.

"당시 우주비행사들은 지구로 돌아와 육체적으로 그리고 심리적으로 좌식 변기가 필요하다고 했어요."

레트케의 말이다.

이해할 만하다. 배설물 주머니는 투명한 비닐봉지였는데, 크기나 용량 면에서 불쾌감과 혐오감✶을 불러일으키는 정도가 구토 주머니와 비슷했다. 배설물 주머니의 접착식 입구는 우주비행사 엉덩이의 평균 곡률에 맞게 디자인되어 있었다. 하지만 거의 맞지 않았고 접착 부분에 음모가 들러붙었다. 더욱이 분리를 촉진시킬 중력도 기류도 다른 무엇도 없었기 때문에 우주비행사는 손가락을 사용해야만 했다. 각 배설물 주머니의 입구 쪽에는 '손가락을 끼우

✶   그렇지만 상황은 더 악화될 수도 있었다. '배설물 주머니' 말고도 아폴로호 승무원들을 위해서 고려된 것이 또 하나 있었다. 바로 '배설물 장갑'이다. 이 경우 우주비행사는 손으로 똥을 받은 다음 장갑을 벗는다. 마치 개 주인이 얇은 비닐봉투를 이용해서 개똥을 집어 처리하는 방법처럼 말이다. 그 뒤엔 똥 덩어리를 잡아서 끝을 잡아당겨 묶는 주머니에 넣었다. 우주비행사들은 그것을 매우 싫어했다.

는' 작은 주머니가 붙어 있었다.

우스꽝스러운 이야기는 거기서 끝나지 않는다. 주머니를 돌돌 말아서 밀봉하기 전에, 불쾌한 배설물이 흘러나오지 않도록 살균제를 넣어 똥과 잘 섞이도록 손으로 반죽해야 한다는 게 우주비행사들에게는 더 괴로운 일이었다. 하지만 그렇게 하지 않으면 배설물 박테리아들은 본연의 임무를 다해서, 똥을 소화시키고 가스를 배출한다. 장 속에 있었다면 방귀가 되었을 그 가스를 말이다. 배설물이 들어 있는 밀봉된 배설물 주머니는 방귀를 뀔 수 없기 때문에 살균제를 뿌리지 않는다면 터질 수도 있다.

"좋은 친구인지 아닌지 알아보는 한 가지 방법이 있었어요. 배설물 주머니를 동료 승무원에게 건네주고는, 살균제와 배설물을 잘 섞어 완전히 으깨 달라고 부탁하는 것이었어요. 나는 친구에게 배설물 주머니를 주며 이렇게 말하곤 했지요. '여기 있어, 프랭크, 내가 좀 바빠서 말이야'라고요."

제미니호와 아폴로호의 우주비행사 짐 러벨이 해준 말이다.

일의 복잡성을 고려할 때, 우주항공계에서 '탈출자'로 불리는 자유롭게 떠다니는 배설물은 그야말로 승무원들의 골칫거리다. 아래는 아폴로 10호의 임무 필기록에서 발췌한 내용이다. 선장 토마스 스태퍼드Thomas Stafford, 달 착륙선 조종사 진 서넌, 사령선 조종사 존 영John Young은 가장 가까운 화장실에서 32만 킬로미터 이상 떨어져 있는 달의 주위를 돌고 있다.

서넌: 달 궤도에서 빠져나오면 자넨 많은 일을 할 수 있을 거야. 전원을 차단하고… 그리고 무슨 일이 일어나는가 하면….

스태퍼드: 오우. 누가 한 짓이지?

영: 누가 뭘 했는데?

서넌: 뭔데?

스태퍼드: 누구 짓일까? (웃음소리)

서넌: 저게 대체 어디서 나왔지?

스태퍼드: 얼른 휴지 좀 줘. 똥이 떠다니고 있어.

영: 내가 안 그랬어. 내 똥은 저렇지 않아.

서넌: 내 똥도 아닌 것 같은데.

스태퍼드: 내 똥은 저것보다 약간 더 끈적거렸다고. 저리 치워.

영: 세상에 맙소사.

(그리고 다시 8분 뒤, 폐수를 버리는 시기에 대해서 논의 중이다.)

영: 우리가 아무 때나 버려도 된다고 했던가?

서넌: 1시 35분에 하라고 했어. 그들이 뭐라고 했냐면…. 여기 빌어먹을 똥 덩어리가 또 있군. 자네들 대체 어떻게 한 거야? 여기, 휴지 좀….

영/스태퍼드: (웃음소리)

스태퍼드: 저게 그냥 떠다니고 있었어?

서넌: 응.

스태퍼드: (웃음소리) 내 똥은 그것보다 더 끈적거렸다니까.

영: 내 것도. 그게 주머니에 뿌지직!

서넌: (웃음소리) 난 저게 누구 건지 모르겠는걸. 긍정도 부정도 못 하겠어.

영: 대체 무슨 일이 벌어지고 있는 거야?

브로이언은 1970년경에 아폴로호의 배설물 주머니를 시연하는 NASA 직원을 찍은 사진을 내게 보여주었다. 그 남자는 체크 무늬 바지에 커프스단추가 달린 겨자색 셔츠를 입고 있다. 1970년대의 너무나 많은 사진이 그랬던 것처럼, 배설물 주머니도 직접 시연해 보이는 사람에게 오랜 시간 굴욕감을 안겼을 것이다. 하지만 이 경우는 더욱 심했다. 남자는 상체를 굽히면서 궁둥이를 카메라 쪽으로 쑥 내민다. 배설물 주머니가 바지 엉덩이 부분에 부착된다. 남자의 오른손 엄지와 검지는 손가락 주머니 안에서 벌어진 가위 같은 모양을 하고 있다. 새끼손가락에는 굵은 은빛 반지가 끼워져 있다. 비록 얼굴은 가려져 있지만, 그가 누군지 '추측'은 가능하다고 브로이언은 말한다.

브로이언은 최근에 쓴 엔지니어링 논문 초안의 역사 부분에 그 사진을 넣었다. 지도교수들은 브로이언에게 그 사진을 빼라고 지시했다. 그 사진이 NASA에 대해 좋지 않은 인상을 준다는 게 이유였다.

다음은 브로이언이 같은 논문에 실은 제미니-아폴로 배설물 주머니 시스템에 대한 우주비행사들의 의견을 정리한 내용이다. 확실히 모든 승무원이 영과 스태퍼드, 서넌처럼 그 계획안을 즐겁게 받아들였던 건 아니었다.

승무원들은 배설물 주머니 시스템이 최소한의 기능만 갖고 있었을 뿐만 아니라 매우 '혐오감을 일으킨다'고 묘사했다. 그 주머니로 자세를 잡기란 상당히 어려웠다. 또한 승무원들이 몸과 옷, 선실을 더럽히지 않고 배변을 하기도 어려웠다. 작은 우주캡슐 내의 주머니들에서는 통제할 수 없는 심한 악취가 났다. 사용의 어려움으로 인해 각 승무원 배변 시간은 최대 45분까지 걸렸고,✼ 이 때문에 승무원들은 하루 일정의 상당 부분을 똥 냄새와 함께해야 했다. 배설물 주머니에 대한 혐오감이 너무나 컸기 때문에 일부 승무원들은 임무를 수행하는 동안 배변을 최소화하기 위해 계속해서 약을 복용하기도 했다.

제미니-아폴로의 소변 주머니는 덜 혐오스러웠지만, 그렇다고 전혀 불쾌함이 없는 것은 아니었다. 제미니 7호 운항 동안 짐 러벨이 겪었던 일처럼 소변 주머니들이 터졌을 때는 특히 그랬다. 우주비행사 진 서넌의 회고록에서 러벨은 그 임무를 '마치 2주일 동안 변소에서 보낸 것 같다'라고 묘사했을 정도였다. 해밀턴 선드스트랜드에서 의복과 화장실 엔지니어로 일하는 톰 체이스는 아폴로

✖ 우주비행사들의 하루는 철저하게 시간표대로 움직이지만, 배변 일정은 뜻대로 되지 않았다. 그래서 승무원들은 이런 대화를 나눌 수밖에 없었다. 아폴로 15호 임무 동안 선장 데이비드 스콧과 달 착륙선 조종사 제임스 어윈이 나누었던 실제 대화다.
스콧: 알Alfred Worden, 우리 여기서 교대하는 게 어때.
어윈: 데이비드, 내가 좀 쌀 수만 있다면 그리고 싶은데.
스콧: 좋아.
어윈: 시간 되면 말해줘.

시대가 끝날 무렵 엔지니어들과 NASA 고관들에 둘러싸여 이렇게 간단히 소감을 요약했다.

"우리는 더 잘 만들어야 합니다."

NASA의 최초 무중력 화장실은 스카이랩의 의료 정보 수집 임무 동안 표본 수집✘을 수월하게 하기 위해 디자인된 '손으로 받은 후 주머니에 넣어서 버리는' 모델이었다. 그것은 벽에 붙박이로 설치되어 있었다. 그 후 몇 년 동안, 승무원들의 심리학적, 전정기관 욕구를 충족시키기 위해 NASA의 엔지니어와 디자이너들은 지구의 중력 방향에 충실한, 즉 '바닥'에는 탁자가 있고 '천장'에는 조명등이 있는 방과 실험실들을 만들기 시작했다.

우주왕복선의 화장실은 항상 바닥에 설치되어 왔지만, 절대 평범하지는 않았다. 우주왕복선 화장실 변기는 앉아서 배변을 보는 사람의 몸 15센티미터 아래에 분당 1,200번씩 회전하는 믹서 칼날

✘ 스카이랩과 아폴로 시대의 우주비행사 표본들은 아직도 휴스턴의 존슨 우주 센터의 창문도 없고 보안도 철저한 건물 꼭대기 층 냉동고에 보관 중이다. 이 건물은 NASA의 무생물 월석 수집품들을 보관하고 있다. "아폴로에서 우리가 싼 배설물은 지금 어떻게 되었는지 확실히 모르겠네요. 이따금 허리케인으로 인한 정전 때문에 해동되긴 했겠지만, 40년 동안 냉동되어 있었다면 아마 이전의 영광을 찾아볼 수 없는 모습으로 변했을 거예요." 존 찰스가 내게 말했다. 그 표본들은 1996년에도 거기에 있었다. 이렇게 말할 수 있는 이유는, 행성 지질학자 랄프 하비가 VIP 그룹을 안내하다가 길을 잃었을 때 우연히 그것들을 발견했기 때문이다. "당시에는 모든 문이 하나의 암호로 열렸어요. 그런데 어떤 문을 열었더니 마치 〈레이더스 Raiders of the Lost Ark〉의 한 장면 같았어요. 길고 낮은 냉동고가 줄지어 늘어서 있었지요. 냉동고마다 깜박거리며 온도 정보를 말해주는 작은 등과 우주비행사의 이름이 적힌 테이프 조각이 붙어 있었고요. 나는 '제기랄. 이 안에 우주비행사들의 유해를 보관해 두었군!'이라고 중얼거리고는 얼른 사람들을 내보냈어요. 나중에야 그곳이 바로 우주비행사들의 똥과 오줌을 저장해 둔 곳이라는 것을 알았어요." 하비는 그 방의 호수는 기억하지 못한다. "그 방은 우연이 아니면 절대로 찾을 수가 없어요. 그게 꼭 나니아 Narnia 같거든요."

이 놓여 있는 형태였다. 펄프 제조기^{macerator}가 똥과 티슈(만약 사고만 일어나지 않는다면, 이것은 음낭의 피부 조직이 아니라 화장실 휴지를 의미한다)[✖]를 갈아서 걸쭉하게 만든 후, 오수조의 벽 쪽으로 던진다.

"마치 지점토 반죽 같죠."

레트케가 말한다. 하지만 오수조 안의 물질이 차갑고 건조한 우주의 진공에 노출되자 문제들이 발생했다(냉동 건조는 배설물을 살균하는 한 가지 방법이었다). 진공에서는 배설물이 잘 들러붙지 않았다. 마치 공예에서 '종이'가 '접착력'을 잃어버린 것과 같았다. 다음 우주비행사가 펄프 제조기를 켰을 때, 오수조 벽에 마치 벌집처럼 붙어 있던 작은 똥 조각들이 떨어져 나왔다. 이후 그것은 믹서 칼날에 맞아 이리저리 움직이다가 작은 먼지로 바뀌었고, 결국 우주선의 선실로 쏟아져 나왔다.

NASA의 계약자 보고서 3943의 내용을 살펴보면, 그 상태가 얼마나 심각했었는지 짐작이 간다.

> 보고에 의하면, 현재 STS 임무(41-F)에 탑승한 우주비행사들은 아폴로 방식의 접착 배설물 주머니를 다시 사용하고 있다. 이전 임무에서는 무중력 변기로 인해 구름 같은 똥 먼지가 발생했고, 이 때문에 일부 우주비행사들은 그 시설 사용을 자제하기 위해 음식 섭취를 중단했다.

✖ 'tissue'라는 단어는 '얇은 화장지'라는 뜻도 있지만, 또 '조직'이라는 뜻도 있다.-옮긴이

우주용 변기
폐기물을 위생적으로 처리하기 위해 내부에 수거용 백bag이 설치되어 있다.

이 논문은 또한 똥 먼지가 단순히 혐오감만 주는 것이 아니라, 과거 잠수함의 오물 증기 '역류' 현상이 일어났던 것처럼, '입안에서 유해한 대장균 박테리아가 증식하는 건강 문제'가 발생할 수 있다고 지적했다.

펄프 제조기는 오래전에 사라졌지만, 앞서 언급한 똥 먼지와 같은 '탈출자'들은 여전히 승무원들을 괴롭히곤 한다. 오늘날의 골칫덩이는 우리가 항공우주국의 오물 수거 논문에서 읽게 될, 그리고 다른 어디에서도 읽고 싶지 않을 '똥 팝콘' 현상이다. 브로이언은 이를 정성 들여 상세히 설명한다.

"다른 모든 것이 얼어 있기 때문에 오수조 안으로 들어가는 물질, 즉 대변이 얼마나 딱딱한가에 따라, 용기 벽에서 다시 뒤는 경향이 있어요. 혹시 구식 에어팝air-pop 팝콘 기계를 본 적이 있나요? 기계 안에서는 기류가 순환하고 있지요. 마치 그것처럼 배설물이 기류를 타고 빙글빙글 돌고 있다가 다시 관을 타고 올라오곤 한답니다."

에구머니나, 맙소사!

우주왕복선 변기에 백미러가 달린 이유는 바로 이 '똥 팝콘' 때문이다.

"우리는 우주비행사들에게 저 미닫이문을 닫기 전에 뒤를 한번 살펴보라고 해요. 그저 관을 타고 올라오고 있을지 모르는 똥 조각을 생각해서 말이지요."

브로이언이 말한다.

'똥 팝콘'은 '똥 자르기'로 이어지기도 한다. 우주선에 타서 똥 자르기를 하고 싶은 사람은 없을 것이다. 만약 튀겨진 똥 조각이 위로 올라오고 있는데 변기 수송관의 윗부분에 있는 미닫이문을 닫는다면 어떨까. 미닫이문이 닫히는 도중에 똥을 잘라버릴 수 있다. 이런 일이 일어나는 것을 미리 방지해야 하는 두 가지 이유가 있다. 미닫이문의 위쪽에 똥이 묻는다면 승무원들이 있는 선실을 향해 들어가게 된다. 브로이언의 말을 인용하면, '지독한 악취를 풍길 것이다.' 또한 문 밑에 묻은 똥은 닫혀 있는 미닫이문에 언 채로 말라붙을 것이다. 이로써 화장실 사용이 불가능해지고, 모든 사람은 왕복선의 임시 배설물 수거 시스템인 아폴로 배설 주머니를 사용해야만 한다. 그리고 그런 실수를 저지른 장본인은 동료 승무원들로부터 흠씬 두들겨 맞게 될 것이다.

똥 튀기기 같은 현상을 미리 예측할 방법은 없다. 궤도로 들어가기 전까지는 전혀 알 수 없는 것도 있다. 우주에서 비행하는 다른 모든 것이 그렇듯, 변기 역시 포물선 비행 실험을 하는 이유도 그 때문이다. 그러나 이 경우에는 실험하는 데 독특한 난제들이 있다.

이런 식이다. 나는 어제 늦은 오후 문득 우주왕복선의 배변 훈련용 변기를 사용해보고 싶다는 생각이 들었다. 그땐 이미 다음 날 정오에 브로이언과 와인스타인 그리고 홍보부 안내 직원을 만나기로 되어 있었다. '오전 9시야, 내가 최대한 참을 수 있는 시간.' 나의 몸에서는 이미 신호가 오고 있었다.

나는 홍보부 안내 직원인 개일 프레어^{Gayle Frere}에게 전화해서 나의 딜레마를 설명하고, 아침 일찍 일정을 조정하려고 했다. 그녀는 손자 졸업식장에 가 있었으므로 시끄러운 소리 너머로 고함을 질러야만 했다. 나는 그녀의 남편이 행사장에서 고개를 돌리고 그녀에게 무슨 일이냐고 묻는 모습을 떠올려 보았다. 그리고 개일이 남편의 귀에 대고 고래고래 소리치는 모습도 상상했다. '바로 그 작가예요. 이 여자가 우주왕복선 화장실에서 똥을 누고 싶어 한다고요!' 나는 사과를 하고 얼른 전화를 끊었다.

내가 두서없이 이런 이야기를 하는 요지는, 심지어 몇 시간 내에 이루어질 배출 시간을 정하는 것조차 곤란할 수 있다는 사실을 말하고 싶어서다. 무중력상태의 20초라는 한정된 시간 안에 정확히 볼일을 본다는 건 더더욱 상상하기 어렵다. 은퇴한 NASA의 식품 과학자 찰스 벌랜드^{Charles Bourland}는 한때 무중력 변기의 프로토타입을 실험하는 엔지니어 그룹과 함께 포물선 비행에 올랐던 적이 있다. 변기에는 부분적으로 칸막이가 쳐져 있었지만, 벌랜드는 그 남자를 볼 수 있었다.

"그건 똥이었어요. 그는 볼일을 보기 위해 음식을 잔뜩 먹었지만, 정해진 시간에 배출할 수가 없었어요. 주변에서는 이런저런 농담과 격려의 외침이 오갔어요."

하지만 벌랜드는 아무런 격려의 말도 해주지 못했다. 그는 크림소스 콩 요리와 다진 소고기 요리를 비롯한 72가지의 새로운 스카이랩 음식들을 실험하며 시식했고, 이로 인해 이미 구역질이 밀려왔기 때문이다. 그는 굳이 구토를 일으킬 또 다른 자극이 필요하지 않았다.

무중력상태에서 이뤄진 일부 실험은 보다 탐구적이었다.

"이상한 소리처럼 들리겠지만 항문에서 나오는 것을 잘 처리하고 싶다면, 그것이 무얼 하고 있는지 이해해야만 해요."

북극의 가상 달 탐험에서 만났던 해밀턴 선드스트랜드 사 엔지니어 톰 체이스는 이렇게 말했다. 그때 체이스는 변기 뚜껑이 아니라 우주복 모자를 쓰고 있었지만, 똥에 관해서 이야기하는 것을 즐거워했다.

"예를 들면… 사물들을 똑바로 끌어내리는 중력이 없다면, 그것들은 나오는 동안 구부러지는 경향이 있어요."✖

체이스가 해밀턴 선드스트랜드 사의 모눈종이 판을 무릎 위에 올려놓고 그림을 그리기 시작했다.

이것은 NASA와 해밀턴 선드스트랜드 화장실 엔지니어들이 기록한 16밀리미터 필름에 나온다. 이런 노력 덕분에, 항공우주 오물

✖   레트케는 이것을 '오렌지 껍질 효과'라고 불렀다. 이 용어는 또한 스프레이로 칠한 표면에 결함이 발생했을 때도 사용하는데, 대표적인 예로 자동차의 마감재 결함을 들 수 있다. 무슨 말로 표현하든, 자동차 도장 전문가가 사과해야 한다.

수거 시스템 엔지니어들은 똥이 비틀리는 것에 대해서 알게 되었고, 곡률의 범위와 주로 나오는 방향(뒤로)에 대해서도 알게 된다. 또한 똥이 부드러울수록 더 많이 구부러진다는 것까지도 알았다. 왜 이 모든 것을 알아야 하는 걸까? 그건 구부러진 똥이 수송관 윗부분에 달라붙어서 기류를 방해할 수 있기 때문이다.

그 필름은 남성과 여성 자원자 모두를 대상으로 촬영되었으며, 후자는 '간호사 단체의 여성'이었다고 체이스는 말했다. 촬영본은 비공개로 분류되었지만 해밀턴 선드스트랜드에 떠도는 이야기에 따르면, 그 규정은 잘 지켜지지 않았다. '오물 관리를 설계하는 친구를 둔 사람이라면 누구나' 촬영본을 손쉽게 볼 수 있었을 거라고 체이스의 동료는 말했다.

"그 필름들은 아주 인기가 많았어요."

결국 필름을 본 사람은 그 영상이 퍼져나가 타격을 줄 가능성을 보았다.

"사람들의 반응이 어땠는지는 충분히 상상할 수 있을 거예요. 만약 누군가가 이것에 대해서 정보공개법FOIA을 요구하면 어떻게 될까!"✖

그렇지만 이 필름들은 파기되었다. 체이스는 필름의 처분에 대해서 슬프게 생각했다. 아마도 그가 달 임무 동안 변기에 대해 연

✖   FOIA는 저널리스트들과 대중들이 기밀 취급을 받지 않는 정부 문서들의 사본을 요구할 수 있다는 '정보공개법Freedom of Information Act'을 뜻한다.

구했던 팀의 일원이었기 때문일 것이다.

체이스가 말했다.

"만약 그 필름들이 남아 있다면 굉장히 유용하게 사용되었을 거예요. 하지만 이미 파기되었으니 정말 안타깝죠."

돈 레트케는 훨씬 더 까다로운 엔지니어링 문제들(그리고 대부분의 촬영 장면)이 대부분 배뇨와 연관되어 있다고 말했다. 우선 액체는 우주에서 몸에 쉽게 달라붙는다.

"중력이 없어지면, 그 다음으로 작용하는 물리적 힘은 표면장력이에요."

레트케는 말한다. 심지어 표면장력 때문에 머리카락에도 액체가 달라붙는다. 레트케는 머리가 긴 사람들은 무중력상태에서 머리카락에 2~3리터의 물을 품을 수 있다고 말했다. 이러한 이유로, NASA는 여성 승무원의 음모가 '속도 잠재력'을 얼마만큼 좌우하는지 알아야 했다(스콧 와인스타인은 편리하게 이것을 '쌓인 눈에 이름을 쓰는 정도'로 쉽다고 설명한다).

체이스가 다시 스케치하기 시작했다.

"오줌이 나오는 모습을 관찰해본 적이 있다면, 그게 그저 완벽한 원기둥 형태로 나오지 않는다는 걸 알 거예요. 여성들의 경우에는 순수한 흐름을 방해하는 요소가 더 많죠."

무엇이 이런 차이를 만들까. 바로 음순과 음모다. 그리고 약해진 오줌 줄기는 끊어져서 떠다니는 방울을 형성하는 경향이 있다.

이어서 체이스는 내게 아주 놀라운 이야기를 들려주었다.

어떤 여성들은 하이킹이나 배낭여행을 하면서, '바지를 발목까지 내리고 나무에 등을 기대고는, 그저 자세를 이리저리 조금씩 움직여 약간의 공간을 만든 후 오줌을 발사하거나 방향을 조절할 수 있다'고 말했다. 내 삶을 바꿀 만한 이 새로운 정보에 대해 곰곰이 생각하는 동안 침묵이 흘렀다.

체이스가 침묵을 깨고 계속 말을 이었다.

"정말이지, 여자들의 오줌 줄기가 남자들의 것보다 더 셀 수 있어요. 하지만 그렇게 하려면 그 해부학적 부분을 능숙하게 다룰 수 있어야만 해요. 몇몇 여성들은 가능한 무언가를 시도하는 데 서슴없어요."

아무리 그렇다 해도, 남성 변기 엔지니어들과 동료들이 보는 앞에서 오줌을 누고 싶어 할 여자는 없다. 결국 자원했던 간호사들은 무슨 일이 일어나고 있는지 알아챘고, 더 이상 어떤 촬영에도 참가하기를 거부했다. 해밀턴 선드스트랜드는 창의력을 발휘하지 않을 수 없었다.

"남자들 가운데 가슴 털이 정말로 많이 난 사람이 있었어요."

체이스는 말을 이어가며 몸을 의자 뒤로 기댔고, 배를 불쑥 내밀었다.

"그 남자가 이렇게 했다면…."

그가 자신의 양쪽 배에 손바닥을 대고는 배꼽 쪽으로 세게 모았다. 그건 셔츠 아래에 있는 살에 수직 주름이 생겼다고 상상할 수 있을 정도였다.

"그는 제대로 된 모양을 만든 거죠. 그래서 그들은 거기에 오줌 대용의 액체를 뿌리며 촬영을 재개할 수 있었고, 무중력에서 물방울이 어떻게 형성되는지 이해할 수 있게 되었어요."

체이스가 손바닥을 자신의 배에서 풀었다.

"이거야말로 괜찮은 생각이죠."

무중력 변기를 실험하는 다른 방법도 있다. '위기Wiggy'라는 이름으로 더 잘 알려진 카나파티필라이 위그나라야Kanapathipillai Wignarajah는 2006년 기술 논문에서, '우리는 NASA 에임스 연구 센터에서 인간의 대변 대용물을 개발하는 일에 착수했다'라고 밝혔다. 위그나라야는 확실히 이 분야에서 가장 세련된 생각을 가진 사람이지만, 그가 최초는 아니다. 예컨대, 기저귀 산업에서는 인간의 대변 대용물로 브라우니 믹스, 땅콩버터, 호박파이 필링, 으깬 감자를 사용해왔다. 하지만 위그나라야는 사람 똥 고유의 수분 보유 성질과 유변학을 제대로 재현한 것은 하나도 없다며 비웃는다. 식품 과학에서 유변학이란 물질의 변형과 움직임을 연구하는 분야다. 농도는 점성과 탄성에 의해 결정된다. 식품공학자들은 이러한 특성을 측정하기 위해 특수 설계된 특수 장비를 갖고 있다. 물론 그들이 똑똑하다면 그 장비를 NASA 에임스 연구 센터에 있는 사람에게는 절대로 빌려주지 않겠지만 말이다.

위그나라야는 삶아서 튀긴 콩으로 만든 대변 대용물을 상당히 높이 평가한다. 비록 단백질 함량이 너무 높아서 수분 함량이 떨어지지만, 외양이나 성질은 사람 똥과 굉장히 흡사하다. 이 사실을 알고 나니, 영원히 멕시코 음식점을 방문하지 못할 것 같은 생각이 든다.✖ 콩으로 대변 대용물을 만드는 디자이너들은 '엄프콰' 출신이 많다고 하는데, 아마 위그나라야가 말하는 엄프콰란 엄프콰 은행이나 엄프콰 인디언 부족이 아니라 엄프콰 커뮤니티 칼리지를 뜻하는 것 같다.

그런데 엄프콰의 똥은 NASA 에임스 연구 센터의 대변 대용물에게 제대로 한 방 먹고 말았다. NASA 에임스 연구 센터의 대변 대용물 조리법은 미소 된장과 땅콩기름, 질경이씨, 섬유소, 그리고 '건조 후 굵게 간 채소 물질' 등 여덟 가지 재료가 특징이다. 엄프콰의 대용물만큼 맛있지는 않지만 다른 많은 면에서는 대단히 우수한 작품이다. 주재료는 배설물 박테리아 대장균으로, 실제 인간 똥과 마찬가지로 30퍼센트를 차지한다. 박테리아들이 우편으로 배달된 것인지, 아니면 에임스 화장실 부서에 원래부터 득실거리고 있는 것인지 나는 잘 모른다(물론 화장실 부서 직원들 장 속에 있는 것을 말하는 게 아니다). 난 위그나라야에게 이메일로 문의했지만 답장을

✖   삶아서 튀긴 콩은 주로 멕시코 요리에 쓰인다.–편집자

받지 못했다.

에임스의 대변 대용물에 부족한 게 하나 있다면 바로 똥 냄새였다. 미래 화장실의 악취 제어 성능이 기대에 부응하는지 확인하기 위해서, 위그나라야는 에임스의 대용물에 악취 나는 혼합물을 추가할 계획이다. 이쯤에서 이런 의문이 들 것이다. 왜 군이 대변 대용물을 사용하는 것일까? 만약 진짜 똥처럼 냄새나는 게 필요하다면, 왜 진짜 똥을 사용하지 않는 걸까? 사실 진짜 대변도 쓴다. 단, 테스트의 마지막 단계에서만 제한적으로 사용된다.

NASA 연구자들은 사람의 배설물을 만지는 것을 금기시하기 때문에 과거에는 원숭이 똥이나 개똥으로 실험을 해왔다.

브로이언의 폴로셔츠 앞부분에는 국제우주정거장 조립 임무 ULF2의 패치가 붙어 있다. 패치는 타원형 변기 좌석 안쪽에 국제우주정거장 변기의 다양한 면이 배열되어 디자인되었다. 그리고 '도움이 되어서 자랑스럽다'라는 문구가 쓰여 있다.

브로이언도 와인스타인과 체이스, 레트케, 위그나라야, 그리고 그들과 함께 일하는 모든 사람과 마찬가지로 자랑스러워할 이유가 충분하다. 성공적인 무중력 변기는 공학과 물질과학, 생리학, 예절을 정교하게 처리해서 만든 결과물이다. 위그나라야의 대변 대용물에서 한 가지 성분만 빠져도 제대로 된 결과물이 나오지 않는다. 또한 어떤 기술적 실패도 승무원의 복지를 이렇게 확실하고 치명적으로 위협하는 경우는 거의 없다.

배설 문제는 훨씬 더 심각한 결과를 가져올 수 있었다. 나는 최초의 머큐리호 우주비행사 선발에 관여했던 댄 풀엄이라는 은퇴한 공군 대령을 인터뷰했었다. 풀엄 대령은 내게 배설이라는 난제가 여성 조종사의 선발을 방해하는 주요 원인이었다고 털어놨다.✗

"우리는 여성들도 남성들 못지않게 훌륭하다는 사실을 알고 있었어요. 제2차 세계대전 동안에도 여성 조종사들이 있었죠. 그들은 전투기를 조종할 수 있었고, 폭탄도 날릴 수 있었어요."

하지만 그들은 바지 속에 부착되어 있던, '콘돔형 소변 수집 장치'를 착용하긴 어려웠다.

"실제로 배설물 수거가 진짜 문제였죠(성인용 기저귀의 사용은 누구의 뇌리에도 떠오르지 않는 것 같았다)."✗✗

풀엄은 이렇게 회상한다.

"우리는 그 문제로 스트레스를 너무 받았어요. 그래서 우리는

✗   이것은 러시아가 동물 비행에서 암컷을 선택한 주요 이유이기도 하다. 수컷 개에게 수집 장치 안에 소변을 보도록 훈련시키는 일은 매우 어려웠다. 캡슐의 공간이 너무 비좁아서 '한쪽 다리를 들어올리는' 자연스러운 자세로 볼일을 볼 수 없었기 때문이다.

✗✗ disposablediaper.net에 있는 기저귀 진화 연표에 따르면, 성인용 기저귀는 1987년 일본에서 처음으로 출시되었다. 그러나 일반적인 일회용 기저귀의 개념은 1942년으로 거슬러 올라간다. NASA가 기저귀를 발명했다는 소문이 꽤나 퍼져 있지만, 사실 발명자는 스웨덴 회사 소속이었다. 연표를 훑어보면 정말로 NASA와 관련 있는 것처럼 보인다. 연표에 나와 있는 기저귀 종류엔 진공-건조 기저귀와 건조 기저귀, 유연한 밀폐 시스템을 갖춘 '밑판이 줄어들고, 탄력 있는 날개가 달린' 기저귀가 있다(진공, 밀폐, 날개라는 단어는 왠지 우주를 연상시킨다-옮긴이). NASA의 성인용 기저귀는 '상용 제품'으로, 이름은 Absorbencies('흡수력'을 뜻하는 Absorbency의 복수형-편집자)다. 과거 NASA가 판매했던 성인용 기저귀 Rejoice('기뻐하다'라는 뜻)를 제외하면, 기저귀의 이름으로 이보다 더 나쁜 이름은 상상하기 어렵다.

말했죠. '우리가 갖고 있는 걱정을 좀 줄이자'라고요."

만약 『머큐리 13호: 미국 여성 13명의 밝혀지지 않은 이야기와 우주비행의 꿈』을 읽어본다면, 여성 조종사들에게 불리하게 작용하는 요인들이 또 있었음을 알게 될 것이다. 예컨대 당시 부통령이던 린든 존슨Lyndon Johnson은, 여성 전투기 조종사들도 우주비행사에 지원하게 해달라고 NASA 국장 앞으로 보내는 청원서에 서명하는 대신 맨 아래에 '이것을 당장 중단하자!'고 썼다.

배설 전략이 필요할 만큼 임무 기간이 길어지고, 승무원도 두 명 이상으로 늘어났지만, 여성을 우주로 보내는 문제는 여전히 걸림돌로 남았다. 'NASA가 여성 우주비행사의 선발을 꺼리는 주요 요인은 프라이버시 문제 때문이었다'라고 아폴로-제미니 시대에 활동했던 NASA 정신의학자 패트리샤 샌티Patricia Santy가 기록한 바 있다. 샌티는 『올바른 자질과 선택』에서 개인 우주 화장실 개발이 NASA가 여성 우주비행사들을 뽑을 수 있게 된 결정적인 계기라고 꼽는다.

화장실이 여성을 제외한 이유였을까, 아니면 핑계였을까? 성차별적 고용을 금지하는 연방 법률의 통과보다, 화장실 개발이 더 강력한 촉매제가 되었다는 점은 놀랍다. 그러나 아이러니하게도 여성 우주비행사들이 우주비행에 있어 더 실용적이다. 평균적으로 여자는 남자들보다 체중이 덜 나가고, 산소도 덜 소비하며, 먹고 마시는 양도 더 적다. 함께 발사되어야 할 산소와 물, 식량이 감소한다는 얘기다.

　그러나 NASA는 체격이 작고 경제적인 사람들을 비행시킴으로써 발사 비용을 절감시키기보다, 더 작게 압축한 소고기 찜과 샌드위치, 케이크를 비행시키는 쪽을 택했다. 그리고 이렇게 작고 귀여운 것이 이토록 미움받은 적은 거의 없었다.

CHAPTER 15

우주 만찬
우주 식품을 둘러싼 에피소드

1965년 3월 25일, 한 덩어리의 소고기 샌드위치가 우주로 발사되었다. 샌드위치를 만든 울피스 델리카트슨Wolfie's delicatessen 지점은 케네디 우주 센터에서 멀지 않은 플로리다의 코코아 해변에 위치해 있었다. 우주비행사 월리 시라Wally Schima는 포장된 샌드위치를 들고 케네디 우주 센터로 다시 차를 몰았다. 그는 우주비행사 존 영을 설득해서 제미니 3호 캡슐에 샌드위치를 몰래 싣고, 동료 승무원 거스 그리섬을 놀려줄 작정이었다. 다섯 시간으로 예정된 비행이 시작된 지 두 시간쯤 지났을 때, 영은 바로 행동에 들어갔다. 그러나 그 작전은 예상과 달리 시시하게 끝나고 말았다.

그리섬: 그건 어디서 났나?

영: 내가 갖고 왔지. 맛이 어떤지 한번 먹어보자고. 냄새가 좋군, 안 그래?

그리섬: 그래, 그런데 샌드위치가 흩어지고 있네. 주머니에 넣어야겠어.

영: 그냥 가져오면 재미있을 거라고 생각했을 뿐이야.

그리섬: 알겠어.

이 '소고기 샌드위치 사건'은 그해 말에 열린 의회 예산 청문회에서 NASA를 비판하던 사람들의 표적이 되었다. 1965년 7월 12일 미국 의회 의사록에 의하면, 상원의원 모스는 50억 달러의 NASA 예산을 절반으로 줄이는 감축안을 추진했다. 존 영이 섭취량과 배출량을 신중하게 측정했던 제미니 과학 프로그램 전체를 '우롱했다'고 비난했다. 또 다른 의원은 NASA의 행정관 제임스 웨브James Webb에게 우주비행사 두 명도 관리하지 못하면서 어떻게 수십억 달러의 예산을 관리할 수 있겠느냐고 따져 물었다. 영은 공식적인 징계를 받았다.

밀반입된 샌드위치는 '건조된(한입 크기의) 소고기 샌드위치'의 공식 제조 요건을 열여섯 가지나 위반했다. 제조 요건은 여섯 쪽에 달하며, 십계명에서나 사용했을 것 같은 무시무시한 구절로 시작된다. 예를 들어 '결코 습하거나 젖은 부분이 있어서는 아니 될 것이다' '음식물의 겉 부분은 절대로 떨어져 나가거나 벗겨지면 아니 될 것이다'와 같은 문구다. 더욱이 밀반입된 샌드위치는 결함 조항 102번 '낯선 냄새, 예를 들어 고약한 냄새'와 결함 조항 153번 '다룰 때 부서진다' 등의 수십 가지 결함을 수반했다. 다만 결함 조항 151번 '뼈, 껍데기 혹은 단단한 힘줄이 보이는' 음식은 아니었으니 그나마 다행이다.

우주캡슐에서 먹을 음식은 울피스 델리카트슨의 샌드위치와는 정반대여야만 한다. 우선 무게가 가벼워야 한다. NASA가 우주로 500그램을 더 발사할 때마다, 궤도로 올리는 데까지 수천 달러의 추가 연료가 필요하기 때문이다. 또 크기가 작아야만 한다. 제미니 3호 우주캡슐은 스포츠카의 내부보다도 좁았다. 이와 같은 음식물 크기와 무게의 엄격한 제한 때문에, 우주 식품 공학자들은 가장 작은 부피의 음식 속에 가장 높은 영양과 에너지를 넣는 '열량 밀도'에 열중했다(극지 탐험가들도 유사한 제약들과 열량 밀도 문제에 직면하지만 턱없이 부족한 정부 연구 예산 탓에 버터 막대를 챙겨 간다). 심지어 베이컨도 유압 프레스로 압착하여 더 작고 다단하게 만든다(그리고 '사각 베이컨'이라는 새로운 이름으로 부른다).

압축 음식은 공간을 덜 차지할 뿐만 아니라 부서질 가능성도 적다. 우주선 엔지니어에게 음식물 부스러기는 관리 대상 이상의 문제다. 지구에서라면 바닥에 떨어진 부스러기는 청소부가 올 때까지 모르는 척할 수 있겠지만, 무중력상태에서 부스러기는 바닥으로 떨어지지 않고 둥둥 떠다닌다. 제어반 뒤를 떠다니거나 눈에 들어갈 수도 있다. 그리섬이 소고기 샌드위치가 부서지고 있는 것을 보고 얼른 호주머니에 넣었던 것은 바로 그 때문이다.

울피스 샌드위치와 달리, 주사위 모양 샌드위치는 한입에 넣을 수 있다. 토스트 한 조각을 한입에 통째로 먹을 수 있다면 부스러기는 떨어지지 않을 것이다. 만약 빵을 주사위 모양으로 만들어 굽는다면, 우리도 영과 그리섬이 우주여행 때 먹었던 방식 그대로의 토스트를 맛볼 수 있다. 우주 식품 공학자들은 안전을 기하기 위해 부스러기에도 식용 코팅을 입혔다('코팅을 잔뜩 입힌 토스트 조각들을 딱딱해질 때까지 얼려라.' 조리법에는 이렇게 적혀 있다).

공군과 육군, 기업이 섞여 있는 항공우주 급식 팀은 주사위 모양의 음식을 완벽하게 코팅하기 위해 상당한 노력을 기울였다. 한 기술 보고서는 골디락스식^{Goldilocksian} 조리법 개발을 간략하게 설명한다. 조리법 5는 너무 끈적거렸다. 조리법 8은 진공에서 부서졌다. 그러나 조리법 11(녹인 돼지기름, 우유 단백질, 녹스Knox 젤라틴, 옥수수 녹말, 자당)은 매우 적절한 조합이었다. 물론 그것을 먹어야 하는 사람들의 생각은 달랐다.

"맛대가리도 없으면서 코팅이 입천장에 들러붙어요."

짐 러벨이 제미니 7호 비행 동안 우주비행 지상관제 센터에게 불평한 내용이다.

무게가 3.1그램도 나가지 않고 '45센티미터 높이에서 딱딱한 바닥으로 떨어트려도' 부서지지 않는 코팅된 샌드위치를 만드는 일과, 이것을 몇 주에 걸쳐 매일 먹어도 질리지 않고 행복감을 느끼면서 건강하게 먹을 수 있는 음식으로 만드는 일은 전혀 다른 문제다. 머큐리와 제미니 프로그램의 임무들은 한두 번을 제외하고는 기간이 짧은 편이었다. 하루나 일주일은 그저 아무거나 먹고도 살 수 있다. 그러나 NASA는 달 탐사 임무 기간의 목표를 최대 2주로 정했다.

그렇다면 NASA는 여러 궁금증을 미리 풀어야만 했다. 돼지기름 조각과 옥수수 전분을 일정하게 먹은 사람의 소화기에는 무슨 일이 일어나는가? 실험 주방에서 심사숙고해 만든 음식을 먹고 사람이 과연 얼마나 오랫동안 살 수 있는가? 그리고 더 비극적으로는, 과연 사람이 얼마나 오랫동안 그 음식들을 먹고 싶어 하는가? 이런 종류의 음식이 우주비행사들의 사기에는 어떠한 영향을 미치는가? 등을 말이다.

1960년대 전반에 걸쳐 NASA는 이런 의문들에 대한 해답을 얻기 위해 많은 사람들에게 엄청나게 큰돈을 지불했다. 우주 식품 연구 개발 계약서들은 라이트-패터슨 공군기지의 항공우주의학 연구소에 그리고 이후에는 브룩스 공군기지의 항공우주의학 대학교에 보내졌다. 미 육군 네이틱 연구소는 제조 요건 초안을 작성했고, 기업들은 조리를 했으며, 항공우주의학 연구소와 항공우주의학 대학교는 지상 실험을 맡았다. 이들 모두는 자원 팀원들이 최대 72일간 가상 우주비행을 위해 머물게 될 가상 우주 선실을 정교하게 만들었다. 음식은 우주복과 위생 식이요법, 그리고 다양한 선실

대기들(즐겁게도 70퍼센트의 헬륨을 포함해서)과 함께 실험했다.

영양사는 하루 세 차례, 실험 음식을 가상 우주 선실 안에 갖다 둔다. 실험 참가자들은 지난 몇 년 동안 온갖 형태의 가공식품과 엄격한 심사를 거친 우주항공 식품을 먹고 살아남았다. 음식들은 주사위 모양이나 원기둥 모양이기도 했고, 걸쭉하거나 가루 형태거나 스틱 형태일 때도 있었다. 그리고 어떤 변화를 가하면 '원상태로 복구되는 음식'도 있었다. 영양사들은 안으로 들어간 음식의 무게를 재고, 계량하고, 분석했으며, 다시 밖으로 나온 것에 대해서도 똑같은 일을 했다.

키스 스미스Keith Smith 중위는 소고기 스튜와 초콜릿 푸딩이 포함된 항공우주 식품의 영양 평가서에 '대변 샘플들은 (…) 균질화한 뒤 냉동 건조시켰고 두 번 분석했다'라고 썼다. 우리는 스미스 중령이 용기를 헷갈리지 않았기를 바랄 수밖에 없었다.

이 시기에 두 남자를 찍은 사진이 있다. 그들은 믿을 수 없을 정도로 비좁은 공간에서 수술복을 입고 다양한 바이털사인을 측정하는 모니터가 달린 허리띠를 매고 있다. 한 젊은 남자는 마치 2층 다리미판처럼 보이는 좁고 가는 2층 침대 아래 칸에 웅크리고 앉아 있다. 그의 왼손엔 아주 작은 케이크 같은 것이 들려 있고, 무릎 위 비닐봉지에는 주사위 모양의 음식들이 4층 이상으로 쌓여 담겨 있다. 그것이 바로 저녁 식사다. 코에는 관이 꽂혀 있다.

그의 룸메이트는 슈퍼맨의 클라크 켄트Clark Kent를 연상시키는 검은 테 안경을 끼고, 마이크가 달린 헤드셋을 쓴 채 콘솔 앞에 앉아 있다. 1965년에는 미래 지향적으로 보였을 콘솔이지만, 이제는 구닥다리로 보일 뿐이다. 사진에는 전혀 도움이 되지 않는 '우주 식품 직원, 1965~1969'라는 제목이 붙어 있다. 아마도 제목을 적은 사람은 '미니 샌드위치들이 심장박동수와 호흡에 미치는 영향을 실험하는 모습' 정도의 정보성을 가진 제목을 짓고 싶었지만, 그런 표현을 썼다가는 공군의 위엄에 손상을 입힐 거라 생각했던 것 같다.

대부분의 사진들은 영양사 메이 오하라May O'Hara와 쓸쓸한 미소를 짓고 있는 공군 병사들이 항공우주의학 대학교 실험실 안으로 들어가 해치를 닫기 전까지를 찍은 '실험 이전'의 사진들이다. 오하라는 일반적으로 생각하는 공군 영양사다운 외모, 즉 과체중도 저체중도 아닌 건강한 아름다움을 지녔지만, 공군 신병들의 심장박동수와 산소 흡수량에 심오한 영향을 미쳤을 것 같지는 않다. 오하라는 유능한 영양사였다. 군 통신사 기사는 그녀가 '30일이 넘는 동안 매일같이' 다양한 우주 식품의 수용 가능성에 대해 걱정한다고 전한 바 있다.

이성적인 의견을 제시하는 사람은 그녀뿐인 것 같았다. 주사위 모양의 음식들이 시큰둥한 평가를 받고 있음에도 불구하고 개발자들은 열성적으로 끈질기게 음식을 압착시켰다. 그들은 10초 동안 입속에 머금고 있어야 원상 복구되는 이런 건조식품이 일주일간

비행을 하는 군의 사기도 저하시킬 수 있다는 사실을 눈치 채지 못했다. 은퇴한 NASA 식품 과학자 찰스 벌랜드는 임무 수행 중, 주사위 모양의 샌드위치가 '흔히 되돌아오는 음식 중 하나'였다고 말한다(음식들이 몸 밖으로 역류되었다는 게 아니라, 착륙 후까지 우주선에 그대로 실려 있었다는 뜻인 것 같다).

나는 주중 오후에 점심을 먹은 직후, 텍사스에 있는 오하라의 집으로 전화를 걸었다. 그녀는 이제 70대다. 나는 그녀에게 무엇을 먹었는지 물었다. 전직 영양사답게 마치 식당의 메뉴를 말하는 듯했다.

"구운 소고기 치즈 샌드위치와 포도, 그리고 화채를 먹었어요."

나는 메이에게 항공우주의학 대학교의 실험 참가자들이 중도에 포기하고 연구실을 떠나거나, 한밤중에 햄버거를 사 먹으러 나갔다가 우주 선실 밖으로 추방된 일이 있었는지 물었다. 다행히 그런 일은 없었다.

"모두 아주 협조적이었어요."

메이는 대답했다. 우선 실험 참가자들은 기초 훈련을 면제받았다. 한 달 동안 음식 씹는 것 말고는 다른 육체적 노동이 없다는 점은 실험 참가자들의 마음을 확실히 움직였다. 게다가 자원한 대가로 그들은 공군 임무 배정 선택권을 가질 수 있었다.

항공우주의학 연구소 모의실험실의 자원자들은 인근에 위치한 데이턴 대학교의 대학원생들이었다. 아마도 그들이 돈을 받으며 실험에 임했기에 혹은 데이턴 대학교가 가톨릭 학교였기에, 참가자들의 행실이 대체로 좋았는지도 모른다. 하지만 성찬 예배를 드리지 못하는 것✖이 이따금 문제가 되었다. 어떤 참가자는 어찌나 흥분했던지 과학자들이 조항을 깨고 신부를 불러왔을 정도였다. 신부는 폐쇄회로 TV와 마이크를 이용해서 성찬 예배를 드렸다. 음식을 내주는 창구엔 소량의 포도주와 영성체용 과자가 놓였다. 아마도 그 맛은 실험실 식단과 비슷한 수준이었을 것이다.

어떤 실험 음식은 주사위 모양 음식보다 훨씬 더 낮은 점수를 받았다.

"아침, 점심, 저녁 모두 밀크셰이크였어요. 그리고 다음 날에도 아침, 점심, 저녁 밀크셰이크였죠."

항공우주의학 연구소 우주 선실 모의실험실을 책임졌던 장교 존 브라운의 말이다. 30일 동안 이 식단을 먹었던 참가자들은 1~9

✖　실제 우주선에서는 종교적 관습을 지키기가 훨씬 더 힘들다. 발사 중량 제한 때문에 버즈 올드린은 달에서 성찬 예배를 드리기 위해 '아주 작은 성체'와 골무 크기의 성배를 싸 가야만 했다. 무중력과 90분에 지구를 한 바퀴 도는 상황은 이슬람교도 우주비행사들에게 어찌나 많은 문제들을 일으켰던지 '국제 우주 정거장에서 이슬람식 예배를 드리는 가이드라인'이 만들어졌을 정도였다. 이 가이드라인은 이슬람교도 우주비행사들이 90분 주기로 지구를 한 바퀴 도는 동안 다섯 번 기도하도록 요구하는 대신, 발사 장소의 24시간 주기에 따라 기도하도록 허용했다. 기도 전 손발을 깨끗이 할 때는 '적어도 세 장'의 손수건을 사용할 수 있었다. 궤도를 도는 우주선에서 메카를 향해 기도를 시작한 이슬람교도는 기도가 끝날 무렵엔 메카에 엉덩이를 내보이고 있을 가능성이 컸다. 그래서 신도들이 지구든 어디든 아무 곳이나 향해서 기도할 수 있게 하는 조항들이 만들어졌다. 최근에는 무중력상태에서 하기 힘든 동작인 머리를 땅에 대고 엎드리는 기도를 대체할 방법들이 추가됐다. 예를 들어 '턱을 무릎 쪽으로 더 가까이 내리거나' '눈꺼풀을 자세 변화의 지표로 삼거나' 혹은 '어디든 아무 곳'을 향해 기도를 하는 것처럼 그저 기도 자세를 '상상하는' 방법이 그 예다.

까지 등급으로 음식을 평가했을 때, 평균적으로 3(적당히 싫다)을 주었다. 브라운은 내게 3은 아마도 1(매우 싫다)을 의미했을 거라고 귀띔했다.

"실험 참가자들은 질문자가 듣고 싶어 하는 대답을 설문지에 써놓았던 거죠."

어떤 실험 참가자는 자신과 동료 참가자들이 공급받은 음식을 선실 바닥으로 던져버리곤 했다고 브라운에게 고백하기도 했다. 밀크셰이크의 악평에도 불구하고, 연구자들은 자그마치 스무 가지의 다른 상용 액체 식품 조리법을 평가했다. 공군 기술 보고서를 읽은 적이 있는데 식용 종이의 바람직한 특징, 즉 '맛없고, 유연하고, 끈끈함'이 나열되어 있었다. 나는 바로 이것이 우주 식품 개발자의 특징이 아닐까 생각했다.

한편 항공우주의학 대학교에서는 노먼 하이델보^{Norman Heidelbaugh}가 자신이 고안한 액체 식품을 실험하고 있었다. 공군 보도자료는 그것을 '에그노그 식단'✖이라 불렀다. 메이 오하라는 그것을 '가루로 된 인슈어 음료'✖✖라고 표현했다.

"그건 정말로 받아들일 만한 수준이 아니었어요."

그녀는 평소와 다른 강한 어조로 말했다. 하이델보가 만든 액

체 식품이 정말 맛이 없었나 보다.

비록 영양학이 독특한 혈통을 가진 미각 고문자들을 끌어들이는 것처럼 보였지만, 여기엔 다른 힘들도 작용했다. 때는 1960년대였다. 미국인들은 문명의 편리함과 그것을 있게 한 우주 시대의 기술에 도취되어 있었다. 여성은 다시 일터로 돌아가고 있었고, 요리하고 집안일을 할 시간이 부족했다. 스틱 형태나 주머니에 담긴 음식은 신기하기도 했거니와 시간을 절약해주는 반가운 선물이었다.

이러한 사고방식의 변화 덕에 항공우주의학 연구소에서 가장 인기 없던 액체 식품이 오랜 시간 사랑받는 네슬레Nestle의 '아침 대용 파우더Carnation Instant Breakfast' 같은 제품으로 발전되기도 했다. 스틱 형태의 우주 식품도 처음엔 군의 실패작이었다. 공군은 '고공 급식을 위한 스틱형 식품'이라고 불렀으며, 원래 여압복 헬멧의 틈새로 쑤셔 넣을 수 있는 음식을 개발하다 만들어졌다.

"하지만 우리는 그것을 충분히 딱딱하게 만들 수 없었어요."

오하라가 말했다. 이후 필스버리Pillsbury 사가 스틱형 식품을 다시 상용화했다. 벌랜드는 필스버리 식품이 이따금 간식으로 우주비행사들과 함께 발사되기도 했다고 말한다. 영양 보충 스틱이라는 이름으로 올라가기도 하지만, 때로는 어느 누구도 속지 않을 '캐러멜 스틱'이라는 이름으로 올라가기도 한다.

스틱형 식품과 아침 식사 대용 음료를 만든 식품 회사들조차 미국의 일반 가정에서 이것들만 먹으리라고는 기대하지 않았다.

왠지 극단적인 영양학자들이 NASA의 견해에 영향을 미치고 있는 게 아닌가 하는 생각이 든다. 이들은 커피를 '탄소 화합물'이라고 불렀으며, '음식 토핑 전략'에 대한 교재를 집필한 사람들이기도 했다. 1964년에 열린 '우주에서의 영양 및 오물 문제' 학회에서, 액체 식품을 옹호하는 매사추세츠 공과대학교 영양학 교수 네빈 스크림쇼Nevin S. Scrimshaw는 이렇게 말했다.

"시간을 가치 있고 도전적인 일들로 채우는 사람들은, 삶을 풍요롭게 하고 의욕을 북돋워 주는 음식, 그중에서도 입속에 넣고 씹어야 하는 음식의 섭취를 굳이 필요로 하지 않습니다."

스크림쇼는 매사추세츠 공과대학교 실험 참가자들이 2개월 동안 저녁 식사로 액체 식품을 먹었으나, 아무런 불평이 없었다는 점을 증거로 내세웠다. 제미니의 우주비행사들은 주사위 모양 음식보다 더 끔찍한 음식을 먹을 운명을 간신히 모면했다. NASA의 에드워드 미셸Edward Michel은 같은 장소에서 이와 같이 말했다.

"제미니 프로그램에 액체 식품이 공식 식단으로 지정되길 희망합니다. (…) 비행 전과 비행 중, 그리고 비행 후 2주에 걸쳐 이 음식을 사용할 것입니다."

스크림쇼의 말은 틀렸다. 사람은 '반드시 입속에 넣고 씹을 음식을 필요로 한다.' 우주비행사에게 액체 식품을 먹게 하면, 그들은 고형 식품을 갈망할 것이다. 나는 아침 한 끼만 머큐리 시대의 튜브 음식을 먹었는데도 그랬다. 우주비행사들은 더 이상 튜브 음식을 먹지 않지만, 군 조종사들은 임무 수행 중 샌드위치를 벗겨 먹을 시간이 없을 때 튜브 음식을 먹는다.

네이틱에 위치한 미 육군 전투 급식 부서의 공학자이자 붙임성 좋은 성격의 비키 러버리지Vicki Loveridge는 조리 기술과 방법이 머큐리 시대 이후 거의 바뀌지 않았다고 말했다. 러버리지는 나를 네이틱으로 초대했다("댄 내트레스Dan Nattress가 21세기형 아침 식사로 튜브형 애플파이를 만들고 있어요.").

나는 개인적인 사정으로 네이틱을 방문할 수 없었지만, 그녀는 친절하게도 샘플 한 박스를 보내주었다. 그건 꼭 내 의붓딸 릴리의 유화물감처럼 보였다.

튜브형 음식을 먹는 것은 독특한 불안감을 유발한다. 인간이라는 생물체가 이용할 수 있는 두 개의 우수한 통제 시스템인 시각과 후각의 사용을 허용하지 않는다. 벌랜드는 우주비행사가 튜브형 음식을 싫어하는 까닭은 '자신들이 먹고 있는 것을 볼 수도 없고, 냄새를 맡을 수도 없기 때문'이라고 말해주었다. 또한, 음식의 질감 혹은 식품 기술 용어로는 '입에 닿는 느낌'이 불안감을 배가시킨다. 라벨에 '슬로피 조✖'라고 쓰여 있다면, 사람들은 재료가 잘 어우러진 샌드위치를 기대할 것이다. 그러나 네이틱의 튜브 음식에는 다진 고기의 특징을 전혀 찾을 수 없다. 그것은 퓌레다. 찰스

✖   슬로피 조(sloppy joe): 다진 쇠고기, 양파, 토마토소스, 우스터소스, 기타 양념으로 구성된 샌드위치를 햄버거 번(빵) 위에 얹어 먹는 음식-옮긴이

벌랜드의 말대로 모든 튜브 음식은 '튜브 입구 때문에 질감의 제한이 있는 탓에' 그럴 수밖에 없다.

최초의 우주 식품은 사실상 유아용 이유식이었다. 그러나 유아라도 숟가락을 이용한다. 머큐리호 우주비행사들은 알루미늄 구멍을 마치 젖을 먹듯 빨아 먹어야 했다. 전혀 영웅답게 보이지 않았다. 그러나 밝혀진 대로, 이 방식을 피하기가 어려운 것만도 아니었다. 메이 오하라는 숟가락과 펼친 용기도 음식이 '들러붙는 성질만 있다면' 무중력상태에서도 큰 문제가 안 된다고 말한다. 만약 음식이 충분히 두툼하고 축축하기만 하면, 표면장력에 의해 음식이 떨어져 나가거나 둥둥 떠다니는 일은 없을 것이다.

슬로피 조는 흡사 얼린 엔칠라다[*] 소스 같은 맛이 났다. 누군가가 분명히 당황한 나머지 라벨에 그저 '채식주의자'라고만 적어 놓은, 네이틱의 채식주의자용 요리도 약간 매운 맛이 나는 토마토 퓌레였다. 머큐리호의 우주비행사가 된다는 것은 구멍가게 소스 진열 통로에 갇힌 느낌일 것이다.

그러나 존 글렌의 역사적인 사과소스 튜브[**]와 조리법이 동일

[*] 엔칠라다(enchilada): 토르티야에 고기 등을 넣고 말아 매운 칠리소스를 뿌려 먹는 멕시코 음식-옮긴이

[**] NASA의 우주비행사가 먹은 최초의 음식이었지, 우주 최초의 음식은 아니었다. 소련인은 이 우주 경쟁에서도 승리를 거두었다. 애석하게도 글렌의 사과소스는 라이카의 가루 고기와 빵가루 젤라틴과 유리가가린의 이름 모를 스낵(가가린 박물관의 기록보관인 엘레나의 말에 따르면, "어떤 사람은 수프라고 하고, 어떤 사람은 퓌레라고 해요. 확실히 튜브 안에 뭔가가 들어 있긴 했나 봐요!")에 1등 자리를 내주고 말았다.

한 네이틱의 사과 소스는 제법 맛이 괜찮았다. 아마도 그건 익숙하기 때문일 것이다. 왜냐하면 보통은 사과소스가 당연히 퓌레처럼 만들어질 거라고 예상하기 때문이다.

초기 우주 식품의 문제점들 가운데 하나는 바로 생소함이었다. 춥고, 비좁고, 삭막하기까지 한 깡통을 타고 우주를 질주하고 있을 때는 뭔가 편안하고 친근한 것을 갈구하게 마련이다. 우주 식품으로 대중은 신기한 음식을 맛보는 기쁨을 얻었지만, 우주비행사들은 그런 신기함을 신물이 날 정도로 많이 경험해야 했다.

우주비행사들 사이에서는 때때로 저녁 식사와 함께 술을 마시면 좋겠다는 얘기가 있었다. 맥주는 비행 금지 품목이다. 중력이 없다면 탄산 거품이 표면으로 올라가지 않기 때문이다.

"그저 거품이 부글부글 생길 뿐이죠."

벌랜드가 말한다. 그는 코카콜라가 무중력 상태에서 음료를 딸 수 있는 기계를 개발하는 데 45만 달러를 들였지만, 생물학적 문제에 직면해 실패했다고 말했다. 탄산이 윗부분으로 올라오지 않기 때문에 우주비행사들이 트림을 하기 어려웠다.

"액체 분출과 함께 트림이 나오기도 했죠."

벌랜드가 덧붙인다.

벌랜드는 스카이랩에서의 식사에 와인을 곁들이려고 노력했지만 오래가지는 못했다. 캘리포니아 대학교의 포도주 양조학자들은 그에게 와인 대신 셰리주Sherry를 고려해 보라고 조언했다. 셰리주는 생산 과정에서 가열하므로 보관이 용이하다는 장점이 있기 때문이다. 와인 세계에서 셰리주는 저온 살균된 오렌지주스로 통한다. 유리병은 안전상의 이유로 우주선 탑재가 허용되지 않기 때문에 '폴 메이슨 크림 셰리'라는 셰리주를 비닐 주머니에 담아 푸딩 캔 속에 넣어 탑재하기로 결정했다. 이러한 조치는 줄어든 크림 셰리주의 매력을 더욱 제한하는 결과를 가져왔다.

우주여행을 하는 여느 새로운 기술과 마찬가지로, 셰리 캔 역시 무중력 실험을 위해 포물선 비행이 이루어졌다. 비록 포장은 잘되었지만, 그날 탑승한 어느 누구도 그 제품을 마시고 싶어 하지 않았다. 셰리주의 진한 냄새는 금방 선실 안을 가득 채워 포물선 비행 시 으레 일어나는 메스꺼움을 더 가중시켰기 때문이다.

"캔을 따자마자, 사람들이 구토 주머니를 움켜잡는 모습을 볼 수 있었죠."

벌랜드는 이렇게 회상한다.

이러한 시행착오에도 불구하고 벌랜드는 폴 메이슨 크림 셰리주 몇 상자를 구매하는 청구 주문서를 작성했다. 그런데 셰리주가 포장에 들어가기 직전, 누군가가 인터뷰에서 이에 대해 언급하는 사건이 벌어졌다. 이후 술을 먹지 않는 납세자들의 항의 편지가 NASA로 날아들기 시작했다. 결국 NASA는 캔에 든 크림 셰리주를 포장하고, 청구하고, 실험하느라 엄청나게 많은 돈을 썼음에도 불구하고 그 프로젝트를 취소했다.

설령 이것이 비행에 성공했다고 해도, 스카이랩의 셰리주는 정부가 병역 의무를 위해서 식량으로 보급한 최초의 알코올음료는 아니었다. 영국 해군의 경우 1970년까지 럼주가 배급품에 포함되어 있었다. 또한 1802~1832년까지 미국의 군 식량에는 하루치 식량의 소고기와 빵과 함께 럼, 브랜디, 혹은 위스키 두 잔 정도가 포함되어 있었다. 그리고 병사 100명당 비누와 700그램의 양초가 지급되었다. 양초는 조명으로 혹은 물물교환의 용도로 사용되었다. 아주 깔끔한 사람이라면 초를 녹여 소고기 샌드위치 표면을 코팅하는 데 사용할 수도 있었을 것이다.

초기 우주 식품의 비인간성이 전적으로 영양학자의 탓은 아니었다. 찰스 벌랜드는 액체 식품 보급자 노먼 하이델보의 이름 뒤에 붙는 'USAF VC'라는 약자를 지적하여 내가 간과했던 무언가를 일깨워 주었다. 하이델보는 공군 수의사 단체Air Force Veterinary Corps의 소속이었다. 우주비행사의 음식을 준비하는 사람들을 위한 229쪽짜리 안내서인 「항공우주 급식용Aerospace Feeding 음식의 제조 요건」의 편집자 중 한 명인 로버트 플렌지Robert Filentge 역시 마찬가지였다.

"당시 식품 과학자 중에는 군 수의사가 많았어요."

벌랜드가 말해주었다.

에어로비 원숭이 발사와 스태프 대령이 감속 슬레드를 연구했던 시기로 거슬러 올라가 보면, 당시 공군은 실험용 동물들을 보유하고 있었고 따라서 수의사들도 존재했다. 여기서 '수의사'라는 말이 부족하다면, '우주생리학을 지원하는 수의사'라고 풀어 쓸 수도 있겠다.

1962년, '미 공군 수의사에게 한계는 없다!'라는 기사에서 알 수 있듯이, 그들의 책임에는 '식품을 실험하고 제조하는 것'도 포함되었다. 섭취 대상은 처음에는 동물이었고 결국에는 우주비행사들까지 확대되었다. 우주 승무원에게는 나쁜 소식이었다.

연구용 동물이나 가축의 급식을 담당하는 수의사들은 세 가지 주제에 관심이 있었다. 바로 비용 절약, 사용의 편의성, 건강 문제 발생 예방이다. 원숭이나 소가 그들이 만든 음식을 좋아하는가의 여부는 전혀 관심 밖이었다. 이 점이 바로 버터스카치 맛 액체 식품과 압축된 콘플레이크, 땅콩 크림 큐브 같은 음식들이 생겨난 배경이다.

"수의사들은 말했어요. '동물에게 먹이를 줄 때는, 그저 먹이 주머니를 잘 섞어 내용물을 꺼내주면 됩니다. 이렇게 하면 동물은 필요한 모든 영양분을 얻어요. 하지만 우주비행사에게는 왜 그렇게 하면 안 되는 거죠?'라고요."

실제로 수의사들은 그렇게 했다. 노먼 하이델보가 1967년에 제출한 기술 보고서, 「알 모양 식품의 소량 제조법」이 그 증거다. 하이델보는 우주비행사 사료를 만들었다! 이 음식에 중량을 기준으로 가장 많이 들어가는 재료 두 가지는, 커피메이트 '분말 크림'과 포도당/엿당이었다. 이는 알 모양 식품이 '매우 맛있다'는 수의사들의 주장에 의문이 들게 한다. 이번에도 맛은 수의사들의 최우선 관심사가 아니었다. 최우선 관심사는 중량과 부피였다. 하이델보는 이러한 기준에 가장 부합하는 최고의 음식을 만든 것이다.

약 606세제곱센티미터의 정육면체 음식에서 대략 2,600킬로칼로리, 즉 260만 칼로리를 제공할 수 있다면 열량 밀도는 충분할 것이다.

1964년, 캘리포니아 대학교 버클리 캠퍼스의 양계학과 교수인 새뮤얼 렙콥스키Samuel Lepkovsky가 제안한 방법을 읽어본다면, 하이델보의 공간 절약 방법이 극단적으로 들리지만은 않을 것이다. 렙콥스키는 자신이 미치광이 같은✶ 말을 지껄이고 있다는 사실을 모른다는 듯 이야기를 이어간다.

만약 살찐 우주비행사를 찾을 수 있다면, 그러니까 20킬로그램의 지방을 가진 뚱뚱한 우주비행사는 (…) 18만 4,000칼로리의 비축 열량을 갖고

✶ 미안, 내 말은 혁신적이라는 뜻이다. 본문에 사용한 표현은, 1985년 캘리포니아 대학교 버클리 캠퍼스의 부고란에 실린 렙콥스키의 부고 기사를 쓴 사람이 사용한 수식어다. 여기서 우리는 렙콥스키가 닭의 뇌 지도집을 최초로 공동 집필했으며 '수십만 리터의 우유'에서 리보플라빈을 분리시킨 사람이라는 것을 알아두자. 덧붙이자면, 그는 춤추기와 아마추어 주식시장을 분석하는 것을 좋아했으며, 유제품 선물거래로 높은 수익을 냈다.

있는 셈이다. 이 정도라면 90일 동안 매일 2,900칼로리 이상을 스스로 공급할 것이다.

다시 말해, 식량을 전혀 싣지 않고 미션을 수행할 수 있다면 그만큼 로켓의 연료도 절약될 것이라는 얘기다.

임무를 수행하는 동안 우주비행사들을 쫄쫄 굶긴다면 앞서 밝힌 NASA의 또 다른 걱정인 '오물 관리' 문제도 해결될 것이다. 배설물 주머니를 사용하는 것은 대단히 불쾌했을 뿐만 아니라, 최종 산물의 지독한 냄새는 귀중한 선실을 가득 채웠다.

벌랜드는 말한다.

"우주비행사들은 음식을 먹지 않고 알약만 먹고 싶어 했어요. 그들은 언제나 그 이야기를 했지요."

식품 과학자들은 이를 시도했지만 실패했다. 우주비행사들의 대비책은 끼니를 거르는 것이었다. 음식 주머니 안에 무엇이 들어 있는지 안다면 어느 정도 배고픔을 견딜 수 있었다.

짐 러벨과 프랭크 보먼은 제미니 7호 캡슐에 14일 동안 갇혀 있었다. 단식은 더 이상 실행 가능한 오물 관리 전략이 아니었다("프랭크는 9일 동안 화장실에 가지 않고 버텼던 것 같아요." 짐 러벨은 NASA의 육성 기록에서 이렇게 남겼다. 그 시점에서 프랭크 보먼이 말했다. "짐, 이제 그것도 끝이야. 난 볼일을 봐야겠어." 러벨이 대답했다. "프랭크, 좀 참아봐. 이제 여기서 지낼 날도 5일밖에 남지 않았어!").

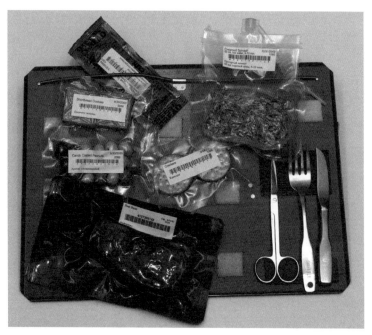

진공포장된 우주 식품

NASA의 새로운 임무는 작고 가벼울 뿐만 아니라 '배설물이 적은' 음식을 개발하는 것이다. '머큐리와 제미니 같은 단기 임무를 수행하는 비행에서는 장운동이 별로 없었다'라고 보먼은 회고록에 적었다.

그럼 이제 우리가 잠시 잊고 있었던 가상 우주비행사들에게로 돌아가 보자. 「실험 음식과 가상 우주 상황이 인체의 배설물 성질에 미치는 영향」이라는 제목의 기술 보고서 AMRL 66-147은, 항공우주의학 연구소 모의실험실에서 러벨과 보먼의 대역을 맡은 네 남자의 고통스러운 14일을 상세히 상술한다. 최초로 실험된 음식들은 모두 주사위 모양으로 만들어진 악명 높은 음식이었다. 미니 샌드위치, 한입에 쏙 들어가는 크기의 고기, 아주 작은 디저트 등 인형놀이 주방에서나 나올 법한 음식들이었다.

주사위 모양 음식은 소화불량을 일으키는 주범이었다. 음식 표면에 입혀지는 코팅은 돼지기름 대신 야자유(팜유)를 사용했다. 야자유는 거의 소화되지 않은 상태로 장을 통과해 젊은 조종사에게 지방변증✖을 일으켰고 우리에게는 새로운 어휘를 선사했다. 샌안토니오 지역 신문인 〈샌안토니오 익스프레스San Antonio Express〉✖✖의

✖   지방변증: 지방변증이란 대변에 과량의 지방이 존재하는 상태-편집자
✖✖   우주 모의실험실의 음식 실험은 브룩스 공군기지가 있는 샌안토니오에서 대단한 뉴스거리였다. 이 신문의 기사 외에도 〈샌안토니오 라이트San Antonio Light〉 역시 기사를 실었다. 기사 옆에는 당시 미국의 선두적인 보험회사였던 블루 크로스/블루 실드Blue Cross/Blue Shield의 광고 문구 '힘내라. 샌안토니오! 우리 모두 1등이 되자!'가 실려 있다. 못 믿겠다면, 난 사본을 보내줄 용의가 있다.

기사를 인용하면, 지방변증은 '궤도를 도는 우주선에서의 능률적인 임무 수행을 방해하는 위장 효과들을 발생시켰다. 리포터는 말을 삼가고 있었지만, 기술 보고서는 그것을 똑똑히 설명했다. 기름기가 많은 대변은 냄새가 지독할뿐더러 지저분하다.

공식적인 표현은 '죽같이 흐물거리지만 액체는 아닌 것'인데, 실험 참가자들이 가장 흔히 사용하는 말이기도 했다. 그들은 매일 매일 자신의 배설물을 조사하고 점수를 매겨야 했기 때문에 고통은 더욱 가중되었다.

보고서는 변실금에 관해서는 언급하지 않았지만, 나는 기꺼이 말할 수 있다. 만약 올레스트라^{Olestra}✖나 주사위 모양 우주 음식의 코팅제 때문에 똥에 기름기가 생겼다면 일부는 밖으로 새어 나올지도 모른다. 한 벌의 속옷으로 2주간 우주비행을 해야 하는 상황이라면 항문에서 새어 나온 똥은 재앙이나 마찬가지다.

또한 액체 식품 가운데 하나인 '42일간의 밀크셰이크'도 실험되었다. 액체 식품은 '배설물 방출 빈도' 뿐만 아니라 똥의 부피도 줄여줄 거라는 가정에서 시작되었다. 만약 음료를 마신다면 똥이 아니라 오줌을 누게 될 거라고 예상했던 모양이다. 그러나 그렇지 않았다. 음료 안에 녹아 있는 섬유소 때문에 배변 양(신이시여, 용서하소서)이 엄청났으며, 심지어 어떤 참가자는 두 배 이상 배출하기

✖   올레스트라(Olestra): 저칼로리에 콜레스테롤을 함유하지 않은 지방 대체품−옮긴이

도 했다.

얄궂게도 우주비행사의 '배설물'을 최소화하고 싶었다면, 정확히 그가 먹고 싶어 하는 음식인 스테이크를 먹였어야 했다. 동물성 단백질과 지방은 지구상의 어느 것보다도 소화율이 가장 높다. 고기는 잘게 자를수록 소화 흡수도 더 잘 된다. 배출할 게 거의 없을 정도까지 말이다.

"최고급 소고기와 돼지고기, 닭고기, 생선의 경우 소화율이 거의 90퍼센트에 달해요."

일리노이 대학교 어바나-샴페인 캠퍼스의 동물 영양 과학과 교수인 조지 파히George Fahey는 지방은 94퍼센트까지 소화될 수 있으며, 등심 스테이크 300그램에서는 이제스타✖가 약 28그램밖에 발생하지 않는다고 말한다. 최고의 식품은 달걀이다. 1964년에 열린 '우주에서의 영양 및 오물 문제' 학회의 토론자였던 프란츠 잉겔핑거Franz J. Ingelfinger는 이렇게 기록한 바 있다. '완숙된 달걀만큼 완전히 소화되고 흡수되는 음식은 없다'라고 말이다. 이것이 바로 NASA의 전통적인 발사일 아침 식사로 스테이크와 달걀을 제공하

✖ 이제스타(egesta, '배출물'이라는 뜻)는 '똥'을 가리킨 것으로, 내가 좋아하는 새로운 완곡어다. 이는 이젝토(ejecto, '분출하다'는 뜻의 영어에서 기원한 변기 브랜드-옮긴이)나 토토(또 다른 변기 브랜드-옮긴이)보다 훨씬 더 좋은 이름이다. 도대체 누가 변기에다가 애완견의 이름을 붙였을까? 시츄라면 몰라도. 나는 시츄 변기를 살 용의가 있다(시츄Shih-tzu의 Shit은 영어 단어로는 '똥'이라는 의미를 갖고 있다-편집자).

는 이유 중 하나다.✖ 우주비행사 입장에서는 복장을 완전히 갖춰 입은 채 여덟 시간, 혹은 그 이상을 드러누워 있을지도 모르는데 이륙 전 아침 식사로 시리얼을 먹고 싶은 사람은 없을 것이다(전통적으로 소련 항공우주국은 이륙 전 우주비행사들에게 스테이크와 달걀을 주지는 않았다. 대신 그들에게 관장제 1리터를 주었다).

동물 영양학 교수이자 배설물 전문가 파히는, 애완동물 식품 산업의 고문을 맡고 있다. NASA가 함께 일해야만 하는 동물 과학 전문가는 공군의 수의사가 아니라 바로 이들이다. 애완동물 식품 제조자의 최우선적 관심사 두 가지는 '맛'과 '배설물의 특질'이다. 즉, 그들은 밥그릇을 깨끗하게 비우고, 거실 카펫을 깨끗하게 유지하는 것에 관심이 많다. 무엇보다도 주인들은 애완동물이 좋아할 것 같은 음식을 먹이고 싶어 한다. 나는 이것 또한 NASA의 목적과 같다고 생각한다. 파히가 뜻밖에 농담을 하며 말했다.

"다음으로 신경 쓰는 것은 배설물의 굳기에요. 딱딱한 배설물이 나와야 해요. 그래야 집어서 처분하기가 쉬우니까요. 제미니와 아폴로호 우주비행사들의 질척한 배설물은 우리가 원하는 결과물이 아니랍니다."

✖ 우주비행사는 스테이크와 달걀만 먹고 살 수 있을까? 좋지 않은 생각이다. 콜레스테롤 문제는 차치하더라도, 비타민 섭취가 절대적으로 부족하게 될 것이다. 파히는 심지어 들개조차 단백질만 먹고 살지는 못한다고 지적했다. '들개는 먹잇감 사냥 후 스모가스보드smorgasbord(여러 가지 음식을 한꺼번에 차려놓고 원하는 만큼 덜어 먹는 스웨덴의 전통적인 식사 방법-편집자)를 한다. 그것은 스웨덴 가정집과는 방식에 차이가 있다. '들개는 보통 위장 속에 들어 있는 내용물부터 먹는다.' 먹잇감은 보통 풀을 먹고 사는 초식 동물이기 때문에 위장은 그들의 채소 반찬인 셈이다.

또한 애완동물 식품 제조자들은 '배설물 방출 빈도'를 낮춘다는 초기 우주 식품 과학자들의 목적도 공유한다. 아파트에 사는 개는 주인이 출근하기 전 아침과 저녁 하루 두 번의 외출 기회를 갖는다.

파히는 말한다.

"개들은 여덟 시간 동안 배설을 참을 수 있어야만 해요."

이런 상황은 개나 발사대에 선 우주비행사나 별반 다를 게 없어 보인다. 우주비행사들도 배설 주머니와 맞닥뜨리기 전까지 가능한 한 오랫동안 배설을 참고 싶을 것이다.

방출 빈도를 줄이는 다른 방법은 온화한 성격의 우주비행사를 선발하는 것일 수도 있다. 활동적인 개는 신진대사도 빠르다. 음식이 충분히 소화되기도 전에 배출된다. 사냥개는 천성적으로 흥분하기 쉬워서 배설물이 질척해지는 경향이 있다. 게다가 먹이를 빨리 먹는 습성이 있어서 덜 씹고 더 많이 삼키게 된다. 이렇게 되면 문제가 발생한다. 음식이란 덜 씹을수록 소화되지 않은 채 배설되는 양이 많아지기 때문이다.

파히라면 초기 우주비행사들에게 어떤 음식을 제공했을까? 그는 탄수화물인 쌀을 추천했다. 쌀은 모든 탄수화물 중에 가장 찌꺼기가 적다(이 때문에 애완동물 식품 제조 회사인 퓨리나[Purina]에서는 '양고기와 감자'가 아닌 '양고기와 쌀'을 만든다). 또한 파히는 우주비행사 식단에 신선한 과일과 채소는 넣지 않을 것이다. 이것들은 배설 양도 많게 하거니와 방출 빈도도 잦게 만든다. 그렇다고 찌꺼기나 섬유소가 전혀 없는 가공식품만 먹인다면 변비에 걸릴 것이다. 변비는 비행 길이에 따라 이상적일 수도 있겠다.

프란츠 잉겔핑거는 이렇게 적었다. '단기 비행에 중점을 두고 있는 현재 상황에서, 오물 처리 문제에 대한 가장 실질적인 해답은 우주비행사들을 변비에 걸리게 하는 것이라고 확신한다.'

소고기 샌드위치 사건 12년 후, 우주비행사 존 영은 온 국민이 지켜보는 뉴스에서 다시 한 번 소속 기관을 망신시켰다. 영은 아폴로 16호의 동료 승무원 찰리 듀크와 함께 달 착륙선 오리온에 앉아 있었다. 그건 우주로 나가 암석들을 수집한 다음 날이었다. 무선으로 우주비행 지상관제 센터에 보고하는 동안, 영이 불쑥 말했다.

"내가 또 방귀를 뀌었어. 또 뀌었다고, 찰리. 그들이 무슨 음식을 준 건지 모르겠어. (…) 아무래도 위산 때문인 것 같아."

칼륨 부족으로 승무원들이 심장 부정맥 증상을 보였던 아폴로 15호의 선례에 따라, NASA는 칼륨이 첨가된 오렌지주스와 자몽주스, 그밖에 감귤류 주스를 메뉴에 넣은 상태였다.

영은 계속해서 방귀를 뀌었고 말도 멈추지 않았다. 임무 필기록에 그 모든 내용이 실려 있다.

"내 말은, 지난 20년 동안 이렇게 많은 오렌지를 먹어본 적이 없었다는 거야. 한 가지 장담하지. 남은 12일 동안은 이걸 절대로 다시는 먹지 않겠어. 그들이 만약 내 아침 식사에 칼륨을 넣겠다고 하면, 다 토해버릴 거야. 나도 오렌지를 이따금씩 먹는 건 좋아해. 정말이야. 하지만 내가 만약 오렌지들 속에 파묻히게 된다면 정말 돌아버리고 말거야."

잠시 뒤, 우주비행 지상관제 센터가 영에게 훨씬 더 난감한 말을 전해왔다.

캡컴(지상기지의 우주선 교신 담당자): 오리온, 휴스턴이다.

영: 네.

캡컴: 알겠네. 마이크가 계속 켜져 있었어.

영: 앗. 이게 얼마나 오랫동안 켜져 있었던 거죠?

캡컴: 자네가 투덜거리는 내내 켜져 있었네.

이번에 화가 난 것은 의회가 아니었다. 영의 발언이 언론을 강타한 후, 플로리다 주지사는 플로리다주의 주요 농작물을 변호하는 성명서를 냈다. 찰리 듀크는 회고록에서 이 사건에 대해 이렇게 말한다.

문제의 원인은 우리의 오렌지주스가 아닙니다. 그것은 플로리다에서 나지 않는 인공 대체품입니다.

사실, 문제의 원인은 오렌지주스가 아니라 칼륨이었다. 1964년에 열린 '우주에서의 영양 및 오물 문제' 학회에 참가한 또 다른 토론자인 미국 농무부 위장 내 가스 연구자 에드윈 머피Edwin Murphy의 말을 인용하자면, 오렌지주스는 '위장에 가스를 차게 하는 정도'가 낮다.

머피는 실험 참가자 직장에 도관을 연결해 가스가 측량 장치 안으로 들어가도록 설치한 후 '실험용 콩 식사'를 그들에게 제공하며 연구한 결과를 보고했다. 그는 위장 내 가스의 총 부피뿐만 아니라, 가스 성분 함량 차이에도 관심이 있었다. 장에서 기생하는 박테리아가 각각 다르기 때문에 인구 절반은 스스로 메탄을 생산하지 못한다. 그런 사람들은 우주비행사로서 매력적인 요소를 갖고 있다. 메탄은 냄새는 없지만 인화되기 쉽기 때문이다(메탄은 도시가스의 주요 성분이다).✶ 머피는 NASA의 우주비행사 선발 위원회에 독특한 제안을 했다.

폭발성이 있는 메탄이나 수소를 거의 혹은 전혀 만들지 않는 사람 중에서 우주비행사를 뽑을 수 있다. 그리고 황화수소나 다른 악취 나는 가스 성분들을 아주 적게 생산하는 사람들 가운데서 선발할 수도 있다. (⋯) 더욱이 같은 중량의 음식이라도 가스가 차는 정도가 개개인마다 다르기 때문에,

---

✶   만약 당신이 메탄을 만드는 나머지 50퍼센트의 인구에 속해 있다면, 인간 점화용 불씨 놀이를 할 수 있다. 사람의 가스가 나올 때 성냥을 갖다 대면, 불이 붙어서 파랗게 타는 것을 볼 수 있다.

장에 탈이 나지 않고 가스 형성에 높은 저항성을 보이는 사람들을 우주비행사로 선발할 수 있다.

머피는 연구 중에 이상적인 우주비행사 지원자를 만난 적이 있다. 그 실험 참가자는 100그램의 건조된 콩을 섭취하고도 가스를 전혀 만들지 않았다. 추가 연구가 필요할 만큼 흥미로운 사례였다.

이는 가스가 가장 많이 나오는 시간(콩을 섭취하고 5~6시간 뒤) 동안 시간당 한 컵에서 많게는 거의 세 컵 분량의 가스를 배출하는 평균적인 장과는 전혀 달랐다. 가스를 많이 배출하는 상위 그룹은 콜라 두 캔 정도의 방귀를 만들어낸다. 창문도 열 수 없는 좁디좁은 공간에서는 꽤 심각한 문제다.

NASA는 체질적으로 가스가 차지 않는 사람을 모집하는 대신 소화기관을 멸균시켜 '가스를 만들지' 않게 하는 방법을 대안으로 내놓았다. 머피는 항균제를 복용하고 있는 실험 참가자에게 악명 높은 콩 음식을 먹였고, 그 사람의 가스 배출량이 50퍼센트 미만으로 배출한다는 사실을 발견했다.

NASA가 실제로 택한 이성적인 방법은 그저 가스를 많이 만드는 음식을 피하는 것이었다. 아폴로 시대 전반에 걸쳐 콩과 배추,✗

✗ 한국 최초의 우주비행사 이소연이 국제 우주 정거장에 방문했을 때, 배추는 김치라는 형태로 다시 등장했다. 우주에서 먹을 수 있는 김치를 개발 중인 이주운 박사는 한국원자력연구원 소속으로, 그곳의 과학자들은 장내의 김치 분열로부터 얻은 에너지의 활용 방법을 개발하고 있다. 김치 없이 못 사는 한국인이라면 꼭 개발에 성공해야 할 것이다.

꼬마 양배추, 브로콜리는 금지 품목이었다. "콩은 우주왕복선 때까지 사용되지 않았지요"라고 찰스 벌랜드는 말한다.

콩이 식단에 등장한 것을 환영한 사람들이 있는데, 맛있기 때문만은 아니다. 특히 승무원 전원이 남성으로 이루어진 비행일 때 무중력 방귀는 아주 인기 있는 오락거리였다. 나는 우주비행사들이 방귀를 마치 로켓 추진제처럼 사용한다는 이야기를 들은 적이 있다. 로저 크라우치의 표현을 빌리자면, '중간 갑판을 향해 자신의 몸을 발사시킨다'는 얘기다. 그는 그런 이야기를 들은 적은 있지만 회의적이었다. 그는 이메일을 통해 '가스의 배출량과 속도는 사람 무게에 비해 아주 작아요'라고 말했다. 따라서 방귀가 80킬로그램이 나가는 우주비행사를 가속시키기에는 역부족이라는 것이다. 크라우치는 폐는 약 6리터의 공기를 품고 있지만, 날숨은 어떤 방향으로도 우주비행사를 추진시키지 못한다고 지적한다. 반면에 우리가 머피 박사에게 배운 것처럼, 방귀는 기껏해야 탄산음료 세 캔 정도의 공기밖에 포함되지 않는다.

물론 보통 사람의 방귀라면 말이다. '나의 유전자는 소화 부산물을 배출하는 뛰어난 능력을 나에게 주었어요.' 크라우치는 이렇게 썼다. '그래서 이걸 시험해 봐야겠다는 생각이 들었죠. 하지만 정말로 크고 빠르게 배출된 방귀라고 생각했는데도 내 몸은 별로 움직이지 않았어요.'

크라우치는 자신의 실험이 '가스가 팬티를 통과할 때 일어나는 작용반작용' 때문에 방해를 받아 실패한 게 아닌가 추측했다. 실망스럽게도 그의 두 번의 비행은 모두 혼성 팀이었으므로, 크라우치는 '발가벗고' 다시 시도해 보고 싶은 생각이 들지 않았다. 그는 플로리다의 케네디 우주 센터로 가서 다른 우주비행사들의 정보를 수소문해 보겠다고 약속했지만, 지금까지는 아무도 비밀을 털어놓지 않았다.

최근 수십 년 동안 우주 식품은 더욱 정성스럽고 좀 더 정상적인 형태로 발전했다. 국제우주정거장에는 많은 저장실이 있어서 음식이 더 이상 압축되거나 건조될 필요가 없다. 요리들은 비닐 주머니에 밀봉시켜 열처리를 한 다음, 서류 가방처럼 생긴 작은 장치 속에서 재가열한다.

찰스 벌랜드는 2010년『우주비행사의 요리책Astronaut's Cookbook』이라는 훌륭한 책을 출간했다. 만약 주방에 '내셔널 스타치 앤드 케미컬National Starch and Chemical 사의 150가지 필링'과 '이템 푸드 Eatem Food 사의 캐러멜이 첨가된 마늘 수프 #99-404'가 있다면 최첨단 우주왕복선 시대의 85가지 요리와 반찬을 신속하게 만들 수 있다.

그러나 화성 임무가 시작되면, 우주 음식은 또다시 이상해질 수도 있다.

CHAPTER 16

준비 완료 발사!

극한 생존, 그럼에도 우리가 화성에 가야 하는 이유

진정으로 과장 없이 말하건대, 오늘 NASA 에임스 연구 센터 카페 테리아 점심 식사 중 최고 메뉴는 오줌이다. 그것은 말갛고 달달하지만, 사람들이 맑고 달콤하다고 하는 산속 계곡물과는 다른 맛이다. 오히려 옥수수 시럽 맛에 더 가깝다. 오줌은 삼투압으로 염분이 제거되었다. 근본적으로는 농축 설탕 용액과 분자를 교환한 상태다. 오줌은 짜기 때문에(NASA 에임스의 고추보다 덜 짜기는 하지만) 갈증을 없애려고 마셨다가는 정반대의 효과를 얻게 될 것이다.

그러나 일단 소금을 처리하고 맛없는 유기분자들을 활성탄으로 거르고 나면, 오줌은 원기 회복에 좋은 훌륭한 건강 음료로 변신한다. 나는 '전혀 거부감이 들지 않는'이라는 수식어를 붙이려 했지만 정확한 표현은 아니다. 사람들은 거부감을 느낀다. 그것도 아주 많이 불쾌해한다.

"냉장고에 오줌이 들어 있다는 생각만으로도 속이 울렁거려."

남편 에드가 말했다. 나는 어제 배출한 오줌을 숯과 삼투압 주머니에 통과시킨 후 유리병에 담아 냉장고에 넣어둔 상태였다. 에임스에서 점심으로 먹을 생각이었기 때문이다. 나는 거부감이 들만한 것은 모두 걸러졌으며, 우주비행사들은 처리된 오줌을 기꺼이 마신다고 대답했다. 에드는 콧구멍을 벌름거리며 자신이 그것을 마시려면 '세상이 종말을 맞은 상황'이어야 할 거라고 단호하게 말했다.

에임스에서 셔윈 곰리Sherwin Gormly와 점심을 함께 먹었다. 그는 국제우주정거장에서 오줌을 재활용하는 장비의 설계를 돕던 폐수 엔지니어다. 언론에 '오줌 왕'으로 알려져 있으나 그는 별로 신경 쓰지 않는다. 그보다 자신이 과대망상에 빠진 독재자의 힘을 피해 무기급 플루토늄을 저장하기 좋은 장소로 달을 지목한 사람으로 알려져 있다는 것에 신경 쓰고 있다. 그것은 진지한 제안이 아니었다. 그저 한가한 공상이었던 것뿐이다. 그들이 에임스에서 하는 일이 바로 그런 것이기 때문이다. 에임스의 NASA는 존슨 우주 센터의 NASA와는 조금 다른 특별한 곳이다.

"우리는 에임스의 두뇌 집단이에요. 괴짜들의 모임이라고 할까요."

카고 바지에 라벤더 빛깔의 셔츠 차림을 한 곰리가 말한다. 옷

차림이 특별히 튀는 것은 아니지만, 내가 존슨 우주 센터를 네 번이나 방문하는 동안 그런 차림을 한 사람을 한 번도 보지 못했다. 곰리는 건강한 체구에 구릿빛으로 잘 그을린 피부를 갖고 있다. 금발의 짧은 상고머리 사이로 흰머리가 살짝살짝 보이고, 눈썹이 아무렇게나 삐죽삐죽 자라나 있긴 하지만, 언뜻 봐서는 나이를 가늠하기가 어렵다.

우리가 화성에 착륙하는 것은 2030년대가 될 예정이지만, NASA 직원들의 머릿속에서는 그 생각이 항상 떠나지 않는다. 지난 5년간 달 기지를 위해 해왔던 일들은 화성을 목표로 꿈꿔온 것이다. 가장 혁신적인 물건 대부분이 에임스에서 나왔다. 그렇다고 전부 다 우주선에 실리지는 않을 것이다. 곰리는 말한다.

"우리가 생각해낸 어떤 것도 몇 가지 실험을 통과하기 전에는 우주로 갈 수 없어요."

만약 당신이 이런 말을 듣는다면, 셔원 곰리가 주는 어떤 물건이라도 한번 실험해 보는 것이 좋을 것이다.

우주선을 화성에 착륙시키는 일은 이미 과거의 도전이 되었다. 항공우주국들은 지난 30년간 화성으로 착륙선들을 발사해 왔다(일단 우주선이 우주로 나가기만 하면 속도를 늦출 공기 저항이 없다는 사실을 기억하라. 따라서 더 이상의 로켓 추진력 없이도 우주선은 진공을 뚫고 계속 날아간다. 작은 경로 수정을 제외하곤 말이다. 우주선은 보통 화성까지 동력을 쓰지 않고 저절로 날아간다. 그 말인즉슨 화성 착륙과 귀환에 필요한 연료만 있으면 된다는 뜻이다). 360킬로그램의 착륙선을 화성까지 가속시킬 정도의 힘을 가진 로켓과, 대여섯 명의 사람과 그들이 2년 이상 사용할 공급품을 싣고 화성까지 가는 로켓은 완전히 차원이 다른 수준의 기술이다.

항공우주 과학자들이 달 착륙 다음 단계가 유인 화성 임무가 될 거라고 예상하던 1960년대, 에임스 스타일의 기상천외한 생각들이 활발히 논의되었다. 3,600킬로그램의 식량을 발사시키는 대안으로 식량 전체 혹은 그 일부를 선상 온실에서 재배하는 방법을 생각한 것이다. 그러나 1960년대 초에는 육류가 저녁 식사에서 거의 빠지지 않았다. 이 때문에 우주 영양학자들은 무중력상태에서 가축을 키우는 가능성에 대해 아주 잠깐 호기심을 가진 적이 있다.

"화성이나 금성에 어떤 동물을 데려가야 할까요?"

1964년에 열린 '우주에서의 영양 및 오물 문제' 학회에서 축산학과 교수 맥스 클라이버Max Kleiber는 이렇게 물었다. 클라이버는 축산학에 관한 포용적인 시각을 갖고 있었다. 소, 양은 물론 쥐와 생쥐도 고려했다. 무중력 도살과 분뇨 관리 같은 골치 아픈 계획은 다른 사람에게 맡겼다. 그는 신진대사 전문가였기 때문이다.

그는 오직 무게와 사료 소비가 적으면서도 가장 높은 칼로리를 인간에게 제공하는 동물이 무엇인지 알고자 했다. 두세 명의 화성 우주비행사에게 소고기를 대접하기 위해서는 '500킬로그램이 나가는 수송아지 한 마리 정도는 우주로 데려가야 한다.' 하지만 생쥐의 경우 고작 42킬로그램(약 1,700마리의 생쥐)에서 동일한 양의 칼로리를 얻을 수 있다. 그의 논문은 '우주비행사는 소고기 스테이크 대신에 생쥐 스튜를 먹어야만 한다'라고 결론 내렸다.

마틴 마리에타Martin Marietta 사(록히드Lockheed 사와 합병하기 전에)의 워프D.L.Worf도 이 학회에 참석했다. 워프는 기상천외한 아이디어를 생각해낸 다음에 실제로 먹는 발상을 했다.

"어쩌면 음식 역시 기술에 의해 만들 수 있을지 모릅니다. 여기서 말하는 기술이란, 플라스틱의 구조와 모양을 바꿔 이용하는 그런 기술을 말합니다."

워프는 이런 생각을 음식을 담는 용기에 제한을 두지 않고, 귀환 준비를 할 때 버려지거나 남겨지는 우주선 구축물도 포함시켰다. 다시 말해, 아폴로 11호의 승무원들이 착륙선 모듈을 달에 버리지 않고 모두 해체해서 챙긴 다음, 귀환 도중에 먹는다는 이야기다. 그렇게 되면 애초에 싣고 갈 식량이 더 줄어들 것이다. 워프는 연료 탱크, 로켓 엔진, 그리고 장비 포장재가 포함된 우주 귀환 메뉴를 구상했다. 물론 여기엔 디저트를 위한 워프의 아이디어 '투명한 설탕을 창문으로 사용하는 방법'이 포함되었다.

만약 칼 클라크Carl Clark 박사의 종이 요리를 시식해본 사람이라면, 워프의 달걀-알부민(단순 단백질의 하나)이 가득한 종이 아침 식사에 대해서 불평할 일은 없을 것이다. 해군 생화학자인 클라크는 1958년 〈타임〉지에 실린 장기 우주비행에 관한 기사에서, 비타민과 미네랄이 첨가된 설탕물 주요리를 '걸쭉하게 만들기 위해' 우주비행사들에게 나무 펄프 종류인 종이를 잘게 조각내어 넣을 것을 제안했다. 클라크가 갈가리 찢긴 종이를 감칠맛을 내는 양념으로 생각했는지, 모양을 고르게 할 재료로 생각했는지, 서류 보안 방법으로 생각했는지는 알 수 없다.

'만약 상상력을 발휘한다면(그리고 워프라면 분명히 그랬겠지만)' 우주비행사는 자신들의 더러워진 옷도 먹을 수 있었다. 워프는 '남자 네 명으로 이루어진 우주선에서 세탁 시설을 이용할 수 없다면, 90일간의 비행 동안 대략 54킬로그램의 옷이 버려질 것'이라고 추측했다(서원 곰리의 큰 공으로 그들은 이제 세탁 시설을 이용할 수 있다). 3년간의 화성 임무라면 버려질 빨랫감(음식)이 650킬로그램에 이른다.

워프는 이미 여러 회사가 콩과 우유 단백질에서 섬유를 뽑아 옷을 만들고 있으며, 미 농무부는 '우주선이라는 통제된 환경에서 식량으로도 충분히 수용할 수 있는 달걀흰자와 닭 털로 만든 섬유를 준비해 왔다'라고 보고했다. 재활용 옷감을 기꺼이 먹을 수 있는 사람이라면 아마 닭 털도 마다하지 않을 거라는 뜻을 내포하고 있는 것 같다.

그러나 미 농무부의 연구소들은 왜 식재료 지출비를 늘리려고 하는가?

"울과 실크 같은 케라틴 단백질 섬유는 부분적 가수분해를 통해 음식으로 전환될 수 있으며…."

워프는 이렇게 말한다.

우주비행사들이 불편함을 느끼기 시작한 부분이 바로 가수분해다. 가수분해는 먹을 수는 있지만 맛있지는 않은 단백질을, 일반적으로 맛이 덜한 성분으로 분해하는 과정이다. 예컨대 채소 단백질을 가수분해시켜 MSG를 만들 수 있다. 차마 입에 올릴 수 없는 재활용 가능한 것들을 포함해서, 거의 모든 아미노산이 가수분해될 수 있다. 네 명의 승무원이라면 3년 동안 450킬로그램 정도의 배설물을 배출할 것이다. 1960년대 우주 영양학자 에밀 므라크Emil Mrak는 이런 무시무시한 말을 했다.

"이것 역시 재활용 가능성을 고려해야만 한다."

1990년대 초, 애리조나 대학교의 미생물학자 척 거바는 고형 오물 관리 같은 주제를 다루는 화성 전략 워크숍에 초청되었다. 거바는 화학자 중 한 명이 했던 말을 떠올렸다. 그 화학자는 이렇게 말했다.

"빌어먹을, 우리가 할 수 있는 일이라곤 그 물질을 다시 탄소로 가수분해시켜 패티(고기)로 만드는 것입니다."

그러자 참석했던 우주비행사들이 들고일어났다.

"우리는 귀환 길에 똥 버거는 먹지 않을 겁니다."

이 정도의 극단적인 재활용은 도덕적으로 문제의 소지가 있다. 현재의 화성 계획은 무인 착륙선들을 이용해 식품 저장고를 미리 갖다 두는 것이다(화성에 식품 저장고를 갖다 두는 전략은 러시아 우주비행사들과 인터뷰를 하는 도중에 나온 이야기였다. 통역관 레나가 잠시 머뭇거리다 이렇게 물었다. "메리. 화성의 카샤가 어쨌다는 거예요?"✖).

우주비행의 부산물을 재활용하는 더 좋은 방법은, 똥을 플라스틱 타일 속에 넣어 우주 방사선을 막는 방패막이로 사용하는 것이다. 우주 방사선을 막는 데는 탄화수소가 적격이다. 그러나 우주선의 선체는 금속이다. 방사선 입자들이 금속 선체를 통과하면서 이차방사선으로 분해되고, 이렇게 조각난 것들은 원래 입자보다 더 위험할 수 있다. 그러니 거바가 말했듯 "똥을 타고 날고 있다"고 한들 뭐 어떻겠는가. 백혈병에 걸리는 것보다는 낫지.

나와 곰리는 진전을 가로막는 심리적 장벽에 관해 이야기했다. 오늘 오후에 처리된 오줌을 마신 캘리포니아 사람은 우리뿐만이 아니다(곰리도 자신의 오줌을 스스로 처리했다). 캘리포니아 남부 오렌지 카운티의 시민들도 그것을 마시고 있다. 곰리는 차이가 있다면, 그들은 오줌을 한동안 땅속에 묻어둔 다음에야 그것을 다시 식수라고 부르는 것뿐이라고 말한다.

"그들이 하는 일을 기술적으로 정당화시킬 방법은 전혀 없어요. 이건 심리적이고 정치적인 문제예요."

✖ 저자가 저장 식품을 뜻하는 'caches of food'를 말했을 때 'caches' 발음이 동유럽의 굵게 탄 메밀가루 죽을 뜻하는 'kasha'와 비슷해서 통역관이 착각했던 것이다.-옮긴이

그는 사람들이 '화장실에 식수 변환 장치를 설치할' 준비가 안 되어 있다고 말한다.

심지어 여기 에임스에서도 그렇다. 곰리가 샌드위치를 계산하려고 줄을 서 있는 동안, 앞의 남자가 병 속에 든 게 무엇인지 물었다.

"처리된 오줌이에요."

곰리가 아주 재밌다는 표정으로 솔직하게 대답했다. 남자는 곰리를 흘끗 쳐다보며, 방금 들은 말이 농담이기를 바라는 눈치였다.

"설마, 그럴 리가요."

그는 이렇게 마음대로 결정짓고는 어디론가 사라졌다. 계산대 직원은 더 집요하게 물었다.

"병에 뭐가 들었다고요?"

그녀는 경비원에게 전화를 걸고 싶어 하는 것 같았다. 이번에는 곰리가 다른 대답을 내놓았다.

"생명 유지 실험이에요."

과학을 들이대자 여자가 꼬리를 내렸다.

내가 유인 우주탐사를 좋아하는 이유 중 하나는, 이것이 사람들에게 받아들여질 수 있는 것과 받아들여질 수 없는 것에 대한 고정관념을 깨뜨린다는 점이다. 그리고 이는 가능한 것과 불가능한 것에 대해서도 마찬가지로 적용된다. 처음에는 삐걱거리며 시작하지만, 궁극적으로는 악의 없는 생각의 전환을 통해 성취된다는 점이 놀랍다.

시체의 장기를 꺼내 다른 사람 몸속에 이식하는 일은 야만적이고 무례한 것일까, 아니면 여러 사람의 생명을 구하는 간단한 수술일까? 동료 승무원과 15센티미터 거리에서 비닐봉지 안에 똥을 누는 것이 인간 존엄성의 붕괴를 의미할까, 아니면 독특하고 재미있는 친밀감의 한 종류일까? 짐 러벨의 생각에 따르면 후자다.

"서로 아주 친해져서 심지어는 시선을 돌리지도 않게 된답니다."

당신의 가족들도 당신이 화장실에서 볼일 보는 모습을 본 적이 있을 것이다. 그러니 프랭크 보먼이 당신을 본다고 한들 뭐 어떻겠는가? 상자 맨 아래 숨겨진 보물을 생각하면 그 정도쯤은 아무것도 아니다.

누군가가 우주비행사에게 처리된 땀과 오줌을 마시게 될 거라고 말한다면(자신들의 것뿐만 아니라 동료 승무원의 것일 수도 있다. 누가 알겠는가. 식품 저장고에 있는 생쥐 1,700마리의 것도 포함될지) 그들은 그저 어깨를 으쓱하고는 "별거 아니에요"라고 말할 것이다.

우주비행사들은 그저 값비싼 인형이 아니다. 그들은 아마도 새로운 환경에 적응하는 전형적인 예를 보여주고 있는 것일지도 모른다. 곰리의 말대로, "지속 가능한 공학과 인간 우주비행 공학은 같은 과학 기술의 다른 면일 뿐이다."

더 어려운 문제는 '화성에 갈 수 있는가?'가 아니라 '그렇게 고생하면서까지 굳이 화성에 갈 가치가 있는가?'다.

브루스 맥켄들리스 2세Bruce McCandless II 우주유영

유인 우주선을 화성에 보내는 대략적인 비용은 현재까지 이라크 전쟁에 들어간 비용인 5천억 달러로 추정된다. 막대한 비용을 감당할 만큼의 정당성이 있을까? 굳이 인간을 화성에 보내는 것에는 어떠한 이점이 있을까? 특히 인간만큼 빠르지는 않지만, 인간만큼 과학을 잘할 수 있는 로봇 착륙선이 존재하는 상황에서 말이다.

나는 NASA 홍보부처럼, 지난 수십 년 동안 항공우주 기술의 혁신으로 만들어진 수많은 상품과 기술들을✷ 길게 나열할 수도 있다. 그러나 나는 이 대신에 벤저민 프랭클린Benjamin Franklin의 생각에 경의를 표하고자 한다. 역사상 최초의 유인 비행인 몽골피에 형제의 열기구가 하늘로 떴던 1780년대에 누군가가 프랭클린에게 물었다. '이토록 바보 같은 짓이 무슨 소용이 있느냐고.'

그러자 그가 이렇게 대답했다.

"갓난아기가 무슨 소용이 있느냐고요?"

연구 자금을 마련하는 것은 그렇게 어렵지 않다. 만약 관련 국

✷ 만약 무선, 불연성, 가볍고 튼튼한, 소형화, 자동화와 관련되어 있다면 NASA가 그 기술에 어떠한 역할을 했을 가능성이 크다. 이런 사례로는 쓰레기 분쇄 압축기, 방탄조끼, 고속 무선 데이터 전송기, 삽입형 심장 모니터, 무선 전력 공구, 인공 수족, 휴대용 청소기, 스포츠 브래지어, 태양 전지, 투명 치열 교정기, 휴대용 인슐린 주입 장치, 소방관 마스크가 있다. 가끔은 뜻하지 않은 방향으로 일상생활에 사용되기도 한다. 예를 들면, 세계적 화장품 기업인 에스티로더Estee Lauder는 주름 완화 제품을 사용한 여성들의 변상 요구에 대처하기 위해, 디지털 달 영상 분석기를 이용했다. '감지하기 어려운 미묘한' 피부 변화를 잡아내어 고객 불만에 대응하는 기준을 만든 것이다. 또한 아폴로호의 미니전기 열펌프는 로봇 암돼지를 만들었다. '먹이를 공급할 시간이 되면, 암돼지의 체온과 유사한 열 램프가 자동적으로 켜지고, 로봇 암돼지는 어미 돼지가 새끼 돼지들을 부르듯이 규칙적으로 꿀꿀거리는 소리를 낸다. 새끼 돼지들이 로봇 암돼지에게로 급히 달려가면, 앞에 있는 판이 열리고 죽 늘어선 젖꼭지가 등장한다.' 익명의 NASA 서기는 이렇게 썼다. 이 서기는 보나 마나 NASA 홍보부 상관으로부터 한 소리 들었을 게 틀림없다.

가들이 거대한 엔터테인먼트 기업에 접근한다면, 상당한 자금을 마련할 수 있을 것이다. 화성 임무에 대해서 많이 알게 될수록, 그것이 궁극적으로 리얼리티 프로그램에 가깝다는 사실을 깨닫는다.

피닉스 로봇 착륙선이 화성에 착륙하던 날, 나는 파티장에 있었다. 난 파티 주최자 크리스에게 컴퓨터를 갖고 있는지 물었다. NASA TV 방송을 시청하기 위해서였다. 처음에는 그저 나와 크리스만 방송을 시청했다. 그런데 피닉스가 무사히 화성 대기를 뚫고 착륙하기 위해 낙하산을 펼칠 무렵이 되자 파티에 참석한 사람의 절반이 컴퓨터 앞으로 모여들었다. 심지어 우리는 실시간으로 피닉스를 보는 것은 아니었다. 영상이 아직 지구에 도착하지 않았기 때문이다(신호가 화성과 지구 사이를 여행하는 데 20분 정도가 걸린다).

카메라는 제트 추진 연구소Jet Propulsion Laboratory에 있는 우주비행 관제 센터에 맞춰져 있었다. 우주비행 관제 센터엔 수년간 열 보호장치와 낙하산 시스템, 반동추진엔진을 연구한 엔지니어와 관리자들이 긴장한 모습으로 조용히 앉아 있었다.

그건 실전이었다. 모든 계획이 수백 가지의 이유로 실패할 수 있었기에, 각각의 실패에 대비한 대체 하드웨어와 비상 소프트웨어가 대기하고 있었다. 한 남자가 두 손을 깍지 낀 채, 컴퓨터 모니터를 뚫어지게 쳐다보고 있었다. 곧 착륙 신호가 도착했고, 모두가 요란한 소리를 내며 벌떡 일어섰다. 엔지니어들은 안경이 구부러질 정도로 서로를 껴안고 기뻐했다. 누군가는 시가를 돌리기 시작했다. 우리도 함께 환성을 질렀고, 감정이 복받쳐 올라 눈물을 글썽이는 사람들도 있었다. 우주비행 관제 센터 사람들이 해낸 일은 감동적이었다. 그들은 정교한 과학 장비를 6억 4천만 킬로미터 이상 비행시켜, 아기를 다루듯 부드럽게 화성의 정해진 지점에 착륙시킨 것이다.

우리는 점점 더 많은 시뮬레이션 문화 속에서 살아가고 있다. 우리는 위성 기술을 이용해 여행하고, 컴퓨터로 사람들과 만난다. 또한 구글 문Moon으로 달 표면의 '고요의 바다'를 여행할 수도 있고, 스트리트 뷰를 통해 인도의 타지마할을 방문할 수도 있다.

일본의 애니메이션 팬들은 2차원적 만화 캐릭터와 법적으로 결혼하기 위해 정부에 탄원서를 제출해 왔다. 라스베이거스 외곽 사막에 있는 가상 화성 분화구 가장자리에 16억 달러 상당의 리조트를 건립하기 위한 기금 조성이 시작되었다(그들은 화성의 중력은 흉내 낼 수 없지만, 우주복 부츠는 '보다 탄력 있게' 만들 예정이라고 한다). 더 이상 야외로 나가서 노는 사람은 없다. 시뮬레이션은 현실이 되고 있다.

그러나 시뮬레이션은 현실과 전혀 다르다. 인간을 힘줄과 분비선, 그리고 신경을 따라 해부하면서 보내는 1년과 컴퓨터 시뮬레이션으로 해부를 배우는 경험이 같은지 의사에게 물어보라. 우주 시뮬레이션에 참가하는 것이 실제로 우주에 있는 것과 같은지 우주비행사에게 물어보라. 무엇이 다를까? 땀, 위험, 불확실성, 불편함이 떠오르는가. 그러나 또 있다. 경외감과 자부심. 형언할 수 없는 아름다움과 감동을 주는 무언가가 있다.

어느 날 나는 존슨 우주 센터에서 우주 먼지 큐레이터이자 NASA 운석 수집 관리인 중 한 명인 마이크 졸렌스키를 만났다. 때때로 소행성 조각 하나가 화성에 강하게 충돌하면, 그 충격으로 표면의 작은 조각들이 우주로 날아간다. 이 조각들은 다른 행성의 중력이 끌어당길 때까지 계속 우주를 떠돈다. 그리고 가끔 그 작은 조각들을 끌어당기는 행성이 지구가 되기도 한다.

졸렌스키가 어떤 상자를 열고 볼링공 정도의 무게가 나가는 화성의 운석 하나를 꺼내서 내게 건네주었다. 나는 그곳에서 운석의 단단함과 무게, 그리고 '실존'을 느꼈다. 아마도 내 인생에서 단 한 번도 지어본 적 없는 표정이었을 것이다. 운석은 아름답지도, 색다르지도 않았다. 내게 아스팔트 한 덩어리와 구두약만 준다면 가짜 화성 운석 하나쯤은 뚝딱 만들어 보일 수도 있다. 그러나 흉내 낼 수 없는 것이 있다. 그것은 9킬로그램짜리 화성 조각 하나를 손에 들고 있다는 바로 그 느낌이다.

인간 정신의 고귀함은 점점 더 믿기 어려워진다. 전쟁, 광신, 탐욕, 쇼핑, 자기중심주의 같은 것뿐이다. 하지만 때때로, 인간이 손을 맞잡고 '우리는 해낼 수 있다'고 말하며 터무니없이 비현실적인 돈을 쏟아붓는 모습에서, 나는 묘한 숭고함을 느낀다. 그렇다. 그 돈은 지구에서 더 잘 쓸 수 있을 것이다. 그러나 정말 그럴까? 정부가 비축한 돈이 과연 언제부터 교육과 암 연구에 쓰였을까? 돈은 늘 엉뚱한 데서 낭비되기 마련이다.

이제 화성에 좀 써보자. 밖으로 나가서 실컷 놀아보자.

1949.	붉은털원숭이 앨버트 2가 로켓을 타고 무중력을 경험한 최초의 생물이 되다.
1950~1958.	무중력상태가 침팬지와 고양이, 인간에게 미치는 영향을 연구하기 위해 공군이 포물선 비행을 시작하다.
1957. 11.	소련 개 라이카가 지구 주위의 궤도를 돌고 우주에서 사망하다.
1960.8.	소련 개 벨카와 스트렐카가 궤도에서 생존해 돌아온 최초의 생물이 되다.

1961~1963   머큐리 우주 프로그램 시대

1961. 1. 31.	우주 침팬지 햄이 머큐리 우주캡슐을 타고 탄도 비행에서 살아남다.
1961. 4. 21.	유리 가가린이 최초의 우주인이자, 지구 주위 궤도를 돈 최초의 인간이 되다.
1961. 5. 5.	앨런 셰퍼드가 미국 최초의 우주인이 되다.
1961. 11. 29.	우주 침팬지 에노스가 지구 주위 궤도를 돌다.
1962. 2. 20.	존 글렌이 지구 주위 궤도를 돈 최초의 미국인이 되다.

1965~1966   제미니 우주비행

| 1965~1966. | 공군이 우주 선실 가상실험실에서 제미니호의 규정식과 제한된 목욕 방법을 테스트하다. |
| 1965. 5. 18. | 알렉세이 레오노프가 우주선 밖에서 우주유영을 한 최초의 우주비행사가 되다. |

1965. 3. 23.	제미니 3호: 소고기 샌드위치 사건
1965. 6. 3.	제미니 4호: 에드워드 화이트가 NASA 최초의 우주유영자가 되다.
1965. 12. 4~18.	제미니 7호: 두 남자가 2주일 동안 목욕을 하지 않다.

1968~1972 **아폴로 달 임무**

1969. 3~13.	아폴로 9호: 러스티 슈바이카르트가 우주 멀미와 싸우다.
1969. 7. 20.	아폴로 11호: 인간이 최초로 달에 발을 내딛다.
1972. 12. 7~9.	아폴로 17호: 과학자가 최초로 우주에 가다.

1973~2015 **궤도 우주정거장 (그리고 우주왕복선) 시대**

1973~1979.	스카이랩 미국 우주정거장 임무들. 우주에서는 샤워할 수 없음이 입증되다.
1971~1982.	살류트 소련 우주정거장 임무 시행
1978. 1.	최초의 미국인 여성 우주비행사 지원자 선발
1981. 4. 12.	최초의 우주왕복선 발사
1986. 1. 28.	우주왕복선 챌린저 참사
1986~2001.	미르 러시아 우주정거장 임무 시행
2000. 11.	최초의 국제우주정거장 임무 시행
2003. 2. 1.	우주왕복선 컬럼비아호 참사

사진 출처 | NASA(미국 항공우주국)

실재와 상상을 넘어 인류의 미래를 보여줄 우주 과학의 세계!

인간은 우주에서 어떻게 살아남는가

초판 1쇄 발행 2025년 6월 24일

지은이 메리 로치
옮긴이 김혜원
펴낸이 최현준

편집 홍지회, 강서윤
디자인 Aleph design

펴낸곳 빌리버튼
출판등록 2022년 7월 27일 제 2016-000361호
주소 서울시 마포구 월드컵로 10길 28, 201호
전화 02-338-9271
팩스 02-338-9272
메일 contents@billybutton.co.kr

ISBN 979-11-92999-87-6 (03440)